普通高等教育计算机类系列教材

U0182532

大学计算机基础及应用——Python 篇

主　编　熊　皓　倪　波　曹绍君

副主编　田　嵩　彭义和　吕　璐

参　编　刘志远　郭衍超　吴晨阳

机 械 工 业 出 版 社

本书是为普通高等院校学生编写的计算机基础教材。全书共 16 章，上篇为第 1～6 章，下篇为第 7～16 章。上篇主要介绍计算机基础知识：第 1 章介绍了计算机的发展、特点与分类和计算思维的基本概念；第 2 章介绍了计算机硬件系统的结构和硬件设备的发展等；第 3 章介绍了计算机网络的发展、分类及应用；第 4 章介绍了 Office 组件的使用方法，包括 Word 2010、Excel 2010、PowerPoint 2010 的使用方法；第 5 章介绍了多媒体应用技术及常用软件的使用方法；第 6 章介绍了计算机网页设计的基础知识。下篇介绍了程序设计基础知识，主要为 Python 程序设计：第 7 章介绍了 Python 语言的特点及开发环境；第 8 章介绍了 Python 的基本数据类型；第 9 章介绍了 Python 的流程控制及异常处理方法；第 10 章介绍了 Python 中函数的使用方法；第 11 章介绍了 Python 中模块和包的使用方法；第 12 章介绍了 Python 中文件的处理方法；第 13 章介绍了正则表达式的用法；第 14 章介绍了树莓派的开发与应用；第 15 章介绍了 Python 中数据可视化的方法；第 16 章介绍了 Python 中数据建模的方法。

本书面向基础及应用，内容丰富、通俗易懂，实例简单易操作，每章最后均有习题，可供学生课后练习。

本书配套了网络学习平台和相关资源，请登录"智慧树"的网址链接 https://coursehome.zhihuishu.com/courseHome/1000010074/109635/17#teachTeam，"智慧树"平台上提供了课程知识点讲解视频、测试题等，为学生提供更多的学习方法和资源，达到巩固与提高的目的。

本书适合作为普通高等院校计算机基础课程的教材或自学参考书。

本书配有相关教学课件，欢迎选用本书作教材的教师登录 www.cmpedu.com 注册后下载，或发邮件至 jinacmp@163.com 索取。

图书在版编目（CIP）数据

大学计算机基础及应用：Python 篇 / 熊皓，倪波，
曹绍君主编. —北京：机械工业出版社，2023.6（2024.8 重印）
　普通高等教育计算机类系列教材
　ISBN 978-7-111-72970-9

Ⅰ . ①大… Ⅱ . ①熊… ②倪… ③曹… Ⅲ . ①电子计算机 – 高等学校 – 教材 Ⅳ . ① TP3

中国国家版本馆 CIP 数据核字（2023）第 060731 号

机械工业出版社（北京市百万庄大街 22 号　邮政编码 100037）
策划编辑：吉　玲　　　　　　责任编辑：吉　玲　张振霞
责任校对：龚思文　于伟蓉　　封面设计：张　静
责任印制：任维东
唐山三艺印务有限公司印刷
2024 年 8 月第 1 版第 3 次印刷
184mm×260mm · 22.5 印张 · 449 千字
标准书号：ISBN 978-7-111-72970-9
定价：69.80 元

电话服务　　　　　　　　　　　网络服务
客服电话：010-88361066　　　　机 工 官 网：www.cmpbook.com
　　　　　010-88379833　　　　机 工 官 博：weibo.com/cmp1952
　　　　　010-68326294　　　　金 书 网：www.golden-book.com
封底无防伪标均为盗版　　　机工教育服务网：www.cmpedu.com

为了更好地推进"四新"建设，大学生计算机基础的教学既要在内容上紧跟新一代信息技术快速发展的步伐，还要关注以大数据、人工智能为代表的新一代信息技术对不同学科专业的影响。

本书以本科非计算机类专业的大一新生为对象，主要目标是让新生在掌握计算机基础知识以及熟练运用 Office 办公软件等信息化工具的同时，培养学生运用计算思维解决问题的能力，从而为后续运用计算机相关知识和计算思维解决相关专业的实际问题打下坚实的基础。

本书有以下主要特色：

1. 内容合理

在内容选取上，遵循学生能力培养规律，语言简练、内容丰富、由浅入深、图文并茂，理论联系实际。采用案例讲解法，路径为：采用"任务驱动"的方法形成完整案例→剖析案例→分析案例→提出方法→写出步骤→实现案例。书中给出了大量的图片、说明和提示，详细展示了案例和训练题的实现步骤，及 Python 程序设计等方面的内容，突出了应用性和操作性，加强了对技能与创新能力的训练，深化了学生对概念和理论的认知。

2. 理念先进

本书紧紧围绕应用型人才培养的目标，以项目为背景，以培养学生运用计算思维解决问题的能力为目标，采用线上和线下相结合、学和训相结合的教学方式，推进"计算机＋专业、项目导向、任务驱动"的教学改革。本书全面贯彻知识、能力、技术三位一体的教育原则，通过学习和训练，学生可全面掌握 Windows 操作系统的基本操作技能和 Office 办公软件等信息化工具的使用方法。

全书分上、下两篇，其中上篇共 6 章，主要让学生了解并掌握包括计算机发展历程、软硬件基本组成、计算机网络、主流办公软件及多媒体应用软件的操作等方面的内容和知识；下篇共 10 章，主要以学习 Python 编程语言为主，并结合多个案例，培养学生运用计算机编程语言对实际问题进行描述、建模以及计算求解的能力。

　　本书编者为长期从事计算机基础教学工作的一线教师，有丰富的教学经验。本书由熊皓和倪波进行内容规划和统稿。本书在编写过程中得到了湖北理工学院计算机学院领导的大力支持以及同行们的指导和帮助，他们提供的教学资料和实践经验对本书的完善起到了重要的作用，在此致以诚挚的谢意。

　　本书配套了网络学习平台和相关资源，可扫以下二维码或输入网址登录"智慧树"，网址链接为 https://coursehome.zhihuishu.com/courseHome/1000010074/109635/17#teachTeam。平台上提供了课程知识点讲解视频、测试题等，为学生提供更多的学习方法和资源，达到巩固与提高的目的。

　　虽然我们尽了很大的努力，但由于水平有限，书中难免有疏漏之处，欢迎大家提出宝贵意见，我们将不胜感激，欢迎将意见和建议发至邮箱 wwwjr00@126.com。

编　者

目 录

上 篇

计算机基础篇

第1章 计算机与计算思维

本章要点

　　电子计算机是 20 世纪人类最伟大的发明之一。随着计算机科学技术的飞速发展与计算机应用的普及，从第一台通用电子计算机诞生至今，计算机已经深入人类社会的各个领域。计算机和伴随它而来的计算机文化极大地改变了我们的工作、生活和学习面貌。

　　21 世纪是以计算机为基础的信息时代，掌握以计算机为核心的信息技术基础知识和应用能力是现代大学生必备的基本素质。对计算机的熟练应用已成为人们生活、学习和工作中必不可少的基本技能。

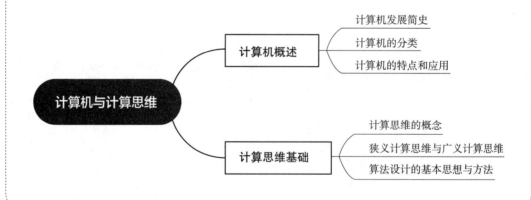

1.1　计算机概述

1.1.1　计算机发展简史

1. 电子计算机的产生

1946 年 2 月 14 日，由美国军方定制的世界上第一台电子计算机"电子数字积分计算机"（Electronic Numerical Integrator And Calculator，ENIAC）在美国宾夕法尼亚大学问世。ENIAC（埃尼阿克）是美国奥伯丁武器试验场为了满足计算弹道需要而研制的，这台计算机使用了 17840 支电子管，大小为 80ft×8ft（1ft=0.3048m），重达 28t（吨），功耗为170kW，其加法运算速度为每秒 5000 次，造价约为 487000 美元，如图 1-1 所示。ENIAC的问世具有划时代的意义，表明了电子计算机时代的到来。在以后的 60 多年里，计算机技术以惊人的速度发展，没有任何一门技术的性能价格比能在 30 年内增长 6 个数量级。

图 1-1　ENIAC 计算机

2. 电子计算机的发展

自 1946 年第一台电子计算机 ENIAC 诞生以来，计算机的发展至少经历了四代，并正在向更新一代迈进。

（1）第一代计算机：电子管计算机（1946—1957）

这一时期称为电子管计算机时代，主要电子元件是电子管。这代计算机的体积庞大、耗电量大、运算速度低、价格昂贵，只用于军事研究和科学计算。

（2）第二代计算机：晶体管计算机（1958—1964）

这一时期称为晶体管计算机时代，主要电子元件是晶体管。这代计算机使用晶体管代替电子管，其运算速度提高了，体积变小了，成本也降低了，并且大为降低了耗电量，大大提高了可靠性。在这个阶段出现了程序设计语言。

（3）第三代计算机：中小规模集成电路计算机（1965—1970）

随着半导体工艺的发展，集成电路（IC）被成功制造。计算机采用中小规模集成电路作为元件，其体积变得更小、功耗更低、速度更快，并开始应用于社会的各个领域。

（4）第四代计算机：大规模集成电路计算机（1971年至今）

计算机的性能和规模得到提高，价格也大幅度降低，广泛应用于社会生活的各个领域，并走进了办公室和家庭。

（5）第五代计算机

指具有人工智能的新一代计算机，具有推理、联想、判断、决策、学习等功能。计算机的发展将在什么时候进入第五代？什么是第五代计算机？对于这样的问题，并没有一个明确统一的说法。1981年，日本宣布要在10年内研制"能听会说、能识字、会思考"的第五代计算机，投资千亿日元并组织了一大批科技精英进行会战。这一宏伟计划曾经引起世界瞩目，并让一些美国人恐慌了好一阵子，有人甚至惊呼这是"科技战场上的珍珠港事件"。现在回头看，日本原来的研究计划只能说是部分实现了，至今也没有哪一台计算机被宣称为第五代计算机。

3. 新一代计算机的发展趋势

近年来，通过进一步的深入研究发现，由于电子电路的局限性，理论上电子计算机的发展也有一定的局限，因此人们正在研制不使用集成电路的计算机，如超导计算机、纳米计算机、光计算机、DNA计算机和量子计算机等。

计算机的发展趋势可归纳为如下四个方面：

1）巨型化。天文、军事、仿真等领域需要进行大量的计算，要求计算机有更高的运算速度、更大的存储量，这就需要研制功能更强的巨型计算机。

2）微型化。专用微型机已经大量应用于仪器、仪表和家用电器中。通用微型机已经大量进入办公室和家庭，但人们需要体积更小、更轻便、易于携带的微型机，以便出门在外时使用。因此，便携式微型机（笔记本型）和掌上型微型机正在不断涌现，并迅速普及。

3）网络化。将地理位置分散的计算机通过专用的电缆或通信线路互相连接，就组成了计算机网络。网络可以使分散的各种资源得到共享，使计算机的实际效用提高了很多。计算机联网不再是可有可无的事，而是计算机应用中一个很重要的部分。人们常说的因特网（Internet，也译为国际互联网）就是一个通过通信线路连接、覆盖全球的计算机网络。通过因特网，人们足不出户就可获取大量的信息，与世界各地的亲友快捷通信，进行网上贸易等。

4）智能化。目前的计算机已能够部分代替人的脑力劳动，因此也常称为电脑。但是人们希望计算机具有更多的类似人的智能，如能听懂人类的语言、能识别图形、会自行学习等，这就需要进一步进行研究，如生物计算机、光子计算机、超导计算机等。

1.1.2 计算机的分类

根据信号类型、用途、规模与性能等对计算机进行分类，具体如下。

按所处理信号的不同，计算机可以分为数字计算机和模拟计算机。数字计算机处理的是以电压的高低等形式表示的离散物理信号，该离散信号可以表示 0 和 1 组成的二进制数字，即数字计算机处理的是数字信号（0 和 1 组成的数字串）。数字计算机的计算精度高，抗干扰能力强。现在使用的计算机都是数字计算机。模拟计算机处理的是连续变化的模拟量，如电压、电流、温度等物理量的变化曲线。这种计算机的计算精度低，抗干扰能力差，应用面窄。19 世纪末到 20 世纪 30 年代，模拟计算机的研制曾活跃过一个时期，但最终还是被数字计算机所取代。

按用途的不同，计算机可以分为通用计算机和专用计算机。通用计算机的硬件系统是标准的，并具有较好的扩展性，可以运行多种解决不同领域问题的软件，现在使用的计算机大多是通用计算机。专用计算机的软硬件全部是根据应用系统的要求配置的，专门用于解决某个特定问题，如工业控制计算机、飞船测控计算机等。

按规模与性能的不同，计算机可以分为超级计算机、大型计算机、小型计算机、工作站和微型计算机，这也是比较常见的一种分类方法。

1. 超级计算机

超级计算机（Super Computer）通常是指由数百、数千甚至更多的处理器（机）组成的、能计算普通 PC 机和服务器不能完成的大型复杂课题的计算机。在结构上，虽然超级计算机和服务器都可能是多处理器系统，二者并无实质区别，但是现代超级计算机较多采用集群系统，更注重浮点运算的性能，可看作一种专注于科学计算的高性能服务器，而且价格非常昂贵。

2. 大型计算机

大型计算机作为大型商业服务器，一般用于大型事务处理系统，在今天仍具有很大活力。其应用软件通常是硬件本身成本的好几倍，因此大型计算机仍有一定地位。

3. 小型计算机

小型计算机是相对于大型计算机而言的，其软件、硬件系统规模比较小，但价格低、可靠性高、便于维护和使用。小型计算机是属于硬件系统比较小、但功能却不少的微型计算机，方便携带和使用。

4. 工作站

工作站是一种高端的通用微型计算机。它通常配有高分辨率的大屏、多屏显示器及容量很大的内部存储器和外部存储器，并且具有极强的信息和高性能的图形、图像处理功能。

5. 微型计算机

微型计算机简称"微型机"或"微机"，由于其具备人脑的某些功能，所以也称其为"微电脑"。微型计算机是由大规模集成电路组成的、体积较小的电子计算机。它是以微处理器为基础，配以内存储器及输入输出（I/O）接口电路和相应的辅助电路而构成的裸机。

1.1.3　计算机的特点和应用

1. 计算机的特点

ENIAC诞生后的短短几十年间，计算机的发展突飞猛进。其主要电子器件相继使用了真空电子管、晶体管、中小规模集成电路和大规模、超大规模集成电路，引起了计算机的几次更新换代。每一次更新换代都使计算机的体积和耗电量大大减小，功能大大增强，应用领域进一步拓宽。特别是体积小、价格低、功能强的微型计算机的出现，使得计算机迅速普及，进入了办公室和家庭，在办公室自动化和多媒体应用方面发挥了很大的作用。总体来说，计算机具有以下特点：

1）运算速度快：计算机的内部电路组成可以高速准确地完成各种算术运算。当今计算机系统的运算速度已达每秒万亿次，微机也可达每秒亿次以上，使大量复杂的科学计算问题得以解决。如对卫星轨道、大型水坝、24小时天气的计算，如果没有计算机，需要几年甚至几十年才能完成，而使用计算机则只需几分钟就可完成。

2）计算精确度高：科学技术的发展，特别是尖端科学技术的发展需要高度精确的计算。计算机控制的导弹之所以能准确地击中预定目标，与计算机的精确计算是分不开的。一般计算机可以有十几位甚至几十位（二进制）有效数字，计算精度可由千分之几到百万分之几，是任何计算工具所望尘莫及的。

3）逻辑运算能力强：计算机不仅能进行精确计算，还具有逻辑运算功能，能对信息进行比较和判断。计算机能把参加运算的数据、程序以及中间结果和最后结果保存起来，并能根据判断的结果自动执行下一条指令以供用户随时调用。

4）存储容量大：计算机内部的存储器具有记忆特性，可以存储大量的信息，这些信息不仅包括各类数据信息，还包括加工这些数据的程序。

5）自动化程度高：由于计算机具有存储记忆功能和逻辑判断功能，所以人们可以将预先编好的程序组写入计算机内存，在程序控制下，计算机可以连续、自动地工作，不需要人为干预。

6）普及快：几乎每家每户都有电脑，电脑越来越普遍化、大众化，22世纪必将成为每家每户不可缺少的电器之一。

2. 计算机的应用

目前，计算机的应用领域已渗透到社会的各行各业，正在改变着传统的工作、学习和生活方式，推动着社会的发展。计算机的主要应用领域如下：

（1）科学计算

科学计算是指利用计算机来完成科学研究和工程技术中提出的数学问题的计算。在现代科学技术工作中，科学计算问题是大量的和复杂的。利用计算机的高速计算、大存储容量和连续运算能力，可以实现人工无法解决的各种科学计算问题。例如，建筑设计中为了确定构件尺寸，通过弹性力学导出了一系列复杂方程，长期以来由于计算方法跟不上而一直无法求解。而计算机不仅能求解这类方程，还引发了弹性理论上的一次突破，出现了有限单元法。

（2）数据处理

数据处理是指对各种数据进行收集、存储、整理、分类、统计、加工、利用、传播等一系列活动的统称。据统计，80% 以上的计算机主要用于数据处理，这类工作量大面宽，决定了计算机应用的主导方向。数据处理从简单到复杂已经历了三个发展阶段，分别是：①电子数据处理（Electronic Data Processing，EDP），它是以文件系统为手段，实现一个部门内的单项管理；②管理信息系统（Management Information System，MIS），它是以数据库技术为工具，实现一个部门的全面管理，以提高工作效率；③决策支持系统（Decision Support System，DSS），它是以数据库、模型库和方法库为基础，帮助管理决策者提高决策水平，改善运营策略的正确性与有效性。目前，数据处理已广泛应用于办公自动化、企事业计算机辅助管理与决策、情报检索、图书管理、电影电视动画设计、会计电算化等各行各业。信息正在形成独立的产业，多媒体技术使信息展现在人们面前的不仅是数字和文字，也有声情并茂的声音和图像。

（3）计算机辅助技术

计算机辅助技术包括：①计算机辅助设计（Computer Aided Design，CAD），是指利用计算机系统辅助设计人员进行工程或产品设计，以实现最佳设计效果的一种技术。它已广泛应用于飞机、汽车、机械、电子、建筑和轻工等领域。例如，在电子计算机的设计过程中，利用 CAD 技术进行体系结构模拟、逻辑模拟、插件划分、自动布线等，从而大大提高了设计工作的自动化程度。又如，在建筑设计过程中，可以利用 CAD 技术进行力学计算、结构计算、绘制建筑图纸等，这样不但提高了设计速度，而且可以大大提高设计质量。②计算机辅助制造（Computer Aided Manufacturing，CAM），是指利用计算机系统进行生产设备的管理、控制和操作的过程。例如，在产品的制造过程中，用计算机控制机器的运行、处理生产过程中所需的数据、控制和处理材料的流动以及对产品进行检测等。使用 CAM 技术可以提高产品质量，降低成本，缩短生产周期，提高生产率和改善劳动条件。将 CAD 和 CAM 技术集成，可实现设计生产自动化，这种技术被称为计算机集成制造系统（CIMS）。它的实现将真正做到无人化工厂（或车间）。③计算机辅助教学（Computer Aided Instruction，CAI），是计算机系统使用课件来进行教学，课件可以用著作工具或高级语言来开发制作，它能引导学生循序渐进地学习，使学生轻松自如地从课件中学到所需要的知识。CAI 的主要特色是交互教育、个别指导和因人施教。

（4）过程控制

过程控制是指利用计算机及时采集检测数据，并按最优值迅速地对控制对象进行自动调节或自动控制。采用计算机进行过程控制，不仅可以大大提高控制的自动化水平，而且可以提高控制的及时性和准确性，从而改善劳动条件、提高产品质量。因此，计算机过程控制已在机械、冶金、石油、化工、纺织、水电、航天等领域得到广泛的应用。例如，在汽车工业方面，利用计算机控制机床及整个装配流水线，不仅可以实现精度要求高、形状复杂的零件加工自动化，而且可以使整个车间或工厂实现自动化。

（5）人工智能

人工智能（Artificial Intelligence，AI）是指计算机模拟人类的智能活动，如感知、判断、理解、学习、问题求解和图像识别等。现在人工智能的研究已取得不少成果，有些已开始走向实用阶段，如能模拟高水平医学专家进行疾病诊疗的专家系统，具有一定思维能力的智能机器人等。

（6）网络应用

计算机技术与现代通信技术的结合构成了计算机网络。计算机网络的建立，不仅解决了一个单位、一个地区、一个国家中计算机与计算机之间的通信，各种软、硬件资源的共享，也大大促进了国际间的文字、图像、视频和声音等各类数据的传输与处理。

1.2 计算思维基础

人类通过思考自身的计算方式，研究了是否能由外部机器模拟来代替我们实现计算的过程，从而诞生了计算工具，并且在不断的科技进步和发展中发明了现代电子计算机。在此思想指引下，产生了人工智能，即用外部机器模仿和实现人类的智能活动。随着计算机的日益"强大"，它在很多应用领域中所表现出的智能也日益突出，成为人脑的延伸。与此同时，人类所制造出的计算机在功能不断强大和应用不断普及的过程中，反过来对人类的学习、工作和生活都产生了深远的影响，同时也大大增强了人类的思维能力和认知能力，这一点大多数人都深有体会。1972 年，图灵奖获得者 Edsger W. Dijkstra 曾说："我们所使用的工具影响着我们的思维方式和思维习惯，从而也深刻地影响着我们的思维能力。"这就是著名的"工具影响思维"的论点。计算思维是一种思想、一种理念，是人类求解问题的一条途径、一种方法。计算思维几乎是每个人的基本技能，是每个人为了在现代社会中发挥才能、实现自身价值所应该掌握的，其根本目的是提升人类使用计算机解决各专业领域中问题的能力，应当成为这个时代中每个人都具备的一种基本能力。

1.2.1　计算思维的概念

2006 年 3 月，美国卡内基·梅隆大学计算机科学系主任周以真（Jeannette M. Wing）教授在美国计算机权威期刊 *Communications of the ACM* 中提出："Computational thinking involves solving problems, designing systems, and understanding human behavior, by drawing on the concepts fundamental to computer science. Computational thinking includes a range of mental tools that reflect the breadth of the field of computer science." 周以真教授认为：计算思维是运用计算机科学的基础概念进行问题求解、系统设计以及人类行为理解等涵盖计算机科学之广度的一系列思维活动（智力工具、技能、手段）。

虽然周以真教授没有明确地定义计算思维，但是从以下 6 个方面界定了什么是计算思维：

1）计算思维是概念化思维，不是程序化思维。计算机科学不等于计算机编程，计算思维应该像计算机科学家那样去思考，远远不止是为计算机编写程序，而是能够在抽象的多个层次上思考问题。

2）计算思维是基础的技能，而不是机械的技能。基础的技能是每个人为了在现代社会中发挥应有的职能所必须掌握的。生搬硬套的机械技能意味着简单、机械的重复，而计算思维不是。

3）计算思维是人的思维，不是计算机的思维。计算思维是人类求解问题的方法和途径，但决非试图使人类像计算机那样去思考。计算机枯燥且沉闷，人类聪颖且富有想象力。计算思维是人类基于计算或为了计算的问题求解的方法论，而计算机思维是刻板的、教条的、枯燥的。以语言和程序为例，编写程序必须严格按照语言的语法，错一个标点符号都会出问题，程序流程毫无灵活性可言。配置了计算设备后，我们就能用自己的智慧去解决那些之前不敢尝试的问题，就能建造那些功能仅仅受制于我们想象力的系统。

4）计算思维是思想，不是人造品。计算思维不只是将我们生产的软硬件等人造物呈现出来，更重要的是计算的概念，被人们用来求解问题、管理日常生活以及与他人进行交流和活动。

5）计算思维是数学和工程思维互补融合的思维，不是数学性的思维。人类试图制造的、能代替人完成任务的自动计算工具都是在工程和数学结合下完成的。这种结合形成的思维才是计算思维。

6）计算思维是面向所有人、所有领域的。计算思维是面向所有人的思维，而不只是计算机科学家的思维。如同所有人都具备"读、写、算"能力一样，计算思维是必须具备的思维能力。因此，计算思维不仅仅是计算专业的学生要掌握的能力，也是所有受教育者应该掌握的能力。

周以真教授同时指出，计算思维的本质是抽象（Abstraction）和自动化（Automation）。计算思维的本质反映了计算的根本问题，即什么能被有效地自动进行。计算是抽象地自动进行，自动化需要某种计算机去解释现象。从操作层面上讲，计算就是如何寻找一台计算机去求解问题；选择合适的抽象，选择合适的计算机去解释执行抽象，就是自动化。

计算思维中的抽象是完全超越物理的时空观，并完全用符号来表示。其中，数学抽象是一类特例。自动化是机械地一步一步自动执行，其基础和前提是抽象。

【例1-1】计算机破案。

张三在家中遇害，侦查中发现 A、B、C、D 四人到过现场。对四人进行询问，每人各执一词。

A 说："我没有杀人。" B 说："C 是凶手。"

C 说："杀人者是 D。" D 说："C 在冤枉好人。"

侦查员经过判断可知，四人中有三人说的是真话，四人中有且只有一人是凶手，凶手到底是谁呢？

抽象：用 0 表示不是凶手，1 表示是凶手，则根据四人说话，侦查员的判断如表 1-1 和表 1-2 所示。

表 1-1　四人关系判断分析表

四人	说的话	关系表达式表示
A	我没有杀人	A=0
B	C 是凶手	C=1
C	杀人者是 D	D=1
D	C 在冤枉好人	D=0

表 1-2　侦查员的判断分析表

侦查员	逻辑表达式表示
四人中三人说的是真话	（A=0）+（C=1）+（D=1）+（D=0）=3
四人中有且只有一人是凶手	A+B+C+D=1

自动化：采用穷举法

在每个人的取值范围 [0,1] 的所有可能中进行搜索，不能遗漏也不要重复，若表的组合条件同时满足，即为凶手。

相应的伪代码为：

```
For  A=0  To  1
   For  B=0  To  1
    For  C=0  To  1
     For  D=0  To  1
       If (((A=0)+(C=1)+(D=1)+(D=0))=3   And (A+B+C+D=1))
          Print  A,B,C,D        //输出值为 1 的即是凶手
```

本例看似在解决一道涉及破案的逻辑分析题，实际上是训练计算机思维能力。

事实上，我们已经见证了计算思维对其他学科的影响。计算思维正在或已经渗透到各学科、各领域，并正在潜移默化地影响和推动着各个领域的发展，成为一种发展趋势。

在数学中，发现了 E8 李群（E8 Lie Group），这是由 18 名世界顶级数学家凭借他们不懈的努力，借助超级计算机，计算了 4 年零 77 小时，处理了 2000 亿个数据，完成的世界上最复杂的数学结构之一。如果在纸上列出整个计算过程产生的数据，其所需用纸面积可以覆盖整个曼哈顿。

在地质学中，"地球是一台模拟计算机"，用抽象边界和复杂性层次模拟地球和大气层，并且设置了越来越多的参数来进行测试，甚至可以将地球模拟成一个生理测试仪，跟踪测试不同地区人们的生活质量、出生和死亡率、气候影响等。

在环境学中，大气科学家用计算机模拟暴风云的形成来预报飓风及其强度。最近，计算机仿真模型表明空气中的污染物颗粒有利于减缓热带气旋。因此，与污染物颗粒相似但不影响环境的气溶胶被研发并将成为阻止和减缓这种大风暴的有力手段。

在工程（电子、土木、机械等）领域，计算高阶项可以提高精度，进而减少质量、减少浪费并节省制造成本。波音 777 飞机没有经过风洞测试，完全是采用计算机模拟测试的。在航空航天工程中，研究人员利用最新的成像技术，重新检测"阿波罗 11 号"带回的月球上类似玻璃的沙砾样本，模拟后的三维立体图像放大几百倍仍清晰可见，这成为科学家进一步了解月球演化过程的重要资料。

1.2.2 狭义计算思维与广义计算思维

计算思维被称为适合于每个人的"一种普遍的认识和一类普适的技能"，与阅读、写作一样；计算思维旨在教会我们每个人像计算机科学家一样去思考；计算思维的训练、计算能力的提升将会让我们更游刃有余的生活、学习和工作。

计算思维的研究包含计算思维研究的内涵和计算思维推广与应用的外延两方面。其中，立足计算机学科本身，研究该学科中涉及的构造性思维就是狭义计算思维。在实践活动中，特别是构造高效的计算方法、研究高性能计算机取得计算成果的过程中，计算思维也在不断凸显。

下面简单介绍在不同层面、不同视觉下人们对狭义计算思维的一些认知观点。

1）计算思维强调用抽象和分解来处理庞大复杂的任务或者设计巨大的系统。计算思维关注分离，选择合适的方式去陈述一个问题，或者选择合适的方式对一个问题的相关方面建模使其易于处理。计算思维是利用不变量简明扼要且表述性地刻画系统的行为。

2）计算思维是通过冗余、堵错、纠错的方式，在最坏情况下进行预防、保护和恢复的一种思维。

3）计算思维是通过约简、嵌入、转化和仿真等方法，把一个困难的问题阐释成如何求解它的思维方法。

4）计算思维是一种递归思维，是一种并行处理，是一种把代码译成数据又能把数据译成代码，是一种多维分析推广的类型检查方法。

5）计算思维是利用启发式推理来寻求解答，是在不确定情况下的规划、学习和调度，是利用海量的数据来加快计算。计算思维就是在时间和空间之间、在处理能力和存储容量之间的权衡。

我们已经知道，计算思维是人的思维，但是反之，不是所有的"人的思维"都是计算思维。一些我们觉得困难的事情，如累加和、连乘积、微积分等，用计算机来做就很简单；而我们觉得容易的事情，如视觉、移动、直觉、顿悟等，用计算机来做就比较难，让计算机分辨一个动物是猫还是狗恐怕就很不容易。

但是也许不久的将来，那些可计算的、难计算的甚至是不可计算的问题也有"解"的方法。这些立足计算本身来解决问题，包括问题求解、系统设计以及人类行为理解等一系列的"人的思维"就叫作广义计算思维。

狭义计算思维是基于计算机学科的基本概念，而广义计算思维是基于计算科学的基本概念。广义计算思维显然是对狭义计算思维概念和外延的拓展、推广和应用。狭义计算思维更强调由计算机作为主体来完成，广义计算思维则拓展到由人或机器作为主体来完成。虽然它们是涵盖所有人类活动的一系列思维活动，但都建立在当时的计算过程的能力和限制之上。

借用拜纳姆和摩尔所说的，哲学不是永恒的，哲学是与时俱进的，不管是狭义计算思维，还是广义计算思维，计算思维作为一种哲学层面上的方法论，也是与时俱进的。

下面通过几个比较简单的实例来理解。

【例1-2】对函数定义的不同描述。

定义1：设A、B是两个非空的数集，集合A的任何一个元素在集合B中都有唯一的一个元素与之相对应，从集合A到集合B的这种对应关系称为函数。

定义2：表示每个输入值对应唯一输出值的一种对应关系。

那么在本例中，定义1就是计算思维的定义方式，定义2则不是计算思维的表述方式。原因在于，定义1的描述是确定的、形式化的，定义2的描述比较含糊。

【例 1-3】中、西医看病。

中医：根据经验，对不同的患者采用不同的诊断方法，没有统一的模式。

西医：有标准的诊断程序，所有患者根据程序一步一步检查。

显然，中医的这种诊疗疾病的方式是根据经验来的，这对不同的医生来说具有不确定性，这就不是计算思维的方式；而西医诊疗疾病的方式确定、机械，则体现了计算思维的特点。

【例 1-4】菜谱材料准备。

土豆烧鸡：土豆 2 个（约 250 克），跑山鸡半只，干香菇 8 朵，葱姜八角若干，食用油、耗油、料酒、白砂糖适量。

水果沙拉：小番茄 60 克，苹果丁 65 克，葡萄 30 克，新鲜樱桃 20 克，草莓 15 克，酸奶 50 毫升。

对照菜谱烹调这样两个菜，显然"土豆烧鸡"就不是计算思维的方式。原因在于"土豆烧鸡"的所有准备材料没有具体化，体积、大小、重量都比较含糊，不符合计算思维的要求；而"水果沙拉"则体现了计算思维的特点。麦当劳的菜谱能让全世界所有的人吃到的汉堡都是一个口味，而中国的名菜千厨千味。这就是"计算思维"方面的差异所致。

对于要解决的问题，能根据条件或者结论的特征从新的角度分析对象，抓住问题条件与结论之间的内在联系，构造出相关的对象，使问题在新构造的对象中更清晰地展现出来，从而借助新对象来解决问题。

对中国汉字的信息处理就蕴含了构造原理，可看成是一种典型的计算思维。

我们知道，计算机是西方人发明的，他们用了近 40 年的时间，发展了一套技术来实现对西文的处理。而汉字是一种象形文字，字种繁多，字形复杂，汉字的信息处理与通用的西方字母数字类信息处理有很大差异，一度成为棘手难题。1984 年的《参考消息》有这样的记载："法新社洛杉矶 8 月 5 日电　新华社派了 22 名记者，4 名摄影记者和 4 名技术人员在奥运会采访和工作。在全世界报道奥运会的 7000 名记者中，只有中国人用手写他们的报道……"。

在科技人员的努力下，汉字信息处理研究得到了飞跃式的发展。其中，让计算机能表示并处理汉字要解决的首要问题是要对汉字进行编码，即确定每个汉字同一组通用代码集合的对应关系。这样，在输入设备通过输入法接受汉字信息后，即按对应关系将其转换为可由一般计算机处理的通用字符代码，再利用传统计算机的信息处理技术对这些代码信息的组合进行处理，如信息的比较、分类合并、检索、存储、传输和交换等。处理后的代码组合通过汉字输出设备，按照同样的对应关系转换为汉字字形库的相应字形序号，输出设备将处理后的汉字信息直观地显示或打印出来。

1.2.3 算法设计的基本思想与方法

计算机与算法有着不可分割的关系，即没有算法，就没有计算机，或者计算机无法独立于算法而存在。从这个层面上说，算法就是计算机的灵魂。但是，算法不一定依赖于计算机而存在。算法可以是抽象的，实现算法的主体可以是计算机，也可以是人。多数时候，算法是通过计算机实现的，因为很多算法对于人类来说过于复杂，计算的工作量太大且常常重复，对于人脑来说实在是难以胜任。

算法是一种求解问题的思维方式，研究和学习算法能锻炼我们的思维，使我们的思维变得更加清晰、更有逻辑。算法是对事物本质的数学抽象，看似深奥却体现着点点滴滴的朴素思想。因此，学习算法的思想，其意义不仅仅在于算法本身，对日后的学习和生活都会产生深远的影响。

1. 什么是算法

事实上，我们日常生活中到处都在使用算法，只是没有意识到。例如，到商店购物，首先确定要买的东西，然后进行挑选、比较，最后到收银台付款。这一系列活动实际上就是我们购物的"算法"。类似的例子有很多，这些算法与计算学科中的算法的最大差异就是，前者是人执行算法，后者交给计算机执行。不论是现实世界，还是计算机世界，解决问题的过程就是算法实现的过程。

那么，到底什么是算法呢？简单地说，算法就是解决问题的方法和步骤。显然，方法不同，对应的步骤自然也不一样。因为算法设计时，首先应该考虑采用什么方法，方法确定了，再考虑具体的求解步骤。任何解题过程都是由一定的步骤组成的，所以，通常把解题过程准确而完整的描述称为该问题的算法。

人们对计算机算法的研究由来已久，提出了很多令人拍案叫绝的算法，它们都是前人智慧的结晶。学习并掌握这些算法，对我们深入地理解计算思维非常有意义。

2. 算法设计的基本方法

一般来说，算法设计没有什么固定的方法可循。但是通过大量的实践，人们也总结出某些共性的规律，包括穷举法、递推法、递归法、分治法、贪心法、回溯法、动态规划法和平衡原则等。

（1）穷举法

先从一些生活中的事例来说明。现在的旅行箱多半都配了密码锁。当外出旅行时，为了安全起见，人们都会用密码锁锁住旅行箱。令人尴尬的是，有时人们会忘记密码，这可怎么办？最笨也许最可行的办法就是从 000~999 挨个儿试，肯定能找出来！不过，这是一件很不爽的苦差事，但确实能解决问题。

穷举法的基本思想是：首先依据题目的部分条件确定答案的大致范围，然后在此范围内对所有可能的情况逐一验证，直到全部情况验证完为止。若某个情况使验证符合题目的条件，则为本题的一个答案；若全部情况验证完后均不符合题目的条件，则问题无解。穷举法的思想作为一种算法能解决许多问题。

【例1-5】百鸡问题。公鸡每只5元，母鸡每只3元，小鸡3只1元。花100元钱买100只鸡，若每种至少买一只，试问有多少种买法？

分析：百鸡问题是求解不定方程的问题。设 x、y、z 分别为公鸡、母鸡和小鸡的只数，公鸡每只5元，母鸡每只3元，小鸡3只1元。对于百元买百鸡问题，可写出下面的代数方程：

$$x+y+z=100$$

$$5x+3y+z/3=100$$

除此之外，再也找不出方程了。那么两个方程怎么解出三个未知数？这是典型的不定方程，这类问题用穷举法写算法就十分方便。

```c
void  BuyChicks( )
{
    for(x=1;x≤20;x++)
        for(y=1;y≤33;y++)
        {
            z=100-x-y;
            if(5x+3y+z/3=100)
                printf("%d,%d,%d\n",x,y,z);
        }
}
```

基本思想是把 x、y、z 可能的取值——列举，解必在其中，而且不止一个。穷举法的实质是列举所有可能的解，用检验条件判断哪些是有用的，哪些是无用的。而题目往往就是检验条件。穷举法的特点是算法简单，当求解那些可确定解的取值范围且一时又找不到其他更好的算法问题时，就可以用它。

（2）递推法

如果对求解的问题能够找出某种规律，采用归纳法可以提高算法的效率。著名数学家高斯在幼年时，有一次老师要求全班同学计算自然数1~100之和。高斯迅速算出了答案，令全班同学吃惊。当时，高斯正是应用了归纳法，得出 $1+2+\cdots+100=100 \times (100+1)/2=5050$ 的结果。归纳法在算法设计中的应用很广，最常见的便是递推和递归。

递推是算法设计中最常用的重要方法之一，有时也称迭代。在许多情况下，对求解问题不能归纳出简单的关系式，但在其前、后项之间能够找出某种普遍适用的关系。利用这种关系，便可从已知项的值递推出未知项的值。

【例1-6】用递推算法计算 n 的阶乘函数。

分析：关系式为 $f_i = f_{i-1} \times i$，其递推过程是：

```
f(0)=0!=1
f(1)=1!=1×f(0)=1
f(2)=2!=2×f(1)=2
f(3)=3!=3×f(2)=6
......
f(n)=n!=n×(n-1)!= n×f(n-1)
```

要计算 10!，可以从递推初始条件 f(0)=1 出发，应用递推公式 f(n)= n×f(n-1) 逐步求出 f(1)，f(2)，…，f(9)，最后求出 f(10) 的值。

算法：

```
scanf(n);
f=1;
for(i=1;i≤n;i++)
     f=f*I;
 printf("%d",f);
```

此外，精确值的计算也可以使用递推。例如，S=1+2+3+…+1000，可以确定迭代变量 S 的初始值为 0，迭代公式为 S=S+i，当 i 分别取 1,2,3,4,…,1000 时，重复计算迭代公式，迭代 1000 次后，即可求出 S 的精确值。

（3）递归法

递归法是一个非常有趣且实用的算法设计方法。

递推是从已知项的值递推出未知项的值，而递归则是从未知项的值递推出已知项的值，再从已知项的值推出未知项的值。

生活中递归的例子不少，如一位主持人在电视台现场直播新闻，在他的左边有一台电视机，里面正在播放这个节目。这时，我们会通过他左边的电视机看到相同的画面。在这个小画面中的电视机里仍然有相同的画面，这便是无穷递归。如图 1-2 所示，也蕴含着递归的含义。

递归是构造算法的一种基本方法，如果一个过程直接或间接地调用它自身，则称该过程是递归的。例如，数学里面就有许多递归定义的函数：

图 1-2　递归实例

$$n! = \begin{cases} 1 & n=0 \text{ 时} \\ n(n-1)! & n>0 \text{ 时} \end{cases}$$

递归过程必须有一个递归终止的条件，即存在"递归出口"。无条件的递归是毫无意义的，也是做不到的。在阶乘的递归定义中，当 n=0 时定义为 1，这就是阶乘递归定义的出口。写出的算法是（n≥0 时）：

```
int  fac(int  n)
{
  If(n=0)
     return  (1);
  else
     return  (n*fac(n-1));
}
```

这个算法和数学公式几乎没什么两样，当 n>1 时，每次以 n–1 代替 n 调用函数本身（从第一行入口），直至 n=1。

递归与递推是既有区别又有联系的两个概念。递推是从已知的初始条件出发，逐次递推出最后所求的值。而递归则是从函数本身出发，逐次上溯调用其本身的求解过程，直到递归的出口，再从里向外倒推回来，得到最终的值。一般来说，一个递推算法总可以转换为一个递归算法。

递归算法往往比非递归算法要付出更多的执行时间。尽管如此，由于递归算法的编程非常容易，各种程序设计语言一般都有递归语言机制。此外，用递归过程来描述算法不但非常自然，而且证明算法的正确性也比相应的非递归形式容易很多。因此，递归是算法设计的基本技术。

（4）回溯法

在游乐园里，游客们高兴地玩"迷宫"游戏，看谁能通过迂回曲折的道路顺利地走出迷宫。这类问题难以归纳出简单的数学模型，只能依靠枚举和试探。例如，在迷宫中探索前进的道路时，遇到岔路，就有可能对应着多条不同的道路。从中先选择出一条"走着瞧"。如果此路不通，便退回来另寻他路。如此继续，直到最终找到适当的出路（有解）或证明无路可走（无解）为止。为了提高效率，应该充分利用给出的约束条件，尽量避免不必要的试探。这种"枚举－试探－失败返回－再枚举试探"的求解方法就称为回溯。

回溯法是设计算法中的一种基本策略。在涉及寻找一组解的问题或者满足某些约束条件的最优解的问题中，有许多可以用回溯法来求解。

八皇后问题就是回溯算法的经典实例。下面就以"八皇后问题"为例，说明怎样利用回溯法对问题进行求解。

八皇后问题是一个以国际象棋为背景的问题：如何能够在 8×8 的国际象棋棋盘上

（见图1-3）放置八个皇后，使得任何一个皇后都无法直接吃掉其他的皇后？为了达到此目的，任意两个皇后都不能处于同一条横行、纵行或斜线上。

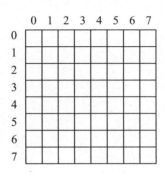

图1-3　8×8的国际象棋棋盘

其实八皇后问题可以推广为更一般的n皇后摆放问题：这时棋盘的大小变为n×n，而皇后个数也变成n。当且仅当n = 1或n≥4时问题有解。令一个一位数组a[n]保存所得解，其中a[i]表示把第i个皇后放在第i行的列数（注意i的值都是从0开始计算的），下面就八皇后问题做一个简单的从规则到问题提取的过程。

1）因为所有的皇后都不能放在同一列，因此数组的解不能存在相同的两个值。

2）所有的皇后都不能在对角线上，那么该如何检测两个皇后是否在同一个对角线上？我们将棋盘的方格看作一个二维数组，如图1-3所示。

假设有两个皇后被放置在（i, j）和（k, 1）的位置上，明显，当且仅当|i-k|=|j-1|时，两个皇后才在同一条对角线上。

因此，回溯的思想是：假设某一行为当前状态，不断检查该行所有的位置是否能放一个皇后，检索的状态有两种：

1）先从首位开始检查，如果不能放置，接着检查该行第二个位置，依次检查下去，直到在该行找到一个可以放置一个皇后的地方，然后保存当前状态，转到下一行重复上述方法的检索。

2）如果检查了该行所有的位置均不能放置一个皇后，说明上一行皇后放置的位置无法让所有的皇后找到自己合适的位置，因此就要回溯到上一行，重新检查该皇后位置后面的位置。

【算法】

```
int n=8;
int total=0;
int *c=new
bool is_ok(int row){
    for(int j=0;j!=row;j++){
```

```
        if(c[row]==c[j] ‖ row-c[row]==j-c[j] ‖ row+c[row]==j+c[j])
             return false;
    }
    return true;
}
void queen(int row){
    if(row==n)
        total++;
    else
        for(int col=0;col!=n;col++){
            c[row]=col;
            if(is_ok(row))
                queen(row+1);
        }
}
```

在主函数中调用 queen(0)，得到正确结果，八皇后问题一共有 92 种解法。

本章小结

本章主要介绍了计算机的发展、特点与分类，介绍计算思维的基本概念、狭义计算思维和广义计算思维的区别，还介绍了算法设计的基本思想和常用方法。

习 题

1．结合生活中的实际情况，列举计算机的应用实例。
2．结合自己的专业情况，说说计算思维的应用实例。

第 2 章　计算机硬件系统

　　自第一台电子计算机问世以来，各式各样的计算机已出现在人们的日常生活中，既有功能强大的大型计算机，也有方便轻巧的微型计算机、穿戴式装置等。自动化工厂、机场、汽车、电视、冰箱、计算机、手机、智能眼镜与智慧手环等的运行或使用都需要依靠计算机系统。本章从计算机核心硬件架构开始，依次介绍了计算机体系结构、商用机的组成和配置指标、新设备的发展及常见故障解决方法。

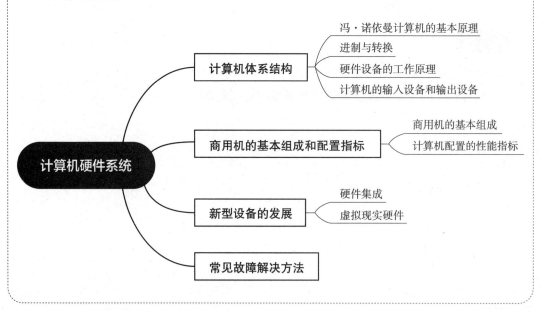

2.1　计算机体系结构

2.1.1　冯·诺依曼计算机的基本原理

迄今为止，世界上各类计算机的基本结构大多建立在冯·诺依曼（Von Neumann）计算机模型基础之上。美籍匈牙利数学家约翰·冯·诺依曼曾作为美国阿伯丁试验基地的顾问参加了 ENIAC 机的研制工作，得到了很多启发。1947 年，他在自己领导的计算机研制小组进行新方案的设计中，提取了科学家们长期艰苦研究成果的精华，明确提出了两个极其重要的思想：存储程序和二进制。存储程序就是把程序本身当作数据来对待，程序和该程序处理的数据用同样的方式存储。计算机中的数据用二进制表示，计算机应该按照程序顺序执行。

计算机硬件系统由运算器、存储器、控制器、输入设备、输出设备五大部件组成；采用二进制形式表示数据和指令，通过使计算机具备五大基本组件，从而把需要的程序和数据送至计算机中。冯·诺依曼结构具有长期记忆程序、数据、中间结果及最终运算结果的能力；具有完成各种算术、逻辑运算和数据传送等数据加工处理的能力；具有能够按照要求将处理结果输出给用户的功能，其模型如图 2-1 所示。五大功能部件具体分工是输入设备负责输入数据和程序；存储器负责记忆程序和数据；运算器负责完成数据加工处理；控制器负责控制程序执行；输出设备负责输出处理结果。

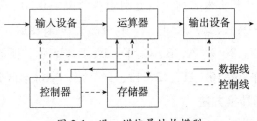

图 2-1　冯·诺依曼结构模型

2.1.2　进制与转换

计算机中为什么要用二进制？计算机使用二进制是由它的实现机理决定的。我们可以这么理解：计算机的基层部件是由集成电路组成的，这些集成电路可以看成是由一个个门电路组成，当计算机工作时，电路通电工作，于是每个输出端就有了电压。电压的高低通过模数转换即转换成了二进制：高电平由 1 表示，低电平由 0 表示。即将模拟电路转换为数字电路。这里的高电平与低电平可以人为确定，一般地，2.5V 以下即为低电平，3.2V 以上为高电平。

电子计算机能以极高的速度进行信息处理和加工，包括数据处理和加工，而且有极大的信息存储能力。数据在计算机中以器件的物理状态来表示，采用二进制数字系统，计算机处理所有的字符或符号也要用二进制编码来表示。用二进制的优点是容易表示，运算规则简单，节省设备。人们知道，具有两种稳定状态的元件（如晶体管的导通和截止、继电器的接通和断开、电脉冲电平的高低等）容易找到，而要找到具有 10 种稳定状态的元件来对应十进制的 10 个数就困难了。因此采用二进制具有以下优点：

1）技术实现简单。计算机由逻辑电路组成，逻辑电路通常只有两个状态，即开关的接通与断开，这两种状态正好可以用 "1" 和 "0" 表示。

2）简化运算规则。两个二进制数和、积运算组合各有三种，运算规则简单，有利于简化计算机内部结构，提高运算速度。

3）适合逻辑运算。逻辑代数是逻辑运算的理论依据，二进制只有两个数码，正好与逻辑代数中的 "真" 和 "假" 相吻合。

4）易于进行转换。二进制数与十进制数易于互相转换。

5）用二进制表示数据具有抗干扰能力强、可靠性高等优点。因为每位数据只有高低两个状态，当受到一定程度的干扰时，仍能可靠地分辨出它的状态是高还是低。

计算机中常用的数的进制主要有：二进制、八进制、十进制和十六进制，各种进制的表示方法不同，进制之间的转化方法也不同。

1. 不同进制的表示方法

二进制用两个数字 0 和 1 来表示。八进制用八个数字 0、1、2、3、4、5、6、7 来表示。十进制用十个数字 0、1、2、3、4、5、6、7、8、9 来表示。十六进制用十六个字符 0、1、2、3、4、5、6、7、8、9、A、B、C、D、E、F 来表示，所以我们用 A、B、C、D、E、F 这五个字母来分别表示 10、11、12、13、14、15，字母不区分大小写。

2. 不同进制之间的转换方法

（1）二进制转换十进制

例如，二进制数 "1101100" 转换为十进制数。1101100 ←二进制数，6543210 ←每个数的位数表示，以上二进制数 1101100 从最右边数依次是第 0 位、第 1 位、第 2 位、第 3 位、…、第 7 位。

这个二进制数 1101100 转换为十进制的算法是，每个位上的数乘以 2 的位数次方，并且求和。

计算方法：$(1101100)_2 = 1 \times 2^6 + 1 \times 2^5 + 0 \times 2^4 + 1 \times 2^3 + 1 \times 2^2 + 0 \times 2^1 + 0 \times 2^0 = 64+32+0+8+4+0+0 = (108)_{10}$

（2）二进制转换八进制

例如，二进制数 "10110111011" 转换为八进制数。每三位二进制数转换为一位八进制数，二进制数 10110111011 可以从右边开始每三个数放在一起，左边不够三位用 0 补，变成 010 110 111 011。每三个数从左边第一个开始，若分别对应 1，则三个数转换为 4、2、1。如果不是 1 的位数就转化为 0，将这三个数转换的结果加在一起就是对应的八进制数。

计算方法：010 = 2

　　　　　110 = 4+2 = 6

　　　　　111 = 4+2+1 = 7

　　　　　011 = 2+1 = 3

执行结果：2673

（3）二进制转换十六进制

每四位二进制数转换为一位八进制数，二进制数可以从右边开始每四个数放在一起，左边不够四位用 0 补。每四个数从左边第一个看起分别对应如果都是 1，四个数转换的就是 8、4、2、1。如果不是 1 的位数就转化为 0，将这四个数转换的加在一起就是对应的十六进制数。

如二进制数 0101101 11011 转换为十六进制数，先从右边开始每四个数放在一起为 0101 1011 1011。

计算方法：0101 = 4+1 = 5

　　　　　1011 = 8+2+1 = 11（由于 10 为 A，所以 11 即 B）

　　　　　1011 = 8+2+1 = 11（由于 10 为 A，所以 11 即 B）

执行结果：5BB

（4）八进制转换为十进制

八进制转换为十进制与二进制转换为十进制的方法相同，只是权值 2 变成 8。如八进制数 1507 转换为十进制

计算方法：$7 \times 8^0 + 0 \times 8^1 + 5 \times 8^2 + 1 \times 8^3 = 839$

执行结果：839

（5）十六进制转换十进制

十六进制转换为十进制与二进制转换为十进制的方法相同，只是权值 2 变成 16。如十六进制数 2AF5 转换为十进制数。

计算方法：$5 \times 16^0 + F \times 16^1 + A \times 16^2 + 2 \times 16^3 = 10997$（在计算中，A 表示 10，而 F 表示 15）

所有进制换算成十进制，关键在于各自的权值不同。如十进制数 1234，可以列一个算式：$1234 = 1 \times 10^3 + 2 \times 10^2 + 3 \times 10^1 + 4 \times 10^0$。

2.1.3 硬件设备的工作原理

完整的计算机系统是硬件和软件的统一，硬件和软件互相依存。硬件是软件赖以工作的物质基础，软件的正常工作是硬件发挥作用的唯一途径。计算机系统必须要配备完善的软件系统才能正常工作，且充分发挥其硬件的各种功能。如果只有计算机硬件而无软件的话，则是无法运行的一个裸机。同样，没有运行在硬件基础之上的各种软件，也是没有用处的。

计算机的工作原理与电视、VCD 机差不多，当给它发一些指令时，它就会按照指令执行某项功能。不过，这些指令并不是直接发给硬件的，而是先通过前面提过的输入设备，如键盘、鼠标接收指令，然后再由中央处理器（CPU）来处理这些指令，最后才由输出设备输出想要的结果。

如一道简单的计算题：8+4÷2=，人脑的工作方式为：先用笔将这道题记录在纸上，记在大脑中，再经过脑神经元的思考，并结合掌握的知识，决定用四则运算规则和九九乘法口诀来处理；然后用脑算出 4÷2=2 这一中间结果，并记录于纸上；最后再用脑算出 8+2=10 这一最终结果，并记录于纸上。通过做这一简单运算题，我们发现一个规律：首先通过眼、耳等感觉器官将捕捉的信息输送到大脑中并存储起来，然后对这一信息进行加工处理，再由大脑控制人把最终结果以某种方式表达出来。计算机正是模仿人脑进行工作的（这也是"电脑"名称的来源），其部件如输入设备、存储器、运算器、控制器、输出设备等分别与人脑的各种功能器官对应，以完成信息的输入、处理和输出。

计算机硬件系统的结构一直沿用了由美籍著名数学家冯·诺依曼提出的模型，它由运算器、控制器、存储器、输入设备、输出设备五大功能部件组成。随着信息技术的发展，各种各样的信息，如文字、图像、声音等经过编码处理，都可以变成数据。计算机在运行时，先从内存中取出第一条指令，通过控制器的译码，按指令的要求从存储器中取出数据进行指定的运算和逻辑操作等加工，然后再按地址把结果送到内存中去。接下来，再取出第二条指令，在控制器的指挥下完成规定操作。依此进行下去，直至遇到停止指令。程序与数据一样存储，按程序编排的顺序一步一步地取出指令，自动地完成指令规定的操作，这就是计算机最基本的工作原理。

2.1.4 计算机的输入设备和输出设备

输入输出设备（I/O 设备）是数据处理系统的关键外部设备之一，是连接用户和计算机的重要桥梁。

输入设备是向计算机输入数据和信息的设备，是计算机与用户或其他设备通信的桥梁，是用户和计算机系统之间进行信息交换的主要装置之一。输入设备的任务是把数据、指令及某些标志信息等输送到计算机中去。键盘、鼠标、摄像头、扫描仪、光笔、手写输入板、游戏杆、语音输入装置等都属于输入设备（Input Device），是人或外部与计算机进行交互的一种装置，用于把原始数据和处理这些数据的程序输入到计算机中。

　　计算机能够接收各种各样的数据，既可以是数值型的数据，也可以是各种非数值型的数据，如图形、图像、声音等都可以通过不同类型的输入设备输入到计算机中，进行存储、处理和输出。计算机的输入设备按功能可分为下列几类：

　　1）字符输入设备：键盘（如图 2-2 所示）。

　　2）光学阅读设备：光学标记阅读机（如图 2-3 所示）和光学字符阅读机。

图 2-2　键盘

图 2-3　光学标记阅读机

　　3）图形输入设备：鼠标器（如图 2-4 所示）、操纵杆（如图 2-5 所示）、光笔（如图 2-6 所示）。

图 2-4　鼠标器

图 2-5　操纵杆

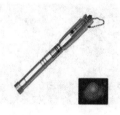

图 2-6　光笔

　　4）图像输入设备：数码相机（如图 2-7 所示）、扫描仪（如图 2-8 所示）、传真机（如图 2-9 所示）。

图 2-7　数码相机

图 2-8　扫描仪

图 2-9　传真机

5）模拟输入设备：语言模数转换识别系统。如光电纸带输入器、卡片输入器、光学字符读出器、磁带输入装备、汉字输入装备、鼠标等将数据、程序和控制信息送入计算机内。

输出设备（Output Device）是把计算或处理的结果或中间结果以人能识别的各种形式，如数字、符号、字母等表示出来，因此输入输出设备起到了人与机器之间进行联系的作用。常见的输出设备有显示器（如图 2-10 所示）、打印机（如图 2-11 所示）、绘图仪（如图 2-12 所示）、影像输出系统（如图 2-13 所示）、语音输出系统、磁记录设备（如图 2-14 所示）等。

图 2-10　显示器

图 2-11　打印机

图 2-12　绘图仪

图 2-13　影像输出系统

图 2-14　磁记录设备

输入输出设备起着人和计算机、设备和计算机、计算机和计算机的联系作用。现在新技术的发展已经将过去的设备驱动程序的安装省略，变成了即插即用型设备，大大改善了人们使用输入输出设备的效率。

2.2　商用机的基本组成和配置指标

2.2.1　商用机的基本组成

根据计算机硬件的基本组成和工作原理，配置商用机主要从以下几个方面来考虑。

1．中央处理器（CPU）——核心部件

CPU（如图 2-15 所示）主要包括运算器和控制器两部分，其功能如下：

1）运算器的功能是对数据进行各种算术运算和逻辑运算。

2）控制器是计算机的管理机构和指挥中心。

3）CPU 是计算机的核心部件，决定计算机的性能。反映 CPU 性能的最重要的指标是主频和数据传递的位数。目前绝大多数的微处理器芯片都是 32 位或 64 位。

2．内存（主存储器）

内存储器简称内存，又称主存储器（主存）（如图 2-16 所示），它直接与 CPU 交换信息，用来存放当前运行程序的指令和数据。内存的存储容量以字节为基本单位，每个字节都有自己的编号，称为"地址"。内存是计算机的一个临时存储器，它只负责计算机数据的中转而不能永久保存。

图 2-15　i7 处理器

图 2-16　内存条

3．外存储器（辅助存储器）

辅助存储器用来存储程序和数据。它的特点是容量大、速度低、价格便宜。目前常用的辅助存储器有硬盘（如图 2-17 所示）、光盘（如图 2-18 所示）、闪存（U 盘）（如图 2-19 所示）、移动硬盘（如图 2-20 所示）、存储卡等。

图 2-17　硬盘

图 2-18　光盘

图 2-19　U 盘　　　　　　　　　图 2-20　移动硬盘

4. 输入设备（IN）和输出设备（OUT）

输入设备是将数据、程序等转换成计算机能接受的二进制码，并将它们送入内存。常用的输入设备有键盘、鼠标、扫描仪、触摸屏、摄像头和数码相机等。

输出设备将计算机处理的结果转换成人们能够识别的数字、字符、图像、声音等形式，并显示、打印或播放出来。常用的输出设备有显示器、打印机、绘图仪等。

5. 显卡（显示器适配卡）

显卡（如图 2-21 所示）是连接主机与显示器的接口卡。显卡的作用是将主机的输出信息转换成字符、图形和颜色等信息，然后传送到显示器上显示。

图 2-21　显卡

2.2.2　计算机配置的性能指标

1. 运算速度

运算速度是衡量计算机性能的一项重要指标。通常所说的计算机运算速度（平均运算速度），是指每秒所能执行的指令条数，一般用"百万条指令／秒"（mips）来描述。同一台计算机，执行不同运算所需的时间可能不同，因而对运算速度的描述常采用不同的方法，常用的有 CPU 时钟频率（主频）、每秒平均执行指令数（ips）等。微型计算机一般采用主频来描述运算速度，例如，Pentium/133 的主频为 133MHz，Pentium Ⅲ /800 的主频为 800MHz，Pentium 4 1.5G 的主频为 1.5GHz。目前，较为主流的内存是 667MHz 和 800MHz 的 DDR2 内存，以及 1333MHz 的 DDR3 内存。较为高端的以 GHz 计算，如高端企业需求的主频大于等于 2.4GHz。一般来说，主频越高，运算速度就越快。

2. 字长

计算机在同一时间内处理的一组二进制数称为一个计算机的"字"，而这组二进制数的位数就是"字长"。在其他指标相同时，字长越大，计算机处理数据的速度就越快。早期的微型计算机的字长一般是 8 位和 16 位。586 处理器（Pentium，Pentium Pro，Pentium Ⅱ，Pentium Ⅲ，Pentium Ⅳ）大多是 32 位，现在市面上的计算机处理器大部分已达到 64 位。

3. 内存储器的容量

内存储器，简称主存，是 CPU 可以直接访问的存储器，需要执行的程序与需要处理的数据就是存放在主存中的。内存储器容量的大小反映了计算机即时存储信息的能力。随着操作系统的升级，应用软件的不断丰富及其功能的不断扩展，人们对计算机内存容量的需求也不断提高。目前，64 位 Windows 系统最大只支持 128G。普通家用主板一般最高为 64G，大多是 2×8G 或者 4×8G。内存容量越大，系统功能就越强大，能处理的数据量就越庞大。

4. 外存储器的容量

外存储器容量通常是指硬盘容量（包括内置硬盘和移动硬盘）。外存储器容量越大，可存储的信息就越多，可安装的应用软件就越丰富。目前，硬盘容量一般为 512G，有的甚至已达到 1T 以上。

5. I/O 的速度

主机 I/O 的速度取决于 I/O 总线的设计。这对于慢速设备（如键盘、打印机）来说影响不大，但对于高速设备则效果十分明显。如对于当前的硬盘，它的外部传输率已可达 20MB/s、40MB/s 以上。

6. 显存

显存的作用是用来存储显卡芯片处理过或者即将提取的渲染数据。如同计算机的内存一样，显存是用来存储要处理的图形信息的部件。

显存容量是显卡上本地显存的容量数，这是选择显卡的关键参数之一。显存容量的大小决定着显存临时存储数据的能力，在一定程度上也会影响显卡的性能。显存容量是随着显卡的发展而逐步增大的，并且有越来越大的趋势。显存容量从早期的 512KB、1MB、2MB 等极小容量，发展到 8MB、12MB、16MB、32MB、64MB，一直到目前主流的 512MB、1GB 和高档显卡的 2GB，某些专业显卡甚至已经具有 4GB 的显存容量了。

7. 硬盘转速

硬盘转速是硬盘内电机主轴的旋转速度，即硬盘盘片在一分钟内所能完成的最大转数。转速的快慢是标志硬盘档次的重要参数之一，它是决定硬盘内部传输率的关键因素之一，在很大程度上直接影响硬盘的速度。硬盘的转速越快，硬盘寻找文件的速度也就越快，相应的硬盘的传输速度也就得到了提高。硬盘转速以每分钟多少转来表示，单位表示为转 / 分（Revolutions Per Minute，RPM）。RPM 值越大，内部传输率就越快，访问时间就越短，硬盘的整体性能也就越好。硬盘的主轴电机带动盘片高速旋转，产生浮力使磁头飘浮在盘片上方。要将所要存取资料的扇区带到磁头下方，转速越快，则等待的时间就越短。因此转速在很大程度上决定了硬盘的速度。

如果想配置一台计算机，可以根据不同配件的性能和性价比来进行配置，特别是对硬件的不同需求，如有的只是满足日常家用，有的则需要开发软件项目等，现在给出一台普通的家用电脑配置清单，供大家在自行配置时参考。

处理器：intel 酷睿 i5-7500。

显卡：intel 核显 HD630。

内存：8G DDR4 2400（推荐品牌内存金士顿 / 威刚 / 镁光 / 宇瞻 / 芝奇 / 十铨）。

主板：B250 主板（推荐华硕 B250M-G/ 微星 B250M-E45/ ）。

硬盘：480GB 固态硬盘或 2TB SATA 硬盘。

电源：400W 额定电源。

显示器：21.5 寸（推荐三星 S22E200B ）。

2.3　新型设备的发展

2.3.1　硬件集成的多样性以及发展趋势

计算机不仅可以进行数值计算，还可以进行逻辑计算，具有存储记忆功能。计算机是能够按照程序运行，自动、高速地处理海量数据的现代化智能电子设备。计算机由硬件系统和软件系统组成，没有安装任何软件的计算机称为裸机。计算机可分为超级计算机、工业控制计算机、网络计算机、个人计算机、嵌入式计算机五类，较先进的计算机有生物计算机、光子计算机、量子计算机等。以下根据五类计算机的特点做简单的介绍：

1. 超级计算机

超级计算机是计算机中功能最强、运算速度最快、存储容量最大的一类计算机，是国家科技发展水平和综合国力的重要标志。超级计算机拥有最强的并行计算能力，主要用于科学计算，在气象、军事、能源、航天、探矿等领域承担大规模、高速度的计算任务。如图 2-22 所示是我国国防科技大学计算机研究所研制的天河超级计算机。

图 2-22　天河超级计算机

2．工业控制计算机

工业控制计算机（如图 2-23 所示）是一种采用总线结构，对生产过程及其机电设备、工艺装备进行检测与控制的计算机系统总称，简称工控机。其主要应用在工业方面，对于工业的发展起到了不可磨灭的作用。

工控机由计算机和过程输入输出（I/O）通道两部分组成。计算机是由主机、输入输出设备和外部磁盘机、磁带机等组成。

图 2-23　工业控制计算机

在计算机外部又增加一部发过程输入/输出通道，一方面，用来将工业生产过程的检测数据送入计算机进行处理；另一方面，将计算机要行使对生产过程控制的命令、信息转换成工业控制对象的控制变量信号，再送往工业控制对象的控制器中，由控制器行使对生产设备运行控制。工控机的主要类别有：IPC（PC 总线工业电脑）、PLC（可编程序控制器）、DCS（分散型控制系统）、FCS（现场总线系统）及 CNC（数控）五种。

3．网络计算机

网络计算机是指某些高性能计算机，能通过网络对外提供服务。相对于普通计算机来说，其在稳定性、安全性、性能等方面的要求更高，因此在 CPU、芯片组、内存、磁盘系统、网络等硬件方面和普通计算机有所不同，网络计算机可分为服务器和工作站。

（1）服务器

服务器是网络的节点，能存储、处理网络上 80% 的数据、信息，在网络中起到举足轻重的作用。服务器是为客户端计算机提供各种服务的高性能计算机，其高性能主要体现在高速度的运算能力、长时间的可靠运行、强大的外部数据吞吐能力等方面。服务器的构成与普通计算机类似，也有处理器、硬盘、内存、系统总线等，但因为它是针对具体的网络应用特别制定的，因而服务器与微机在处理能力、稳定性、可靠性、安全性、可扩展性、可管理性等方面存在很大差异。服务器主要有网络服务器（DNS、DHCP）、打印服务器、终端服务器、磁盘服务器、邮件服务器、文件服务器等。

（2）工作站

工作站是一种以个人计算机和分布式网络计算为基础，主要面向专业应用领域，具备强大的数据运算与图形、图像处理能力，为满足工程设计、动画制作、科学研究、软件开发、金融管理、信息服务、模拟仿真等专业领域而设计开发的高性能计算机。工作站最突出的特点是具有很强的图形交换能力，因此在图形图像领域特别是计算机辅助设计领域得到了迅速应用。其典型产品有美国 Sun 公司的 Sun 系列工作站。

4. 个人计算机

个人计算机（如图 2-24 所示）包括台式机、电脑一体机、笔记本电脑、掌上电脑和平板电脑等，运行速度相对较慢，但有些是可以便于携带的，随处办公，满足社会各方面的需要。

台式机　　　　　　　　电脑一体机　　　　　　　　笔记本电脑

掌上电脑　　　　　　　　　　　　　　　平板电脑

图 2-24　个人计算机类型

（1）台式机（Desktop）

台式机也叫桌面机，是一种设备独立相互分离的计算机，完全与其他部件无关。相对于笔记本电脑和上网本，其体积较大，主机、显示器等设备一般都是相对独立的，一般需要放置在电脑桌或者专门的工作台上。因此命名为台式机。台式机为非常流行的微型计算机，多数人家里和公司使用的机器都是台式机。台式机的性能相对于笔记本电脑要好。

（2）电脑一体机

电脑一体机是由一台显示器、一个电脑键盘和一个鼠标组成的电脑。它的芯片、主板与显示器集成在一起，显示器就是一台电脑，因此只要将键盘和鼠标连接到显示器上，机器就能使用。随着无线技术的发展，电脑一体机的键盘、鼠标与显示器可实现无线连接，机器只有一根电源线。这就解决了一直为人诟病的台式机线缆多而杂的问题。有的电脑一体机还具有电视接收、AV 功能，也整合了专用软件，可作为特定行业的专用机。

（3）笔记本电脑（Notebook 或 Laptop）

笔记本电脑也称手提电脑或膝上型电脑，是一种小型、可携带的个人电脑，通常重 1～3kg。笔记本电脑除了键盘外，还提供了触控板（TouchPad）或触控点（Pointing Stick），提供了更好的定位和输入功能。

（4）掌上电脑（PDA）

掌上电脑是一种运行在嵌入式操作系统和内嵌式应用软件之上的、小巧、轻便、易带、实用、价廉的手持式计算设备。它无论在体积、功能和硬件配备方面都比笔记本电脑简单轻便。掌上电脑除了可以用来管理个人信息（如通信录、计划等）、上网浏览页面、收发 Email，甚至可以当作手机使用外，还具有录音机功能、英汉汉英词典功能、全球时钟对照功能、提醒功能、休闲娱乐功能、传真管理功能等。掌上电脑的电源通常采用普通的碱性电池或可充电锂电池。掌上电脑的核心技术是嵌入式操作系统，各种产品之间的竞争也主要在此。

（5）平板电脑

平板电脑是一款无须翻盖、没有键盘、大小不等且功能完整的计算机。其构成组件与笔记本电脑基本相同，但其主要特点是以触摸屏为基本的输入设备，用户可以通过内建的手写识别输入。它打破了笔记本电脑键盘与屏幕垂直的 J 型设计模式，还支持语音输入，在移动性和便携性方面更胜一筹。

5. 嵌入式计算机

即嵌入式系统（Embedded System）（如图 2-25 所示）是一种以应用为中心、以微处理器为基础，软硬件可裁剪的，适应应用系统对功能、可靠性、成本、体积、功耗等综合性严格要求的专用计算机系统。其应用范围极其广泛，满足社会各方面的需要。

图 2-25　嵌入式系统

嵌入式系统一般由嵌入式微处理器、外围硬件设备、嵌入式操作系统以及用户的应用程序四个部分组成。它是计算机市场中增长最快的领域，也是种类繁多、形态多种多样的计算机系统。嵌入式系统几乎应用于生活中的所有电器设备，如掌上 PDA、计算器、电视机顶盒、手机、数字电视、多媒体播放器、汽车、微波炉、数字相机、家庭自动化系统、电梯、空调、安全系统、自动售货机、蜂窝式电话、消费电子设备、工业自动化仪表与医疗仪器等。

随着计算机应用的广泛和深入，对计算机技术本身提出了更高的要求。当前，计算机的发展表现为四种趋向：巨型化、微型化、网络化和智能化。

（1）巨型化

巨型化是指发展高速度、大存储量和强功能的巨型计算机。巨型计算机的发展集中体现了计算机科学技术的发展水平。

（2）微型化

微型化是指进一步提高集成度，利用高性能的超大规模集成电路研制质量更加可靠、性能更加优良、价格更加低廉、整机更加小巧的微型计算机。

（3）网络化

网络化是指把各自独立的计算机用通信线路连接起来，形成各计算机用户之间可以相互通信并能使用公共资源的网络系统。

（4）智能化

智能化是指让计算机具有模拟人的感觉和思维过程的能力。智能计算机具有解决问题和逻辑推理的功能、知识处理和知识库管理的功能等。智能化使计算机突破了"计算"这一初级的含意，从本质上扩充了计算机的功能，可以越来越多地代替人类的脑力劳动。

2.3.2 虚拟现实（VR）硬件以及 3D 打印技术

1. 虚拟现实（VR）硬件

（1）虚拟现实（VR）建模设备

虚拟现实（VR）硬件是指与 VR 技术领域相关的硬件产品，是 VR 解决方案中用到的硬件设备。现阶段 VR 中常用到的硬件设备大致可以分为四类，分别是：①建模设备（如 3D 扫描仪）；②三维视觉显示设备［如 3D 展示系统、大型投影系统（如洞穴式 VR 系统）、头显（头戴式立体显示器等）］；③声音设备（如 3D 的声音系统以及非传统意义的立体声）；④交互设备［包括位置追踪仪、数据手套、3D 输入设备（3D 鼠标）、动作捕捉设备、眼动仪、力反馈设备以及其他交互设备］。VR 装备如图 2-26 所示。

图 2-26　VR 装备

三维（3D）扫描仪，也称为三维立体扫描仪，是融合光、机、电和计算机技术于一体的高新科技产品，主要用于获取物体外表面的 3D 坐标及物体的 3D 数字化模型。该设备不但可用于产品的逆向工程、快速原型制造、3D 检测（机器视觉测量）等领域，而且随着 3D 扫描技术的不断深入发展，如 3D 影视动画、数字化展览馆、服装量身定制、计算机 VR 仿真与可视化等行业也开始使用 3D 扫描仪这一便捷的设备来创建实物的数字化模型。通过 3D 扫描仪非接触扫描实物模型，得到实物表面精确的 3D 点云（Point Cloud）

数据，最终生成实物的数字模型，不仅速度快，而且精度高，几乎可以完美地复制现实世界中的大多数物体，以数字化的形式逼真地重现现实世界。

为了实现虚拟显示的沉浸特性，显示设备必须具备人体的感官特性，包括视觉、听觉、触觉、味觉、嗅觉等。VR 就是通过技术手段创造出一种逼真的、虚拟的现实效果。

（2）虚拟现实头显（头戴式显示器）

虚拟现实头显是利用人的左右眼获取信息的差异，引导用户产生一种身在虚拟环境中的感觉。其显示原理是左右眼屏幕分别显示左右眼的图像，人眼获取这种带有差异的信息后会在脑海中产生立体感。虚拟现实头显作为虚拟现实的显示设备，具有小巧和封闭性强的特点，在军事训练、虚拟驾驶、虚拟城市等项目中具有广泛的应用。

（3）双目全方位显示器（BOOM）

双目全方位显示器是一种偶联头部的立体显示设备，是一种特殊的头部显示设备。使用 BOOM 类似使用一个望远镜，它将两个独立的 CRT 显示器捆绑在一起，由两个相互垂直的机械臂支撑，这不仅让用户可以在半径 2m 的球面空间内用手自由操纵显示器的位置，还能将显示器的重量加以巧妙的平衡而使之始终保持水平，不受平台运动的影响。在支撑臂上的每个节点处都有位置跟踪器，因此 BOOM 和头盔式显示器一样有实时的观测和交互能力。

（4）CRT 终端 - 液晶光闸眼镜立体视觉系统

该系统的工作原理是：计算机分别产生左右眼的两幅图像，经过合成处理之后，采用分时交替的方式显示在 CRT 终端上。用户则佩戴一副与计算机相连的液晶光闸眼镜，眼镜片在驱动信号的作用下将以与图像显示同步的速率交替开和闭，即当计算机显示左眼图像时，右眼透镜将被屏蔽；显示右眼图像时，左眼透镜被屏蔽。根据双目视察与深度距离正比的关系，人的视觉生理系统可以自动地将这两幅视觉图像合成为一个立体图像。

（5）大屏幕投影 - 液晶光闸眼镜

大屏幕投影 - 液晶光闸眼镜立体视觉系统的原理和 CRT 显示一样，只是将分时图像 CRT 显示改为大屏幕显示，用于投影的 CRT 或者数字投影机要求有极高的亮度和分辨率，它适合在较大的视野内产生投影图像。洞穴式 VR 系统就是一种基于投影的环绕屏幕的洞穴状自动虚拟系统（Cave Automatic Virtual Environment，CAVE）。人置身于用计算机生成的世界中，并能在其中来回走动，从不同的角度观察它，触摸它，改变它的形状。大屏幕投影系统除了洞穴式 VR 系统，还有圆柱形的投影屏幕和用矩形拼接构成的投影屏幕等。

（6）洞穴状自动虚拟系统（CAVE 系统）

该系统是由 3 个面以上（含 3 面）硬质背投影墙组成的高度沉浸的虚拟演示环境，配合三维跟踪器，用户可以在被投影墙包围的系统近距离接触虚拟三维物体，或者随意漫游"真实"的虚拟环境。CAVE系统一般应用于高标准的虚拟现实系统。自纽约大学1994年建立第一套CAVE系统以来，CAVE系统已经在全球超过600所高校、国家科技中心、研究机构进行了广泛的应用。

CAVE系统是一种基于多通道视景同步技术和立体显示技术的房间式投影可视协同环境，该系统可提供一个房间大小的最小三面或最大七十面（2004年）立方体投影显示空间，供多人参与，所有参与者均完全沉浸在一个被立体投影画面包围的高级虚拟仿真环境中，借助相应VR交互设备（如数据手套、位置跟踪器等），从而获得一种身临其境的高分辨率三维立体视听影像和6自由度交互感受。由于投影面积能够覆盖用户的所有视野，所以CAVE系统能提供给使用者一种前所未有的带有震撼性的身临其境的沉浸感受。

（7）智能眼镜

智能眼镜是一个非常有创意的产品，可以直接解放人们的双手，让人们不再需要一直用手拿着设备，也不需要用手连续点击屏幕输入。智能眼镜配合自然交互界面，相当于现在手持终端的图像接口，不需要点击，只需要使用人的本能行为，如摇头晃脑、讲话、转眼等，就可以和智能眼镜进行交互。因此，这种方式提高了用户体验感，操作起来更加自然随心。

2. 3D打印技术

3D打印（3DP）是快速成型技术的一种，它是一种以数字模型文件为基础，使用粉末状金属或塑料等可黏合材料，通过逐层打印的方式来构造物体的技术。3D打印通常是通过数字技术材料打印机来实现的，常在模具制造、工业设计等领域用于模型制造，后逐渐用于一些产品的直接制造，如打印零部件。该技术在珠宝、工业设计、建筑、汽车、航空航天、医疗、教育、土木工程等领域都有所应用。

日常生活中使用的普通打印机可以打印计算机设计的平面物品，而所谓的3D打印机与普通打印机的工作原理基本相同，只是打印材料有些不同，普通打印机的打印材料是墨水和纸张，而3D打印机内装有金属、陶瓷、塑料、砂等不同的"打印材料"，是实实在在的原材料，打印机与计算机连接后，通过计算机控制可以把"打印材料"一层层叠加起来，最终把计算机上的蓝图变成实物。通俗地说，3D打印机是可以"打印"出真实的3D物体的一种设备，如打印一个机器人、打印玩具车、打印各种模型甚至食物等。之所以通俗地称其为"打印机"，是因为参照了普通打印机的技术原理，其分层加工的过程与喷墨打印十分相似。3D打印机如图2-27所示。

图2-27　3D打印机

3D 打印技术的实现过程为：

（1）三维设计

3D 打印前需进行三维设计，设计过程是：先通过计算机建模软件建模，再将建成的三维模型"分区"成逐层的截面，即切片，从而指导打印机逐层打印。

设计软件和打印机之间协作的标准文件格式是 STL。一个 STL 文件使用三角面来近似模拟物体的表面。三角面越小，其生成的表面分辨率越高。PLY 一套三维 mesh 模型数据格式，是可以通过扫描产生三维文件的扫描器，其生成的 VRML 文件或者 WRL 文件经常被用作全彩打印的输入文件。

（2）切片处理

3D 打印机通过读取文件中的横截面信息，用液体状、粉状或片状的材料将这些截面逐层地打印出来，再将各层截面以各种方式黏合起来，从而制造出一个实体。这种技术的特点在于其几乎可以造出任何形状的物品。

3D 打印机打印出的截面厚度（即 Z 方向）以及平面方向（即 X-Y 方向）的分辨率是以 dpi（像素每英寸）或者微米来计算的。一般的厚度为 $100\mu m$，即 0.1mm，也有部分打印机如 ObjetConnex 系列和三维 Systems' ProJet 系列，可以打印出 $16\mu m$ 的薄层。而平面方向则可以打印出与激光打印机相近的分辨率。打印出来的"墨水滴"的直径通常为 $50\sim100\mu m$。用传统方法制造出一个模型通常需要数小时到数天，由模型的尺寸以及复杂程度而定。而用三维打印技术则可以将时间缩短为数小时，由打印机的性能以及模型的尺寸和复杂程度而定。

传统的制造技术如注塑法可以以较低的成本大量制造聚合物产品，而 3D 打印技术则可以以更快、更有弹性以及更低成本的方法生产数量相对较少的产品。一个桌面尺寸的 3D 打印机就可以满足设计者或概念开发小组制造模型的需要。

（3）打印

3D 打印机的分辨率对大多数应用来说已经足够（在弯曲的表面可能会比较粗糙，像图像上的锯齿一样），要获得更高分辨率的物品可以通过如下方法：先用当前的 3D 打印机打出稍大一点的物体，表面稍加打磨即可得到表面光滑的"高分辨率"物品。

有些技术可以同时使用多种材料进行打印。有些技术在打印的过程中还会用到支撑物，如在打印一些有倒挂状的物体时，就需要用到一些易于除去的东西（如可溶的东西）作为支撑物。

2.3.3　硬件的高度集成在嵌入式方面的应用

嵌入式系统一般由嵌入式硬件系统和嵌入式软件系统组成。嵌入式硬件系统包括嵌入式处理器、外围硬件设备等，嵌入式软件系统包括应用程序、操作系统和底层驱动等，如图 2-28 所示。

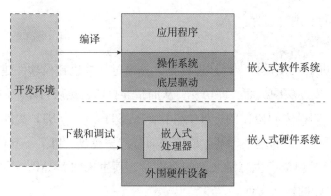

图 2-28　嵌入式硬件系统

嵌入式系统本质上是计算机系统，但是具有以下特点：集成度高、非标准化、接口非常复杂。在嵌入式系统中，对于处理器没有集成、但是系统需要的部件，也可以通过外部扩展的方式实现。但是根据嵌入式系统设计中性价比最高的原则，应该首先选择最适用（即内部功能模块最能满足应用需求）的处理器，而不是确定了一个控制器之后再进行扩展。嵌入式系统中处理器的集成度大都很高。一些基本的设备如通用可编程输入输出端口（GPIO）、定时器、中断控制器，通常都集成在处理器中。一些嵌入式处理器甚至还包含内存，只需要在外部扩展简单的电路就可以组成系统。嵌入式系统硬件结构的特点是以嵌入式处理器为核心，集成度高。

嵌入式硬件系统的组成结构为嵌入式处理器（内核＋片内外设）＋内存＋外围硬件设备＋辅助设备。带有总线扩展的嵌入式处理器系统如图 2-29 所示。嵌入式系统硬件结构的多样性和复杂性，也决定了嵌入式系统工程师比通用计算机的工程师要更多地关注硬件的设计。

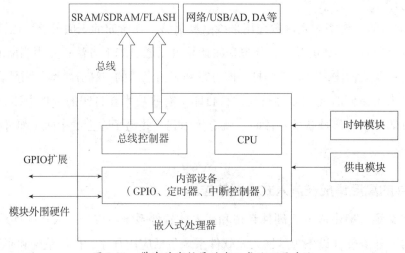

图 2-29　带有总线扩展的嵌入式处理器系统

嵌入式系统的最小系统是指基于某处理器为核心，可以运转起来的最简单的硬件设计（即处理器能够运行的最基本系统）。最小系统是构建嵌入式系统的第一步，保证嵌入式处理器可以运行，然后才可以逐步增加系统的功能，如外围硬件扩展、软件及程序设计、操作系统移植、增加各种接口等，最终形成符合需求的完整系统。其构建方式如图 2-30 所示。

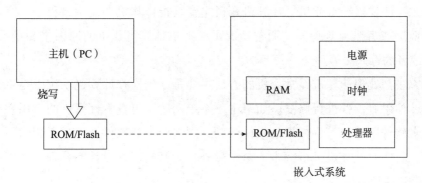

图 2-30　传统最小系统构建方式

调试与测试接口不是系统运行所必须的，但现代系统设计越来越强调可测性，调试、测试接口的设计也越来越受到重视。目前高级的嵌入式处理器中，内置联合测试行动小组（Joint Test Action Group，JTAG）接口，可以控制芯片的运行并获取内部信息，为下载和调试程序提供了很大的方便。对于具有 JTAG 接口的处理器，可以将其与主机（PC）连接起来，通过 JTAG 接口将主机中的程序载入到嵌入式系统的内存中。

在嵌入式系统的开发中，最小系统起着至关重要的作用。构建一个嵌入式系统，首先要让系统的核心——嵌入式处理器运行起来，然后再逐步增加系统的功能，最终形成符合需求的完整系统。嵌入式最小系统的组成包括处理器、内存、时钟、电源和复位。为了能够支持程序的下载和调试，一般还需要在最小系统中添加对 JTAG 接口的支持。

2.4　常见故障解决方法

在我们日常使用计算机的过程中，常常会遇到各种故障，如何有效地排除故障呢？下面给出常见故障以及故障的解决方法。

故障一：计算机自动关机。计算机自动关机主要是指计算机在正常使用过程中，突然出现系统自动关闭或者系统重启的现象。造成计算机自动关机故障出现的原因有很多，最常见的原因是 CPU 温度过高、病毒软件入侵或者电源管理故障等。

处理方法：针对造成计算机自动关机现象发生的常见原因，其处理方法主要是：先检查 CPU 散热是否正常，即先打开机箱，检查风扇的运转情况。如果是风扇的问题，一般需要进行风扇的除尘维护或者更换风扇。如果不是风扇问题，则需要进行计算机病毒查杀。如果不是病毒问题，则很可能是计算机的电源老化或者损坏造成的，此时需要更换电源。

故障二：计算机经常死机。计算机死机主要是指计算机在使用过程中，突然出现系统宕机、蓝屏或者黑屏等现象。通常情况下，造成计算机死机的原因主要是系统问题、软件问题或者病毒入侵等。

处理方法：处理计算机经常死机的方法主要是：先检查计算机系统中是否有系统文件被损坏，如果有，就进行修复。如果不是系统问题，再查看计算机的应用软件是否缺少补丁或者软件不兼容等，如果是软件问题，则需要下载软件补丁或者删除不兼容的软件。最后，需要对计算机进行病毒查杀。另外，计算机缓存设计不合理、硬件过热、硬件故障也会造成计算机经常死机。

故障三：计算机的 CPU 占用率过高。这一故障主要表现为计算机使用过程中，系统运行变慢，甚至是假宕机。造成该故障发生的原因主要有病毒入侵、病毒查杀软件故障、网卡故障或者计算机启动设置不当等。

处理方法：解决计算机 CPU 占用率过高的方法主要是：先进行病毒查杀，将入侵病毒清除。然后检查病毒查杀软件，尽量少使用这些软件的监控服务。其次，需要检查网络连接，排除网卡故障。最后，需要更改计算机的设置。

故障四：主板 COM 口或并行口、IDE 口失灵。

处理方法：出现此类故障一般是由于用户带电插拔相关硬件造成的，此时用户可以用多功能卡代替，但在代替之前必须先禁止主板上自带的 COM 口与并行口运行。

故障五：计算机屏幕出现雪花和重影。

处理方法：第一个原因是这个显示器和主机的连接线没有连接好，造成接触不良，形成雪花，只要重新连接这个连接线就可以。

第二个原因：如果计算机是老款显示器，由于被磁化而形成雪花，所以只要按一下显示器上的 AUTO 按钮，或者按一下 MENU，将显示器恢复出厂值就可以。

第三个原因：可能是显卡出现了问题，或者显卡和主板之间的接触出现了问题，建议把显卡取出来，然后用橡皮擦擦几下，如果没有修好建议修理显存或者更换显卡。

本章小结

本章以冯·诺依曼的理论基础详细介绍了计算机的体系结构、二进制的思维与转换、计算机的硬件配置、常用商用机的性能指标和配置方法、计算机的硬件测试技术，在本章的最后介绍了常用计算机的故障和解决方法。

习　题

1. 请结合自己所学专业谈谈计算机硬件的适用范围？
2. 如果打算配置一台计算机，你将如何配置？请说说配置过程。

第3章 计算机网络及其应用

本章要点

信息技术革命从根本上改变了人类的学习、工作、生活、娱乐甚至思维方式，因特网则是这场革命的核心力量。目前，因特网已覆盖了全世界的每个角落，其联网对象从传统的计算机扩展到了现实世界中的各种物体，影响也不仅仅是技术上层面，已经成为一种文化，一种思维。影响如此巨大的网络最初也仅仅连接了几台计算机，其基本组成单元则是一个个相对独立的局域网络。

在当今高度信息化的社会中，网络安全问题正面临着严峻的挑战，各种病毒和木马层出不穷，每一个计算机用户可能面临着各种各样影响其系统安全或稳定的问题，然而，这些问题也许不会直接造成物质上的损害，但一样会带来巨大的经济损失与社会影响。

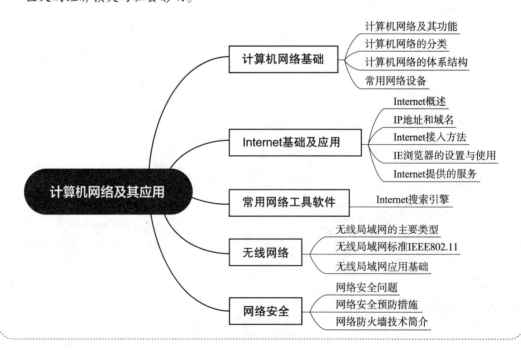

3.1　计算机网络基础

3.1.1　计算机网络及其功能

1. 计算机网络的产生和发展

20 世纪 60 年代第一个远程分组交换网 ARPANET 在美国问世，20 世纪 70 年代中期出现了局域网，20 世纪 80 年代局域网得到了快速发展，进入 20 世纪 90 年代，Internet 热潮席卷全球。计算机网络的发展经历了从简单到复杂、由终端与计算机之间的通信到计算机之间的通信的演变过程。它的形成和发展大致分为四个阶段：面向终端的计算机通信网络、计算机到计算机的网络、开放式的标准化计算机网络和综合性智能化宽带高速网络。计算机网络是以资源共享为目的的多计算机系统，它将若干地理位置不同并具有独立功能的计算机系统及其他智能外设通过高速通信线路连接起来，在网络软件的支持下实现资源共享和信息交换。进入 20 世纪 90 年代，计算机网络的规模和应用技术迅速发展，一些传统的模拟传输改为数字传输，宽带网迅速发展，网络的访问、服务、管理、安全和信息保密得到进一步改善，网络的可靠性和可用性得到进一步提高，网络的服务功能不断拓宽，能同时传输数据、声音、图形、图像和文字的综合业务数字网迅速发展。计算机网络越来越大地影响着社会经济的发展，成为未来社会发展的重要保障。

2. 计算机网络的定义

从计算机网络的产生和发展来看，无论是简单网络还是复杂网络，其目的都是为了实现数据传输、资源共享和协同工作，因此，对计算机网络定义如下：

将地理位置不同的多台功能独立的计算机，通过通信设备和传输线路连接起来，并由功能完善的网络软件（网络操作系统、通信协议等）管理，以实现数据传输、资源共享和协同工作的计算机复合系统称为计算机网络。从这个简单定义来看，计算机网络具有以下特点：

1）计算机网络中的各计算机具有相对独立性。

2）计算机网络中的各计算机之间能直接进行数据交换。

3）易于进行分布式处理和协同工作。

3. 计算机网络的功能

目前计算机网络提供的主要功能有：

（1）资源共享

1）硬件资源的共享。共享其他计算机的硬件设备，如大容量硬盘、高速打印机、绘图仪、扫描仪等。

2）软件资源的共享。通过远程登录使用网络上其他计算机的软件；通过网络服务器使用一些公用的软件；通过网络下载使用网络上的一些公用程序等。

3）数据信息资源的共享。网络上各计算机的数据库和文件中的大量信息资源，如科技动态、医药信息、股票行情、图书资料、新闻、政府法令、人才需求信息等，可以被网上用户查询和利用。

（2）数据通信

计算机网络可以高速地在计算机之间和计算机与用户之间传送信息，并根据需要对信息进行分散或集中处理。

（3）分布式协同处理

对于较大的综合性问题，用户可以将任务分散到网上的多台计算机上进行分布式协同处理。

4. 计算机网络的基本组成

计算机网络由计算机系统、通信系统和网络软件组成。从逻辑上，可以将计算机网络分为资源子网和通信子网。

（1）资源子网

资源子网由提供资源的主机系统、请求资源的用户终端、连接通信子网的接口设备以及软件资源、硬件资源和数据资源等组成，提供访问网络和处理数据的能力。

（2）通信子网

通信子网由节点路由器、交换机、通信线路和其他通信设备组成，主要完成数据的传输、交换和通信控制。

3.1.2　计算机网络的分类

计算机网络的分类标准多种多样，不同的分类标准，得到的计算机网络类型不同：按数据交换方式可分为电路交换、报文交换和分组交换；按网络拓扑结构可分为总线型网络、星形网络、环形网络和树形网络；按分布距离可分为局域网、城域网和广域网。本书按分布距离进行分类。

1. 局域网

局域网（LAN）是在小范围内部署的计算机网络，一般属于一个单位或部门组建的网络。其特点是传输速率高、误码率低，但传输距离有限，接入的站点数目有限，易于安装、组建和维护，适用于单位或部门的办公自动化和数据处理。局域网的种类繁多，主要类型有粗缆以太网（10BASE5）、细缆以太网（10BASE2）、双绞线以太网（10BASET）和高速局域网等。

（1）局域网拓扑结构

局域网拓扑结构是指计算机网络中各节点的连接形式，将计算机网络中各节点抽象为点，通信线路抽象为线，将点、线连接而成的几何图形称为网络拓扑结构。局域网拓扑结构的设计是网络设计中的重要步骤，它直接关系到网络的性能、系统的可靠性及投资费用等。常见的典型网络拓扑结构有总线型、星形、环形和树形等，如图 3-1～图 3-3所示。

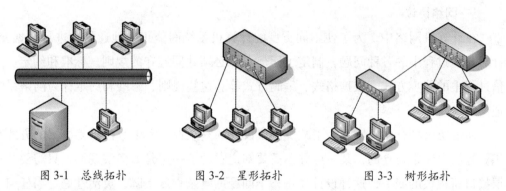

图 3-1　总线拓扑　　　　图 3-2　星形拓扑　　　　图 3-3　树形拓扑

（2）常见局域网标准及主要参数

由于局域网的种类繁多，其组网方法也各不相同，因此，本书对常见局域网的标准和一些主要技术参数进行了总结，以便在实际组网中参考，如表 3-1 所示。

表 3-1　常见局域网标准及主要参数

以太网标准	传输介质	物理拓扑结构	区段最多工作站 / 个	最大区段长度 /m	标准接头	速度 /（Mbit/s）	应用
10BASE5	50 粗同轴电缆	总线型	100	500	AUI	10	局域网
10BASE2	50 细同轴电缆	总线型	30	185	BNC	10	局域网
10BASET	3 类双绞线	星形	1	100	RJ-45	10	桌面
100BASETX	5 类双绞线	星形	1	100	RJ-45	100	桌面
100BASET4	3 类双绞线	星形	1	100	RJ-45	100	桌面
100BASEFX	2 芯多模或单模光纤	星形	1	400～2000	MIC、ST、SC	100	桌面
1000BASET	5 类双绞线	星形	1	100	RJ-45	1000	桌面、局域网、主干网
1000BASESX	2 芯多模光纤	星形	1	260 或 525	MIC、ST、SC	1000	桌面、局域网、主干网

2. 城域网

城域网（MAN）是一种大范围的高速网络，通常采用类似于局域网的技术，作用范围在广域网和局域网之间，覆盖范围在几十千米到几百千米。随着局域网的广泛应用，需要将一个城市内的局域网互联起来，从而形成较大规模的城市范围内的网络。

3. 广域网

广域网（WAN）是跨越几个区域的大型网络，通常包含一个省、国家乃至全球范围的计算机网络。广域网由通信子网和资源子网组成，通信子网归属于电信部门，资源子网归属大型单位所有。

3.1.3 计算机网络的体系结构

1. 网络协议

在计算机网络中，为了使不同类型的计算机系统间能正确地通信和进行数据交换，针对通信过程中的各种问题，制定了通信双方必须共同遵守的规则、标准和约定。如通信过程中的同步方式、数据格式、编码方式等。这些规则、标准和约定称为网络系统的通信协议。

通信协议具有层次性。为了减少协议设计的复杂性，大多数网络都按层的方式来组织，各层之间是独立的，某一层并不需要知道它的下一层是如何实现的，只需要知道下层接口所提供的服务，这种设计使得整个问题的复杂程度下降，灵活性好。当任何一层发生变化时（如由于技术的变化），只要层间接口关系保持不变，则在这层以上或以下的各层均不受影响，各层都可以采用最合适的技术来实现。通信协议易于维护，因为整个系统已被分解为若干个相对独立的子系统。它也能促进标准化工作，因为每一层的功能及其所提供的服务都已有了精确的说明。

2. 计算机网络体系结构

网络体系结构是指计算机网络的各层及其协议的集合。它从功能上描述计算机网络的结构，是对计算机网络通信所要完成的功能的精确定义。目前最著名的网络体系结构有国际标准化组织（ISO）提出的开放系统互联（Open System Interconnection，OSI）参考模型和 Internet 中使用的 TCP/IP（Transfer Control Protocol/Internet Protocol）。

3. OSI 参考模型与 TCP/IP 体系结构

国际标准化组织（ISO）提出的开放系统互联参考模型将所有互联的开放系统划分为功能上相对独立的七层，其体系结构既复杂又不实用，但其概念清晰。由于 Internet 已经得到了全世界的承认，其采用的 TCP/IP 已经成为事实上的国际标准。下面对 OSI 参考模型和 TCP/IP 的功能层次进行对比。

OSI 参考模型将网络分为七层，其各层的主要功能如下：

第 7 层：应用层。为用户的应用进程提供服务。

第 6 层：表示层。主要进行数据格式的转换。

第 5 层：会话层。在两个相互通信的进程之间建立会话连接，并组织和协商双方的对话。

第 4 层：传输层。端到端透明地传送报文。

第 3 层：网络层。分组传送、路由选择和流量控制。

第 2 层：数据链路层。在两个相邻节点的链路上无差错地传送数据帧。

第 1 层：物理层。在物理介质上透明地传送比特流。

TCP/IP 体系结构将网络分为 4 层，分别是应用层、传输层、网际层和网络接口层。其各层间的功能对应如表 3-2 所示。

表 3-2　OSI 参考模型与 TCP/IP 体系结构的层次功能对应

OSI 参考模型	TCP/IP 体系结构
应用层	应用层（各种应用层协议，如 FTP、Telnet、SMTP 等）
表示层	
会话层	
传输层	传输层（TCP、UDP）
网络层	网际层（IP）
数据链路层	网络接口层
物理层	

3.1.4　常用网络设备

常用的网络设备有网卡、集线器、交换机、路由器、调制解调器、打印服务器和光纤设备等。由于各种设备的功能和作用不同，下面参考 OSI 七层模型分层次介绍各种常用网络设备的功能和作用。

1. 工作在物理层的网络设备

（1）中继器

中继器的功能是对通过物理传输介质受到干扰或衰减的信号进行再生和放大，其主要作用是延长网络的传输距离。不同的传输介质，其传输的最大距离不同，如同轴电缆的最大传输距离是 500m，双绞线的传输距离是 100m，为了延长网络的传输距离，就需要安装中继器。

（2）集线器

集线器的工作原理与中继器基本相同，其实质上是一种多端口的中继器。二者的主要区别是：中继器一般只有两个端口，一个为数据输入端口，另一个为放大转发端口；而集线器有多个端口，数据到达一个端口后被转发到其他端口。利用集线器可以组建物理上为星形结构、逻辑上为总线结构的网络。

（3）调制解调器

调制解调器工作在物理层。调制解调器的主要功能是实现计算机和电话线之间的数模转换。计算机内的信息是由 "0" 和 "1" 组成的数字信号，而在电话线上传递的只能是模拟信号。当两台计算机要通过电话线进行数据传输时，就需要一个设备负责数模转换，这个设备就是调制解调器。目前最流行的个人计算机接入设备就是非对称数字用户线路（ADSL）调制解调器。

2. 工作在数据链路层的网络设备

（1）网卡

网卡又称网络适配器，是网络通信的主要部件，它的质量好坏直接影响到网络的性能。网卡的基本功能是提供与站点主机的接口电路、数据缓存的管理、数据链路的管理、编码和译码工作以及网络信息的收发工作。网卡主要工作在 OSI 七层参考模型的第二层（数据链路层）。网卡的种类很多，在网卡选购时要特别注意两个技术指标：通信速率和接口类型。

（2）网桥

网桥是一种基于 MAC 地址过滤、存储和转发数据帧的网络设备，它具有自主学习功能，当一个节点传送的数据通过网桥时，如果它的 MAC 地址不在交换表中，网桥通过自主学习记录节点的 MAC 地址和对应端口号，从而建立一张完整的转发表。网桥可以实现网络分段，改善网络性能，提高网络系统的安全性和保密性。随着网络技术的发展，网桥已经逐渐被交换机所取代。

（3）交换机

传统的交换机工作在数据链路层（OSI 模型的第二层），目前也有工作在网络层（OSI 模型的第三层）的交换机。交换机的种类很多，有普通的以太网交换机、路由交换机、FDDI 交换机和 ATM 交换机等。以太网交换机具有集线器的所有特性，还具有自动寻址、交换和处理数据等功能。以太网交换机和集线器的最大不同在于集线器是按广播模式进行工作的，而交换机在工作时，只在发出请求的端口和目的端口之间进行通信，这样可以减少信号在网络上发生冲突的机会，从而改善网络性能，提高网络带宽。随着以太网交换机价格的降低和用户对网络性能的要求不断提高，以太网交换机已经逐渐取代集线器而成为组建局域网的主流设备。

3. 工作在网络层的网络设备

路由器是网络互联的核心设备，在进行网络互联时，一般要通过路由器进行接入。路由器主要完成数据包的选路和存储转发工作。

4. 工作在高层的网络设备

这里的"高层"是指传输层及以上各层。工作在高层的代表设备是网关，网关工作在 OSI 参考模型的高三层，即会话层、表示层和应用层，它的主要功能是实现不同网络传输协议的翻译和转换，因此又叫网间协议转换器。

3.2 Internet 基础及应用

3.2.1 Internet 概述

Internet 是通过网络互联设备把多个不同的网络或网络群体互联起来而形成的世界范围内的计算机网络。Internet 是在 1969 年在美国国防部研制成功的 ARPANET 网的基础上发展起来的。由于局域网和广域网的迅速发展，人们希望在更大范围内互通信息、共享资源，从而将自己的计算机连接到 ARPANET 网上，由此推动了 Internet 的迅速发展。Internet 分布于全球 100 多个国家和地区，除非洲中北部外，绝大部分国家和地区都已联入 Internet。1987 年 9 月 20 日，钱天白教授发出我国第一封电子邮件"越过长城，通向世界"，揭开了中国人使用 Internet 的序幕。钱天白教授发出的这封电子邮件是通过意大利公用分组交换数据网（ITAPAC）设在北京的 PAD 机，经由 ITAPAC 和德国 DATEX P 分组网，实现了和德国卡尔斯鲁厄大学的连接，通信速率最初为 300bit/s。1989 年，中国利用世界银行贷款，把北京大学、清华大学和中国科学院的三个子网互联构成了北京中关村地区的计算机网络，1994 年 5 月，它作为我国第一个互联网与 Internet 联通，我国成为第 81 个国家级 Internet 成员。

我国已建成中国电信、中国联通、中国移动、中国教育和科研计算机网、中国科技网几大主要骨干网络。

中国教育和科研计算机网（CERNET）是由国家投资建设、教育部负责管理、面向教育和科研单位的全国性的互联网络。CERNET 分四级管理，分别是全国网络中心、地区网络中心和地区主节点、省教育科研网、校园网。CERNET 全国网络中心设在清华大学，负责全国主干网的运行管理。地区网络中心和地区主节点分别设在清华大学、北京大学、北京邮电大学、上海交通大学、西安交通大学、华中科技大学、华南理工大学、电子科技大学、东南大学、东北大学 10 所高校，负责地区网的运行管理和规划建设。

CERNET 主干网的传输速率已达到 2.5Gbit/s，已经有 28 条国际和地区性信道，国际出口总带宽达 258M。CERNET 建成了总容量达 800GB、全世界主要大学和著名国际学术组织的 10 个信息资源镜像系统和 12 个重点学科的资源镜像系统。其中有一批国内知名的学术网站，还建成了系统容量为 150 万页的中英文检索系统和涵盖 100 万个文件的文件检索系统。

中国科技网（CSTNET）是在北京中关村地区教育与科研示范网（NCFC）和中

国科学院网（CASNET）的基础上建设和发展起来的覆盖全国范围的大型计算机网络。CSTNET 主要为科技界、科技管理部门、政府部门和高新技术企业服务，信息资源有科学数据库、中国科普博览、科技成果、科技管理、技术资料、农业资源和文献情报等。

3.2.2 IP 地址和域名

1. TCP/IP

TCP/IP 也称传输控制协议 / 网际协议，是 Internet 的基础协议，它提供了异种网络系统之间的连接技术，使用 TCP/IP 可以将完全不同类型的计算机和使用不同操作系统的计算机网络系统方便地互联起来，从而实现世界范围内的网络互联。在配置 TCP/IP 时，有4 个重要的参数需要设置（如图 3-4 所示），这 4 个参数分别是：IP 地址、子网掩码、默认网关和 DNS 服务器。

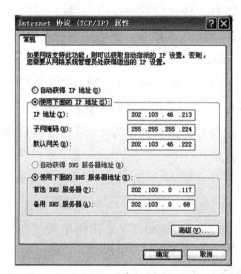

图 3-4　TCP/IP 属性设置窗口

2. IP 地址

基于 IPv4 的 IP 地址由 32 位二进制数组成，每 8 位为一段。为了方便记忆，将每段二进制数转换为对应的十进制数，这样每个 IP 地址由 4 部分十进制数组成，每部分用"."分隔，这就是所谓的"点分十进制"表示，如 202.103.46.213。

（1）IP 地址的结构

IP 地址的结构如图 3-5 所示。每个 IP 地址由两部分组成，即网络地址和主机地址。网络地址也称为网络编号或网络 ID，网络地址用于标示计算机所处的网络；主机地址又称为主机编号或主机 ID，主机地址用于标示网络中的主机，同一网络中的主机，其网络地址是相同的，但主机地址不同。

网络地址	主机地址

图 3-5 TCP/IP 网络中 IP 地址的结构

（2）IP 地址的分类

TCP/IP 网络的 IP 地址分为 A、B、C、D、E 五类。IP 地址的类型定义了网络地址的位数和主机地址的位数，同时也定义了每类网络包含的网络数目和每类网络中可能包含的主机数目。在配置和使用 IP 地址时应注意 IP 地址必须是唯一的，不能用全 "1" 和全 "0" 作为网络地址和主机地址。表 3-3 给出了 A、B、C 三类 IP 地址的取值范围。

表 3-3 A、B、C 三类 IP 地址的取值范围

地址类型	二进制网络地址范围	十进制网络地址范围	网络个数	主机个数
A	00000001～01111110	1～126	126	1700 多万个
B	100000000000000～ 1011111111111111	128.0～191.255	16384	65000
C	110000000000000000000000～ 110111111111111111111111	192.0.0～223.255.255	200 多万个	254

3．子网掩码

为了区分主机的网络地址和主机地址，在配置 TCP/IP 时要设置子网掩码。有时还利用子网掩码将一个网络分为多个子网，从而达到节约 IP 地址的目的。不同类型的网络使用的子网掩码也不同，如 A 类网络的子网掩码是 "255.0.0.0"，B 类网络的子网掩码是 "255.255.0.0"，C 类网络的子网掩码是 "255.255.255.0"。设置子网掩码的规则是，将与网络地址部分对应的二进制位设置成 "1"，与主机地址部分对应的二进制位设置成 "0"。

4．默认网关

默认网关是通向远程网络的接口。为了和远程网络上的目的主机进行通信，本地网络必须有一个接口，该接口可以将发送到远程网络的数据包发送出去，也可以将发往本地网络的数据包接收进来，这个接口称为默认网关或路由器。如果在配置 TCP/IP 时没有配置默认网关，则该主机只能在本地网络进行通信。

5．域名系统（DNS）

IP 地址的二进制表示和点分十进制表示很难记忆，为了便于记忆主机的 IP 地址，Internet 采用了域名系统（DNS）。域名就是为每台上网的计算机取一个容易记忆的名字，这个名字和 IP 地址一一对应，域名具有唯一性。

（1）域名的结构

域名由若干个分量组成，各分量之间用 "."隔开，具体形式为：计算机名．组织名．组织类型名．顶级域名。如 "smail.hust.edu.cn" 为华中科技大学邮件服务器的域名，

其中"smail"为主机名，"hust"为组织名，"edu"表示该组织为教育类，"cn"是顶级域名，表示中国。

顶级域名由 Internet 统一管理，我国的顶级域名为"cn"。顶级域名下的二级域名为组织域名，组织域名有 com（商业机构）、gov（政府部门）、mil（军事部门）、edu（教育机构）、net（国际服务机构）、org（非营业性组织）等。

（2）域名解析

域名是一个逻辑名称，只是为了方便记忆，它并不能反映计算所在物理地点，在通信过程中，还是要通过 IP 地址来识别计算机的位置，因此，必须提供一套机制来实现域名到 IP 地址的转换，实现域名到 IP 地址转换的计算机称为域名服务器，实现域名到 IP 地址转换的过程称为域名解析。域名解析的过程如下：当一个应用进程需要将域名转换为 IP 地址时，该进程就会向本地域名服务器发送请求报文，本地域名服务器在找到域名对应的 IP 地址后，将 IP 地址放到应答报文中返回，应用进程获得目的主机的 IP 地址后就可以通信了。

3.2.3　Internet 接入方法

主机接入 Internet 的方式有很多，主要方式有拨号接入、局域网接入、宽带接入和 DDN 专线接入等。下面主要介绍拨号接入、局域网接入和宽带接入三种常用的接入方式。

1. 拨号接入

拨号接入主要用于家庭用户接入 Internet。在采用拨号接入时，首先要购买调制解调器（Modem），然后要选择 ISP（Internet 服务商）。通过 Modem 拨通 ISP 的远程服务器，远程服务器监听到用户请求后，提示用户输入用户名和密码，然后检查输入的用户名和密码是否合法。检查通过后，如果用户选用的是动态 IP 地址，服务器就会从未分配的 IP 地址中选择一个分配给用户的本地主机，这时用户的计算机就可以接入 Internet。拨号上网的配置过程如下：

（1）硬件连接

根据 Modem 的接口类型，将 Modem 连接到计算机上。如果购买的是内置 Modem，要将 Modem 安装在计算机的 PCI 插槽上，如果购买的是外置 Modem，则通过 COM 端口连接到计算机上，然后把电话线连接到 Modem 的 Line 接口上。计算机启动后会发现新硬件，这时可以安装 Modem 的驱动程序。

（2）软件设置

安装好 Modem 驱动程序后，要进行网络连接设置。在 Windows XP 中进行网络连接设置的具体步骤如下：

1）单击"开始"→"所有程序"→"附件"→"通讯"，单击"新建连接向导"，打开"新建连接向导"窗口，然后单击"下一步"，打开"网络连接类型"窗口，选择"连接到 Internet（C）"，再单击"下一步"，选择"手动设置我的连接"，再单击"下一步"，选择"用拨号调制解调器连接"。

2）输入 ISP 名称，单击"下一步"按钮。

3）分别输入电话号码、用户名、密码、确认密码，单击"下一步"按钮。

4）选择"在我的桌面添加一个到此连接的快捷方式"，单击"完成"按钮完成设置。

5）单击桌面上的快捷方式，输入用户名和密码，并选择"保存密码"。

6）单击"连接"就可以拨号上网了。

2. 局域网接入

通过局域网接入方式可将公司或部门的多台计算机同时接入 Internet。在 Windows XP 操作系统和网卡正确安装的情况下，下面介绍如何设置 TCP/IP 的属性。

1）鼠标右键单击"网上邻居"图标，选择"属性"选项，打开"网上邻居"的属性窗口，然后用鼠标右键单击"本地连接"图标，选择"属性"选项，打开"本地连接"的"属性"窗口，如图 3-6 所示。

2）双击"Internet 协议（TCP/IP）"选项，打开"Internet 协议（TCP/IP）属性"窗口，然后设置主机的 IP 地址、子网掩码、默认网关和 DNS 服务器。属性窗口如图 3-7 所示。

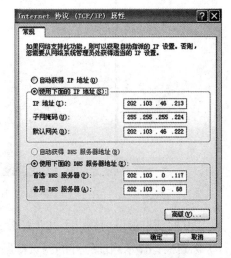

图 3-6　本地连接属性窗口　　　　图 3-7　Internet 协议属性窗口

3. 宽带接入

宽带接入是近年来发展特别快的一种 Internet 接入方式。其中 ADSL（Asymmetric Digital Subscriber Line，非对称数字用户线路）接入是宽带接入的一种主要形式。ADSL

可直接利用用户的电话线接入，适合于集中或分散的用户。

ADSL 采用数字传输和数字交换技术，其上行传输速度可达 512kbit/s，下行传输速度可达 8Mbit/s，可用于视频业务和高速 Internet 的接入。使用 ADSL 专用 Modem 上网的同时可以打电话，互不影响，上网时不需要另交电话费。

安装 ADSL 时需向电信部门报装，申请成功后，电信局派工程师上门安装设备。当工程师调试好 ADSL 设备后，安装好拨号软件就可以上网了。

除了 ADSL 接入外，"视讯宽带"和"长城宽带"等宽带接入方式在我国的发展也很快，这里就不一一介绍了。

3.2.4　IE 浏览器的设置与使用

在 WWW 服务器上检索信息时使用的客户端程序就是浏览器。目前市场上的浏览器种类很多，常见的有微软的 Internet Explorer、网景公司的 Navigator 和 360 安全浏览器等。下面以 IE 10.0 为例介绍浏览器的设置和使用。

1．IE 浏览器的基本界面

如图 3-8 所示是 IE 10.0 的基本窗口。

图 3-8　IE 10.0 基本窗口

IE 10.0 的基本窗口包括以下几个部分：

1）标题栏：显示当前打开的网页标题。

2）地址栏：显示当前 Web 页的 URL（统一资源定位系统），也可以在输入框中输入网址访问 WWW 的页面。

3）菜单栏：包含控制和操作 IE 10.0 的命令。主要有"文件""编辑""查看""收藏夹""工具"和"帮助"菜单。

4）工具栏：包含一些常用的命令，用户可以单击工具栏上的按钮就可以方便地使用这些命令。

5）浏览区：显示所查站点的页面内容。

6）状态栏：显示系统所处的状态。

在 IE 10.0 的工具栏中用图标按钮代替一些常用的菜单命令，这些按钮的功能如表 3-4 所示。

表 3-4　部分工具按钮的功能

按钮	功能
	转到前一个浏览过的页面
	转到后一个浏览过的页面
	刷新页面
	关闭页面
	提供搜索服务
	转到用户设置的主页
页面(P)	对当前页面进行操作
安全(S)	安全操作，如删除浏览的历史记录、隐私策略等
	调用 Microsoft Outlook Express
	打印当前页面

2. IE 浏览器的使用

（1）启动 IE 浏览器

双击桌面上的 IE 浏览器图标，或者单击任务栏中的 IE 图标，就可以启动 IE 浏览器。如果在 Windows XP 桌面上看不到 IE 浏览器图标，则系统没有把 IE 图标设置在桌面上。我们可以用下面的方法使之显示在桌面上。

右击桌面空白处，在弹出的快捷菜单中选择"属性"选项，使系统进入设置"显示属性"窗口；然后，选择"桌面"选项卡，接着单击该选项卡底部的"自定义桌面"按钮，使系统弹出"自定义桌面"对话框；再通过单击对话框上部的"我的电脑""网上邻居"和"Internet Explorer"复选框，使之生效；最后，单击底部的"确定"按钮，就可以在桌面上看到 IE 浏览器的图标。

（2）登录到指定站点

如果需要登录到某一指定网站，而且已经知道网站的域名或 IP 地址，在网络已经连接的情况下，可以直接在 IE 工作窗口的地址栏输入该网站的域名或 IP 地址，回车确定后就可以登录到该网站上。例如，要登录搜狐网站，可以直接在地址栏中输入：www.sohu.com，或者输入：http：//www.sohu.com/。如果要登录 ftp 服务器，如要登录清华大学的 ftp 服务器，则只能输入 ftp：//ftp.tsinghua.edu.cn，域名前面的协议名 ftp 不能省略。

（3）保存网页上的文字信息

在浏览网页过程中，有时希望将发现的网页上的某一段文字保存到本地计算机上。常用的方法是用鼠标指向这段文字的起点处，接着在网页上拖动鼠标，鼠标拖动过的区域将会反色显示。当所需信息被包括到反色区域中，用鼠标单击 IE 窗口顶部的菜单"编辑"→"复制"，把选中的文字送到剪贴板中，然后打开记事本或文字处理工具 Word，使用其菜单"编辑"→"粘贴"，就可以把信息粘贴到记事本或 Word 中。

如果需要保存整个网页，则可以利用系统提供的文件保存功能。最常见的方法是登录某个网站后，如果希望保存当前网页，则单击 IE 系统菜单"文件"→"另存为"，随后弹出一个"保存网页"的对话框。在"保存网页"对话框中，输入要保存网页的文件名称，并在"保存类型"栏目选择以什么样的类型来保存网页。

在保存类型中，有 4 个选项，其名称和含义如下：

1）"网页，全部"：其含义是把当前网页全部以网页形式保存下来。

2）"Web 档案，单一文件"：其含义是把当前网页存储为 Web 档案形式，它也能把网页全部内容保存下来。这种形式下，IE 把网页的所有内容压缩到一个单一的、扩展名为 .mht 的文件中。

3）"网页，仅 HTML"：其含义是仅存储当前网页的 HTML 代码。在存储文件夹中生成一个单独的 html 文件，以浏览器打开该文件会发现，文件仍能作为网页展示，但其中的图片等信息都显示为红色的小叉号。

4）"文本文件"：其含义是把当前网页保存为一个纯文本文件。采用这种方式保存网页，仅保存网页中的文字信息，HTML 代码和多媒体信息被全部丢弃。因此这种方式保存的文件最小，信息也最少。

（4）查看网页源文件

在浏览网页的过程中，有时需要查看网页的源代码，即查看其 HTML 代码。常用的方法有：

1）使用系统菜单，"查看"→"查看源文件"。

2）右击网页上的某一空白区，在弹出的快捷菜单中选择"查看源文件"。

执行上述操作后，系统将把当前页面所使用的 HTML 代码显示在打开的记事本中。

比较上面的两个方法，在当前页面没有使用框架、页面由一个 HTML 文档组成的情况下，两种方法的功能相同。如果当前页面使用了框架，且当前页面由几个 HTML 文档组成，则方法 1）显示的是框架文件的源代码，方法 2）显示的是鼠标右击位置对应的HTML 文档的源代码。

本功能常被用于学习别人网页设计上的技巧，有时也被用于在一个禁止复制和存储的页面上实现页面内容的本地存储。

（5）使用个人收藏夹

1）把当前页面的 URL 添加到个人收藏夹。

在浏览网页过程中，如果对某一站点很感兴趣，希望下次能够快速登录这个站点，那么可以把这个站点添加到个人收藏夹中。具体的操作步骤是：当 IE 正在显示感兴趣的网页时，单击 IE 系统菜单"收藏"→"添加到收藏夹"。给这个页面取一个自己容易理解的名称，然后单击"确定"按钮就把这个站点添加到收藏夹了。

2）使用个人收藏夹快速登录网站。

打开 IE 后，如果想登录已经存储在收藏夹中的网站，直接单击 IE 的系统菜单"收藏"，在"收藏"的下拉式菜单中单击希望登录的站点名称就可以了。

3）整理个人收藏夹。

随着对 Internet 的频繁使用，个人收藏夹中的内容越来越多。为了管理收藏夹中的这些项目，系统提供了整理个人收藏夹的功能。具体操作是：单击 IE 系统菜单"收藏"→"整理收藏夹"。

利用"整理收藏夹"对话框可以实现对个人收藏夹的管理，甚至可以利用收藏夹中的文件夹实现信息的分层、分级管理。

3. IE 浏览器的设置

（1）主页设置

主页是指启动浏览器时自动连接显示的页面。用户可以将常用的页面设置为主页，也可以同时创建多个主页。设置主页的步骤如下：

1）右击 IE 浏览器图标，选择"属性"选项，打开"Internet 属性"窗口，如图 3-9 所示。

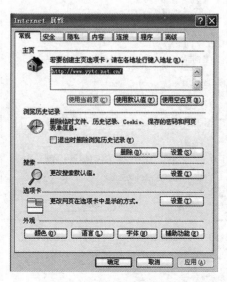

图 3-9　"Internet 属性"窗口

2）在地址栏中输入用户主页面的 URL 地址，单击"确定"或"应用"按钮，然后重启 IE 浏览器，就可以连接到自己设置的页面了。

（2）设置临时文件和历史记录

为提高浏览速度，降低网络负担，在访问远程服务器上的页面时都会自动把页面的内容保存在本地的特定位置，同时在地址栏中保留网站的 URL 信息。当用户下次需要访问同一页面时，可通过地址栏的历史记录快速登录网站并检测远程服务器上的页面是否被更新，如果远程服务器上的页面没有更新，则不再传送整个页面信息，而是直接显示上次访问时保留在本地磁盘上的内容。

上述方法确实使 IE 性能有了很大提高并减轻了网络传输负担。但随着频繁使用 Internet 上的不同资源，会造成 IE 保存的临时文件很多，造成磁盘空间的浪费和网络性能的下降。为此，IE 提供了临时文件管理和历史记录管理功能。

在"Internet 属性"窗口（如图 3-9 所示）的"常规"选项卡中，第二个栏目是临时文件，可以利用"删除"按钮删除浏览过程中在本地计算机上建立的 cookie、临时文件、历史记录等。单击"设置"按钮打开如图 3-10 所示的"Internet 临时文件和历史记录设置"窗口，设置 IE 临时文件存放的位置和可以使用的存储空间的大小。还可以通过"Internet 临时文件和历史记录设置"窗口中的"查看文件"按钮查看 IE 的临时文件到底有哪些，通过"Internet 临时文件和历史记录设置"窗口中的"查看对象"按钮查看 IE 浏览器下载和安装了哪些对象。

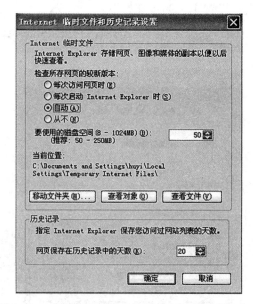

图 3-10　"Internet 临时文件和历史记录设置"窗口

（3）设置 IE 的安全级别

随着 IE 的发展，为了达到某种特殊效果，有些网站在自己的网页中使用了各种各样的程序代码，这些代码能够协助网站实现一些特定的功能。当用户访问这些网站时，这些网站上的特殊程序代码就会在用户的浏览器上运行，实现一些如保存信息、修改文件、以特殊效果显示页面的特殊功能。目前使用比较多的技术有 ActiveX 控件、Java 小程序等。

当这些技术被某些不怀好意的人利用时，就会出现安全问题。一些人利用这些技术建立网站，在网页中包含特殊代码，使访问这种网站的用户的 IE 被强行修改、数据被强行删除甚至留下木马程序盗窃用户的个人资料，这就是恶意网页。为了避免恶意网页对 IE 的修改，同时也为了保证用户使用正常网页的 ActiveX 功能或 Java 小程序，IE 提供了"安全"选项卡，如图 3-11 所示。

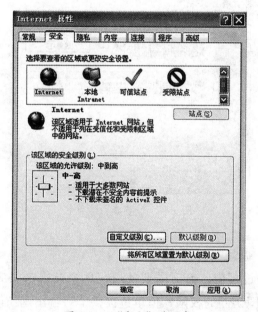

图 3-11 "安全"选项卡

通过"安全"选项卡，可以定义 IE 访问 Internet 站点的规则。如可以定义 IE 访问 Internet 站点的安全级别为"中"，访问本地 Intranet 的安全级别为"低"，把确认没有问题的友好站点添加到受信任站点中，把已明确的恶意站点添加到受限制站点中。这样就可以避免系统在访问过程中不知不觉地被恶意网页修改。

最后，需要特别强调的是，为避免恶意网页对当前 IE 或 Windows 的破坏，轻易不要安装执行网站上的程序，也不要随意下载未签名的 ActiveX 控件。特别是系统询问是否下载安装 ActiveX 控件提示时，如果该控件不是特别可靠，而且来源于一个不知名的小网站，则要慎重，一般选择"否"。

（4）设置 IE 的分级审查

Internet 在为人类提供便利的同时，也不可避免地出现一些负面问题。如色情网站、暴力宣传网站都对青少年的健康成长有很大危害，为了避免青少年访问这些不该访问的站点，其监护人可以通过 IE 浏览器的分级审查功能限制青少年对这类网站的访问。启用"Internet 属性"的"内容"选项卡，如图 3-12 所示。其中第一项就是设置分级审查的栏目。单击"启用"按钮，即可启动分级审查功能。

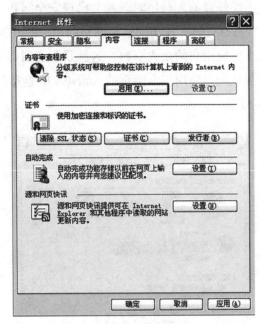

图 3-12　"内容"选项卡

（5）设置代理服务器

在使用 Internet 的过程中，有时需要使用代理服务器来完成某些特殊的任务。例如，本机 IP 不具有出国访问的权限，但单位提供了一台出国访问的代理服务器；或者单位的核心服务器不允许远程计算机随便访问，但允许某代理服务器访问单位的核心计算机，这样单位内部职工在远程可以通过代理服务器访问单位内部的核心服务器。因此代理服务器就是一台能够代理用户 Internet 请求的服务器。当为了完成某个任务需要设置代理服务器时，需要先知道代理服务器的 IP 地址和网络端口，然后进行下面的设置：

在"Internet 属性"窗口的"连接"选项卡的底部，选择"局域网设置"按钮（见图 3-13），打开"局域网设置"对话框。然后在"代理服务器"栏目中，使"为 LAN 使用代理服务器"复选框生效，最后在它下面的"地址"文本框中输入代理服务器的 IP 地址，端口文本框中输入代理服务器的可用端口。为了提高计算机访问本地服务器的速度，一般对本地连接不使用代理服务器，所以通常将"对于本地地址不使用代理服务器"复选框设置为生效。

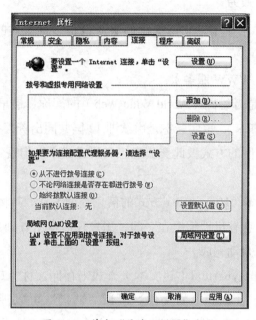

图 3-13　单击"局域网设置"按钮

　　需要注意的是，虽然设置了代理服务器，但过了一段时间后代理服务器不再提供服务，那么代理服务器的设置将影响网络连接。为解决这种问题，则需要取消代理服务器设置，使"为 LAN 使用代理服务器"复选框无效。

　　（6）设置网页显示方式

　　有时用户上网的主要目的是查找资料，且主要是查找文字材料，那么网页上的图片、声音和多媒体信息对用户没有意义。在这种情况下，可以让 IE 浏览器不显示图片，也不播放声音和视频文件，从而减轻网络传输负担，提高浏览速度。

　　在"Internet 属性"的"高级"选项卡中，有许多可以用复选框形式设置的项目，利用它们可帮助用户设置网页的显示形式。

　　可以使"播放网页中的动画""播放网页中的声音""播放网页中的视频"和"显示图片"的复选框无效，然后单击底部的"应用"按钮，再打开新的网页时将不会显示网页中的动画、视频和图片。

　　（7）调整窗口工具栏

　　和 Windows 的其他软件一样，可以通过菜单调整 IE 工具栏中的工具按钮的个数和排列形式。单击系统菜单"查看"→"工具栏"，可以在工具栏中设置显示哪些工具按钮；

在没有"锁定工具栏"的情况下，以鼠标指向每组工具的最左侧边缘处，拖动鼠标，可以把这组工具拖到其他位置。

3.2.5　Internet 提供的服务

Internet 上的资源非常丰富，它所提供的服务也是多种多样的，常见的主要有以下几种：

1. 信息浏览服务（WWW 服务）

Web（或 WWW）是万维网（World Wide Web）的简称。最早于 1989 年出现于欧洲的粒子物理实验室（CERN），该实验室是由欧洲 12 国共同出资兴办的。WWW 的初衷是为了让科学家们以更方便的方式彼此交流思想和研究成果。但现在它正成为一种受欢迎的浏览工具。

WWW 是基于超文本（Hypertext）方式的信息查询工具。其将位于全世界 Internet 上不同地点的相关数据信息有机地编织在一起，用户仅需提出查询要求，而到什么地方查询及如何查询由 WWW 自动完成。

WWW 服务器采用 Hypertext（超文本）方式来存储文件。超文本文件是在文本上"镶嵌"了许多"链接"（Link）的文件。所谓"链接"可以理解为嵌套在文本中的"选单项"。上述"链接"可以是一个词、一段文本、一个图标甚至一幅图形。当用户将光标移动到该"链接"上并将其"激活"时（激活方式通常是按下回车键或按下鼠标键），就会像激活菜单上的选项一样，屏幕上会出现窗口或者其他新的内容。这些新的内容就是 WWW 客户程序从本地或异地的 WWW 服务器取来的信息，它也可以是来自 FTP、Gopher 等 Internet 上的其他服务器中相配合的图形、图像和声音等多媒体信息。

WWW 采用客户机/服务器工作方式。客户机就是连接到 Internet 上的计算机。在客户端使用的程序称为 Web 浏览器（IE、Netscape Navigator 等）。用统一资源定位器（Uniform Resource Locator，URL）描述资源的地址。WWW 浏览器只允许用户查询、拷贝信息，但不允许用户修改 WWW 服务器上的信息。

WWW 服务是目前 Internet 上应用最多的一类服务。目前，制作 WWW 信息的手段越来越多，如 Java、ActiveX、VB Script、JavaScript 等，这些程序的应用不仅大大增强了 WWW 页面的交互功能，而且也丰富了 WWW 信息，使之更加丰富多彩，更加引人入胜。

2. 远程登录服务（Telnet）

远程登录（Remote-login）是 Internet 提供的最基本的信息服务之一，远程登录是在网络通信协议 Telnet 的支持下使本地计算机暂时成为远程计算机仿真终端的过程。在远程计算机上登录，必须事先成为该计算机系统的合法用户并拥有相应的账号和口令。登录时要给出远程计算机的域名或 IP 地址，并按照系统提示，输入用户名及口令。登录成功后，用户便可以实时使用该系统对外开放的功能和资源，如共享它的软硬件资源和数据库，使用其提供的 Internet 信息服务，如 E-mail、FTP、Gopher、WWW 等。

Telnet 是一个强有力的资源共享工具。许多大学图书馆都通过 Telnet 对外提供联机检索服务，一些政府部门、研究机构也将它们的数据库对外开放，使用户能够通过 Telnet 进行查询。

3. 文件传输服务（FTP）

文件传输协议（File Transfer Protocol，FTP）是 Internet 上使用非常广泛的一种通信协议。它是由支持 Internet 文件传输的各种规则所组成的集合，这些规则使 Internet 用户可以把文件从一个主机拷贝到另一个主机上，因而为用户提供了极大的方便。FTP 通常也表示用户执行这个协议所使用的应用程序。

FTP 和其他 Internet 服务一样，也是采用客户机 / 服务器方式。其使用方法很简单，首先启动 FTP 客户端程序与远程主机建立连接，然后向远程主机发出传输命令，远程主机在收到命令后就给予响应，并执行正确的命令。目前 Windows 操作系统环境中最常用的 FTP 软件是 CuteFTP。

FTP 用来在计算机之间传输文件，从远程计算机上将所需文件传送到本地计算机上的过程称为下载，将文件从本地计算机传送到远程计算机上的过程称为上载。它是一种实时的联机服务，在工作时先要登录到对方的计算机上，然后进行与文件搜索和文件传输有关的操作。使用 FTP 可以传输文本文件和二进制文件（如图像、声音、压缩文件、可执行文件、电子表格等）。当用户无法确定远程计算机上的文件类型时，一般选择二进制传输方式。

FTP 服务器是指在 Internet 上存储大量文件和数据的计算机主机，它设有公共的账号，有公开的资源供用户使用。Internet 上有许多公用的 FTP 服务器，支持以"ftp"或"anonymous"为账号，并用自己的电子邮件地址为口令注册到匿名 FTP 服务器上，访问该服务器所提供的文件信息资源。对于一般用户来说，FTP 服务器上的 pub 和 incoming 两个目录比较有用，pub 是本服务器发布的共享软件，而 incoming 则是用户下载的软件。

4. 电子邮件服务（E-mail）

电子邮件简称 E-mail，是一种用电子手段提供信息交换的通信方式，是 Internet 应用最广的服务之一。通过电子邮件系统，用户可以用非常低廉的价格，以非常快速的方式与世界上任何一个角落的网络用户联系。

使用电子邮件的首要条件是拥有一个电子邮件地址。电子邮件地址是提供电子邮件服务的机构为用户建立的，实际上是该机构在与 Internet 联网的计算机上为用户分配的一个专门用于存放邮件的磁盘存储区域。

5. 电子公告板（BBS）

公告牌服务（Bulletin Board Service，BBS）是 Internet 上的一种电子信息服务系统，现在一般称为"论坛"，它提供一块公共电子白板，每个用户都可以在上面书写，可发布信息或提出看法。电子公告牌按不同的主题分成很多个栏目，栏目设立的依据是大多数 BBS 使用者的要求和喜好，使用者可以阅读他人关于某个主题的看法，也可以将自己的想法贴到公告栏中，别人可以对你的观点进行回应。

BBS 具有一些共同的基本功能，如信件交流、文件传输、资讯交流、经验交流及资料查询等。如果需要私下交流，也可以通过 BBS 上的功能按钮将想说的话直接发到某个人的电子信箱中。如果想与正在使用 BBS 的某个人聊天，可以启动聊天程序加入闲谈者的行列。在 BBS 里，人与人之间的交流打破了空间、时间的限制。在与别人进行交往时，无须考虑自身的年龄、学历、知识、社会地位、财富、外貌、健康状况，而这些条件往往是人们在其他交流形式中无法回避的，这样，参与 BBS 的人可以处于一个平等的位置与其他人进行任何问题的探讨。

BBS 的登录十分方便，可以通过 Internet 登录，也可以通过电话网拨号登录。BBS 站点往往是一些爱好者建立的，对所有人都免费开放。全球有许多 BBS 站点（国内如"水木清华""白云黄鹤""小百合"等都比较著名），不同的 BBS 站点，其服务内容差异很大，但都兼顾娱乐性、知识性、教育性。

登录 BBS 站时，只需先登录该站点主机，如 http://bbs.whnet.edu.cn，然后进入"论坛"。若是第一次登录 BBS，则需要先进行注册，用户可以给自己起一个用户名和设置注册密码。使用用户名和注册密码登录成功后，会看到许多讨论区，用户可以畅所欲言地发表自己的看法、意见，讨论各种问题，交流心得和体会。

3.3 常用网络工具软件

使用 Internet 是为了方便搜索需要的信息，因为 Internet 提供了海量信息，为了寻找需要的信息，就需要借助搜索工具进行搜索。所谓搜索引擎，是指由大型网站制作、供 Internet 用户进行信息分类检索的一个索引表。搜索引擎的出现，为日常生活、教育、科研等提供了巨大便利。

1. 常见的搜索引擎

目前，国内常用的搜索引擎有百度、搜狐、北大天网、雅虎、Google 等。其对应的网址如下：

1）百度：http：//www.baidu.com/。

2）搜狐：http：//www.sohu.com/。

3）北大天网：http：//e.pku.edu.cn（适合于教育网用户）。

4）雅虎：http：//www.yahoo.com.cn。

5）Google：http：//www.google.com/。

另外，新浪网、263 等大型网站也都提供了自己的搜索引擎。如果进行网上购物，淘宝网、京东网也是我们经常访问的站点。如果从事科研工作，国内的中国期刊网（http：//www.cnki.net/）和国外的 IEEE 数据库则是我们经常检索文献的站点。

2. 搜索引擎的基本检索方法

（1）布尔检索方法

用户在用搜索引擎进行检索时可用不同的布尔逻辑运算符号将检索关键词连接起来，以较为准确地表达检索要求。主要的布尔逻辑运算符号（英文半角符号）有以下 4 种：

1）逻辑与运算符号。一般用"&""+"".and."或空格表示。用"A&B"的形式搜索的结果是既包含关键词 A 又包含关键词 B 的文章。

2）逻辑非运算符。一般用"-"".not."表示。用"A-B"的形式搜索的结果是包含关键词 A 而不包含关键词 B 的文章。

3）逻辑或运算符。一般用"|"".or."表示。用"A|B"的形式搜索的结果是至少包含 A 和 B 中一个关键词的文章。

4）多词汇查询法。使用分隔符","和连接符"+""-"的搜索表达式可分隔多个条件。"+"表示必须，"-"表示去掉。例如，若要查询的资料应包含"武汉"，但不要"广州"，而"长沙"可有可无，可用"+武汉，-广州，长沙"作为关键词进行检索。

（2）模糊检索方法

模糊检索是通过输入需要检索的主题中的一部分字或词，利用各种模糊方式（前模糊、后模糊、前后模糊）进行的检索，并认为凡是满足这个词局部中的所有字符要求的记录，都为命中结果。实际上，模糊查询就是在输入的关键词前或后，或前后加通配符"*"。

1）前模糊。如输入"*计算机"，可以检索到结尾是"计算机"的所有主题词。

2）后模糊。如输入"计算机*"，可以检索到开头是"计算机"的所有主题词。

3）前后模糊。如输入"*计算机*"，可以检索到所有包含"计算机"的关键词。

（3）限制检索方法

限制检索的目的是为了提高检索的准确率。如在 Google 中会自动忽略"http"".com"和"的"等字符以及数字和单字，这类字词不仅无助于缩小检索范围，而且会大大降低检索速度。使用英文双引号可将这些被忽略的词强加于搜索项，如查询"蒸汽机的故事"时，给"的"加上英文双引号会使"的"强加于搜索项中。

1）字段检索。用户在检索网络信息时把检索范围限制在标题、URL 或超级链接等部分。用户还可以对语种、日期、地理范围、域名范围、信息媒体类型等进行限制，指定要检索的词必须符合或出现在所要求的位置，从而检索到更确切的信息。这种检索的具体方法可参考天网搜索引擎 FTP 服务中的 FTP 复杂搜索功能。

2）在检索结果中再检索。大多数搜索引擎都提供在检索结果中输入新的关键词再次检索的功能。

（4）区分大小写检索

这一检索功能有助于对专有名词的查询，使用英文双引号可将这些专有名词强加于检索项。

3. 搜索引擎的高级检索方法

（1）自然语言检索

用户在检索时，可直接输入自然语言表达式的检索要求。如进入孙悟空智能搜索引擎（http：//search.chinaren.com），用户可以在搜索框内填写"《西游记》的作者是谁？""《大话西游》的导演是谁？"，这样很快就能找到想要的网页。

（2）相似检索

在检索过程中，以某个检索结果为根据，可以进一步检索与该结果类似的信息。如果用户对某一网站的内容很感兴趣，但又感觉资料不够，有些搜索引擎（如 Google）会帮用户找到其他有类似资料的网站。

（3）概念检索

概念检索又称基于词义的检索，是指当用户输入一个检索关键词后，检索工具不仅能检索包含这个词的结果，还能检索与这个词汇同属一类概念的其他词汇的结果。如检索关键词"计算机"时，Google 会将含有"计算机"和"电脑"的网页显示出来。

需要注意的是，以上介绍的各种检索方法在不同搜索引擎中的实现方法不尽相同，在使用搜索引擎时，用户应先浏览其帮助信息，掌握它的语法格式和使用方法，并多实践，做到有的放矢。

3.4 无线网络

3.4.1 无线局域网的主要类型

无线局域网就是使用无线传输介质的局域网，按照其采用的传输技术可分为红外无线局域网、扩频无线局域网和窄带微波无线局域网。

1. 红外无线局域网

红外无线局域网采用小于 1μm 波长的红外线作为传输媒介，有较强的方向性，由于它采用的是低于可见光的部分频谱作为传输介质，因此不受无线电管理部门的限制。红外信号采用视距（直观可见距离）传输，并且窃听困难，对邻近区域的类似系统也不会产生干扰。在实际应用中，由于红外线具有很高的背景噪声，受日光、环境照明等影响较大，一般要求发射功率较高。红外无线局域网是目前传输速率为 100Mbit/s 以上、性能价格比要求高的网络的可行选择。

2. 扩频无线局域网

扩展频谱技术是指发送信息带宽的一种技术。它是一种信息传输方式，其信号所占用的频带宽度远大于所传信息必须的最小带宽。频带的扩展是通过一个独立的码序列来完成的，通过编码和调制的方法来实现，与所传信息数据无关；在接收端也用同样的编码进行相关同步接收、解扩及恢复所传信息数据。

50 年前，扩展频谱技术第一次被军方公开介绍，用来进行保密传输。一开始它就被设计成抗噪声、抗干扰、抗阻塞和抗未授权检测。在这种技术中，信号可以跨越很宽的频段，数据基带信号的频谱被扩展至几倍至几十倍，然后才放到射频发射器上发射出去。这一做法虽然牺牲了频带带宽，但由于其功率密度随频谱扩宽而降低，甚至可以将通信信号淹没在自然背景噪声中。因此，其保密性很强，要截获或窃听、侦察其信号非常困难，除非采用与发送端相同的扩频码与之同步后再进行相关的检测，否则对扩频信号无能为力。目前，最普遍的无线局域网技术是扩展频谱（简称扩频）技术。扩频的第一种方法是跳频（Frequency Hopping）通信，第二种方法是直接序列（Direct Sequence）扩频。这两种方法都被无线局域网所采用。

（1）跳频通信

在跳频通信方案中，发送信号频率按固定的间隔从一个频谱跳到另一个频谱。接收器与发送器同步跳动，从而正确地接收信息。而那些可能的入侵者只能得到一些无法理解的标记。发送器以固定的间隔一次变换一个发送频率。IEEE 802.11 标准规定每 300ms 的间隔变换一次发送频率。发送频率变换的顺序由一个伪随机码决定，发送器和接收器使用相同变换的顺序序列。数据传输可以选用频移键控（FSK）或二进制相位键控（PSK）方法。

（2）直接序列扩频

在直接序列扩频方案中，输入数据信号进入一个通道编码器（Channel Encoded）并产生一个接近某中央频谱的较窄带宽的模拟信号。这个信号将用一系列看似随机的数字（伪随机序列）来进行调制，调制的结果大大地拓宽了要传输信号的带宽，因此称为扩频通信。在接收端，使用同样的数字序列来恢复原信号，信号再进入通道解码器来还原传送的数据。

3. 窄带微波无线局域网

窄带微波无线局域网是指使用微波无线电频带来传输数据的局域网，其带宽刚好能容纳信号，但这种网络产品通常需要申请无线电频谱执照，其他方式则可使用无须执照的 ISM（Industrial Scientific Medicine）频带。

（1）申请执照的窄带 RF（Radio Frequency，微波无线电频率）

用于声音、数据和视频传输的微波无线电频率需要申请执照和进行协调，以确保在一个地理环境中的各个系统不会相互干扰。在美国，由联邦通信委员会（Federal Communications Commission，FCC）控制执照。每个地理区域的半径为 28km，并可以容纳 5 个执照，每个执照覆盖两个频率。在整个频带中，每个相邻的单元都避免使用互相重叠的频率。为了保证传输的安全性，所有的传输都经过加密。申请执照的窄带无线局域网的一个优点是，它保证了无干扰通信。与免申请执照的 ISM 频带相比，申请执照的频带执照拥有者，其无干扰数据通信的权利在法律上得到了保护。

（2）免申请执照的窄带 RF

1995 年，Radio LAN 成为第一个使用免申请执照 ISM 的窄带无线局域网产品。Radio LAN 的数据传输速率为 10Mbit/s，使用 5.8GHz 的频率，在半开放的办公室有效范围是 50m，在开放的办公室是 100m。Radio LAN 采用了对等网络的结构方法。传统局域网（如 Ethernet 网）组网一般需要集线器，而 Radio LAN 组网不需要集线器，它可以根据位置、干扰和信号强度等参数来自动地选择一个结点作为动态主管。当连网的结点位置发生变化时，动态主管也会自动变化。这个网络还包括动态中继功能，它允许每个站点像转发器一样工作，以使不在传输范围内的站点之间也能进行数据传输。

3.4.2　无线局域网标准 IEEE 802.11

IEEE 802 委员会于 1990 年成立了 802.11 工作组，802.11 工作组专门从事无线局域网的研究与开发工作，开发出 MAC 子层协议和物理介质标准。802.11 是 IEEE802.11 工作组推出的第一个无线局域网标准，主要用于解决办公室局域网和校园网中用户与用户终端的无线接入，业务主要限于数据存取，速率最高只能达到 2Mbit/s。由于它在速率和传输距离上都不能满足人们的需要，因此，IEEE802.11 工作组又相继推出了 802.11b 和 802.11a 两个新标准，前者已经成为目前的主流标准，而后者也被很多厂商看好。

IEEE 802.11b 的载波频率为 2.4GHz，传输速度为 11Mbit/s。IEEE 802.11b 是所有无线局域网标准中最著名，也是普及最广的标准。IEEE 802.11b 的后继标准是 IEEE 802.11g，其传输速率为 54Mbit/s。目前 802.11 标准已经从 802.11、802.11a 发展到了 802.11s。新的标准均在现有的 802.11b 及 802.11a 的 MAC 层追加了 QOS 和安全功能。

3.4.3　无线局域网应用基础

随着无线局域网技术的发展，人们越来越深刻地认识到，无线局域网不仅能够满足移动和特殊应用领域网络的要求，还能覆盖有线网络难以涉及的范围。无线局域网作为传统局域网的补充，目前已成为局域网应用的一个热点。无线局域网主要应用于以下几个方面：

1. 作为有线局域网的补充

有线局域网用非屏蔽双绞线实现 10Mbit/s 甚至更高的传输速率，很多建筑物在建设过程中已经预先布好了双绞线。但在建筑物群之间、工厂建筑物之间、股票交易场所的活动节点以及不能布线的历史古建筑物、临时性小型办公室、大型展览会等环境下，无线局域网却能发挥传统局域网起不了的作用。在这些环境中，无线局域网提供了一种更有效的连网方式。在大多数情况下，有线局域网用来连接服务器和一些固定的工作站，而移动和不易于布线的节点可以通过无线局域网接入。如图 3-14 所示是典型无线局域网结构图。

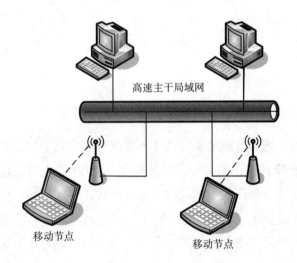

图 3-14　典型无线局域网结构图

2. 特殊网络应用

在无线局域网中，移动终端通过无线访问点（AP）连接到固定网络，它需要基础设施的支持，一般采用集中控制方式。在特殊情况下，无法正常使用有中心的移动通信技术，如发生地震等自然灾害后的搜索营救、临时会议、战场上部队的快速推进和展开等。这些情况下需要一种不依赖于固定设备，能够快速和灵活配置的移动通信技术，Ad Hoc

网络就是为满足这种特殊需求而产生的。

Ad Hoc 网络不需要固定的基础设施支持，通过移动节点的自由组网实现通信。网络中的移动节点同时具有多址接入和路由的功能，节点借助多址接入协议共享无线资源，通过路由协议存储和转发数据。每个移动节点都等效于一个无线路由器，数据在 Ad Hoc 网络中的传输可以通过直接连接方式发送（一跳连接），也可以通过多节点转发（多跳连接）。如图 3-15 所示为典型 Ad Hoc 网络结构图。

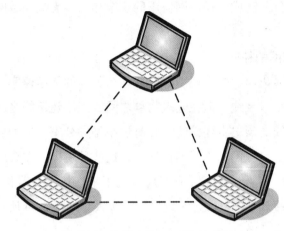

图 3-15　典型 Ad Hoc 网络结构图

3.5　网络安全

3.5.1　网络安全问题

网络应用的快速发展以及网络系统设计和管理方面存在的问题导致了许多网络安全问题。Internet 是一个全球性的公用网络，连接到 Internet 的主机在任何时候、任何地点都可能受到来自地球某个角落的黑客或蠕虫病毒的攻击，而银行、商业机构和政府部门又不断推出网上服务，如电子银行、电子商务、电子政务等，这使得网络安全问题显得更加突出。因此，了解网络安全知识，对每一个网络用户都是十分必要的。网络安全问题归纳起来有以下几个方面。

1. 网络攻击问题

在 Internet 上，对网络的攻击分为两种基本类型：服务攻击和非服务攻击。服务攻击是指对网络提供服务的服务器进行攻击，造成服务器"拒绝服务"，网络不能正常工作。非服务攻击是指使用各种方法对网络通信设备（如路由器、交换机等）进行攻击，使得网络通信设备严重阻塞或瘫痪，从而使网络不能正常工作或完全不能工作。目前的网络攻击技术多种多样，如"入侵攻击""欺骗攻击""会话劫持攻击""缓冲区溢出攻击"等。下面简单介绍一些常用攻击手段。

（1）入侵攻击

1）拒绝服务攻击。严格来说，拒绝服务攻击并不是一种具体的攻击方式，而是攻击所表现出来的后果，它的目标是使系统遭受某种程度的破坏而不能继续提供正常的服务，甚至瘫痪或崩溃。

2）分布式拒绝服务攻击。高速广域网络为分布式拒绝服务攻击创造了极为有利的条件。在低速网络时代，黑客在占领攻击用的傀儡机时，总是会优先考虑离目标网络距离近的机器，因为经过路由器的跳数少、效果好。但在高速网络中，攻击距离不再是大的问题了。

3）口令攻击。攻击者攻击目标时，常常把破译用户的口令作为攻击的开始。只要攻击者能猜测或者确定用户的口令，就能获得机器或者网络的访问权，并能访问到用户能够访问的任何资源。

（2）欺骗攻击

1）IP 欺骗。攻击者通过篡改 IP 数据包，使用其他计算机的 IP 地址来获得信息或者得到特权。

2）电子邮件欺骗。电子邮件发送方地址的欺骗。如电子邮件看上去是来自 TOM，但事实上 TOM 没有发信，是冒充 TOM 的人发送的。

3）Web 欺骗。随着电子商务活动的广泛开展，为了利用网站做电子商务，人们不得不被鉴别并被授权得到信任。

（3）会话劫持攻击

会话劫持（Session Hijack）是一种结合"嗅探"和"欺骗技术"的攻击手段。广义上说，会话劫持就是在一次正常的通信过程中，黑客作为第三方参与到其中，或者是在数据流（如基于 TCP 的会话）中注入额外的信息，或者是将双方的通信模式暗中改变。会话劫持利用 TCP/IP 的工作原理设计攻击，它可以对基于 TCP 的任何应用发起攻击。

（4）缓冲区溢出攻击

缓冲区溢出引起了许多严重的安全性问题。其中最著名的例子是 1988 年，因特网蠕虫程序在 finger 中利用缓冲区溢出感染了因特网中的数万台机器。引起缓冲区溢出的根本原因是 C 语言（与 C++）的本质是不安全的，没有边界来检查数组和指针的引用，程序设计人员必须进行边界检查，而这一工作常常会被忽视。并且在标准 C 库中还存在许多非安全字符串操作，如 strcpy( )、sprintf( )、gets( ) 等。

2. 网络漏洞问题

网络信息系统涉及硬件和软件，各种计算机的硬件和软件都会存在一定的安全问题，特别是操作系统和网络通信软件 Windows 和 UNIX，都是 Internet 中应用最广泛的操作系统，但是它们中都存在能够被攻击者所利用的漏洞；TCP/IP 是 Internet 的核心协议，在 TCP/IP 中同样存在能够被攻击者利用的漏洞；还有用户开发的各种应用软件也存在大量能被攻击者利用的漏洞。网络攻击者在不断研究这些漏洞，并把它们作为网络攻击的主要目标。

3. 网络病毒问题

随着网络应用的快速发展，网络病毒的危害是十分明显的，据统计，70% 的病毒发生在网上。网上病毒的传播速度是单机的 20 倍，而网络服务器的病毒处理时间是单机的 40 倍。

4. 网络信息安全问题

网络信息安全包括信息存储安全问题和信息传输安全问题。网络信息存储安全问题是指联网计算机上存储的信息被未授权的网络用户非法访问、使用、篡改和删除等问题。如非法用户通过窃取或破译其他用户计算机的口令，侵入其他网络计算机并访问、篡改或删除用户信息。网络信息传输安全问题是指信息在网上传输时被泄露、修改等问题。这种情况下，主要有两种表现形式：①信息在传输中途被攻击者截获，而目的点没有收到应该接收的信息，造成信息的中途丢失；②信息在传输途中被攻击者篡改后再发送给目标主机，这种情况下虽然表面上看信息没有丢失，但目的点收到的是错误信息。

5. 网络内部安全问题

随着电子商务和电子政务的广泛开展，可能会出现下面两个问题：①信息源节点用户对所发送的信息不承认；②信息目的节点用户收到信息之后不认账。电子商务中会涉及商业洽谈和签订商业合同，以及大量的资金在网上划拨等重大问题。因此，防抵赖问题是电子商务中必须解决的一个重要问题。

在网络内部，具有合法身份的用户也会有意无意地做出对网络信息安全有害的行为。如泄露网络用户或网络管理员的口令；违反网络安全规定，绕过防火墙，私自与外部网络连接，造成系统安全漏洞；违反网络使用规定，越权查看、修改、删除系统文件和数据；违反网络使用规定，私自将带有病毒的个人磁盘拿到内部网络中使用等。

3.5.2 网络安全预防措施

针对上述五类网络安全问题，目前采用的主要网络安全预防措施有：

1. 入侵检测

入侵检测的方法较多，如基于专家系统的入侵检测方法、基于神经网络的入侵检测方法等。目前已有一些入侵检测系统在应用层中实现了入侵检测。

入侵检测系统（IDS）处于防火墙之后，对网络活动进行实时检测。许多情况下，由于可以记录和禁止网络活动，所以入侵检测系统可看作是防火墙的延续，可以和防火墙、路由器配合工作。入侵检测系统与系统扫描器（System Scanner）不同。系统扫描器是根据攻击特征数据库来扫描系统漏洞，它更关注配置上的漏洞，而不是当前进出主机的流量。在遭受攻击的主机上，即使正在运行着扫描程序，也无法识别这种攻击。入侵检测系统扫描当前网络的活动，监视和记录网络的流量，并根据定义好的规则过滤从主机网卡到网线上的流量，提供实时报警。系统扫描器检测主机上先前设置的漏洞，而入侵检测系统监视和记录网络流量。

2. 访问控制

访问控制是网络安全防范和保护的主要措施，它的主要目的是保证网络资源不被非法使用和访问。访问控制是保证网络安全最重要的核心策略之一。主要的访问控制策略包括：

1）入网访问控制。它控制哪些用户能够登录到服务器并获取网络资源，控制准许用户入网的时间和准许他们在哪台工作站入网。用户的入网访问控制可分为三个步骤：用户名的识别与验证、用户口令的识别与验证、用户账号的缺省限制检查。三个步骤中只要任何一步审查未过，该用户便不能进入网络。

2）网络权限控制。网络权限控制是针对网络非法操作所提出的一种安全保护措施。用户和用户组被赋予一定的权限。网络权限控制用户和用户组可以访问哪些目录、子目录、文件和其他资源，可以指定用户能够对这些文件、目录、设备执行哪些操作。受托者指派和继承权限屏蔽（IRM）可作为其两种实现方式。受托者指派控制用户和用户组如何使用网络服务器的目录、文件和设备。继承权限屏蔽相当于一个过滤器，可以限制子目录从父目录那里继承哪些权限。

3）属性安全控制。使用文件、目录和网络设备时，网络系统管理员应给文件、目录等指定访问属性。属性安全控制可以将给定的属性与网络服务器的文件、目录和网络设备联系起来。属性安全在权限安全的基础上提供更进一步的安全性。属性往往能控制以下几个方面的权限：向某个文件写数据、拷贝一个文件、删除目录或文件、查看目录和文件、执行文件、隐含文件、共享、系统属性等。

4）网络监测和锁定控制。网络管理员应对网络实施监控，服务器应记录用户对网络资源的访问，对非法的网络访问，服务器应以图形、文字或声音等形式报警，以引起网络管理员的注意。如果不法之徒试图进入网络，网络服务器应会自动记录企图尝试进入网络的次数，如果非法访问的次数达到设定数值，那么该账户将被自动锁定。

3. VLAN（虚拟局域网）技术

选择 VLAN 技术可较好地从链路层实施网络安全保障。VLAN 是指通过交换设备在网络的物理拓扑结构基础上建立一个逻辑网络，将原来物理上互连的一个局域网划分为多个虚拟子网，划分的依据可以是设备所连端口、用户节点的 MAC 地址等。该技术能有效地控制网络流量、防止广播风暴，还可利用 MAC 层的数据包过滤技术，对安全性要求高的 VLAN 端口实施 MAC 帧过滤。而且，即使黑客攻破某一虚拟子网，也无法得到整个网络的信息。

4. 网络分段

企业网大多采用以广播为基础的以太网，任何两个节点之间的通信数据包可以被处在同一以太网上的任何一个节点的网卡所截取。因此，黑客只要接入以太网上的任一节点进行侦听，就可以捕获发生在这个以太网上的所有数据包，对其进行解包分析，从而窃取关键信息。网络分段就是将非法用户与网络资源相互隔离，从而达到限制用户非法访问的目的。

5. 防火墙技术

网络安全策略的一个主要部分就是设置和维护防火墙，因此防火墙在网络安全中扮演着重要的角色。防火墙通常位于企业网络的边缘，使得内部网络与 Internet 之间或与其他外部网络互相隔离，并限制网络互访，从而保护企业内部网络。设置防火墙的目的是为了在内部网与外部网之间设立唯一的通道，简化网络的安全管理。

6. 信息加密技术

信息加密的目的是保护网内的数据、文件、口令和控制信息，保护网上传输的数据。网络加密常用的方法有链路加密、端点加密和节点加密三种。链路加密的目的是保护网络节点之间的链路信息安全；端点加密的目的是对源端用户到目的端用户的数据提供保护；节点加密的目的是对源节点到目的节点之间的传输链路提供保护。用户可根据网络情况酌情选择上述加密方式。

信息加密过程是通过加密算法来具体实施的。比较著名的常规密码有：美国的 DES 及其各种变形，欧洲的 IDEA，日本的 FEAL-N、LOKI-91、Skipjack、RC4、RC5 以及以代换密码和转轮密码为代表的古典密码等。在众多的常规密码中，影响最大的是 DES 密码。

7. 用户自我保护措施

作为个人用户来讲，为了保护系统和信息的安全，要注意以下几点：

1）经常下载最新的操作系统补丁软件，以减少系统的漏洞。

2）经常升级浏览器，以减少漏洞。

3）保证设置的密码不易被人猜中，尽量采用数字与字符相混的口令，多用特殊字符，至少一个月更换一次密码。这样即使有人破译了密码，也会在口令被人滥用之前将其改变。

4）如果访问的站点要求输入个人密码，不要使用与个人邮件账户相同的密码。

5）安装正版的杀病毒软件并需要经常升级。

6）自觉遵守使用网络的法律法规。

3.5.3　网络防火墙技术简介

防火墙将内部网和公众访问网络（Internet）分开，它实际上是一种隔离技术。防火墙是在两个网络通信时执行的一种访问控制尺度，它允许你"同意"的人和数据进入网络，同时将你"不同意"的人和数据拒之门外，最大限度地阻止黑客访问你的网络，防止他们更改、拷贝、毁坏你的重要信息。

防火墙技术的实现通常是基于"包过滤"技术，而进行"包过滤"的标准通常是根据安全策略制定的。在防火墙产品中，"包过滤"的标准一般是靠网络管理员在防火墙设备的访问控制清单中设定的。访问控制一般基于以下因素：包的源地址、包的目的地址、连接请求的方向（连入或连出）、数据包协议（如 TCP/IP 等）以及服务请求的类型（如 ftp、www 等）等。

除了基于硬件的"包过滤"技术，防火墙技术还可以利用代理服务器软件来实现。早期的防火墙主要起屏蔽主机和加强访问控制的作用，现在的防火墙则逐渐集成了信息安全技术中的最新研究成果，一般都具有加密、解密和压缩、解压等功能，这些技术增加了信息在互联网上的安全性。现在，防火墙技术的研究已经成为网络信息安全技术的主要研究方向。

本章小结

本章重点介绍了计算机网络和网络安全的基础知识。学习本章应了解网络基本概念和网络体系结构的基础，理解网络安全的基本概念和常用技术，重点掌握简单局域网的组建、Internet 的接入方式、IE 浏览器的设置与使用、Internet 提供的基本服务的应用。

习　题

1. 什么是计算机网络？有哪些功能？

2. 一个公司有 50 人，位于同一栋楼内，需要组建一个局域网，请简述其组网步骤。

3. 根据你对 Internet 的日常使用，列出 Internet 的主要应用并举例说明。

4．如果你的宿舍可以使用计算机连接到互联网，请写出计算机连网的步骤。如果还没有网络，请设计一个宿舍计算机连网方案。

5．请以访问某网站的过程，说明 Web、网站、Web 服务器、网页及超链接的关系。

6．如何保护主机系统的安全？

7．如何保护一个局域网络，如校园网的安全？

8．为什么操作系统会存在各种安全漏洞？对于 Windows 系统，是否安装所有的 Microsoft 补丁就能解决一切安全问题？

9．网络病毒层出不穷，除了妥善使用计算机外，请说明用户应该如何避免计算机病毒的发生。

第4章　办公自动化应用

本章要点

　　Microsoft Office 2010 是 Microsoft 公司推出的办公软件，主要包括 Word 2010、Excel 2010、PowerPoint 2010、Outlook 2010、Access 2010、OneNote 2010、Publisher 2010 等常用的办公组件。组件的特点是界面简洁明快、操作便捷，同时也增加了很多新功能，特别是在线应用，可以让用户更加方便地表达自己的想法、解决问题以及与他人联系。

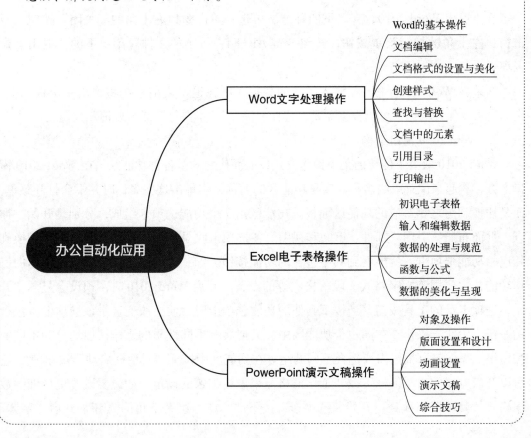

4.1 Word 文字处理操作

在工作、学习的场景中，我们需要处理各式各样的文档，如制作图文并茂的社团招新广告页，书写一篇格式要求严格的论文，设计一份简洁大方又吸引人的简历等，都需要用到文字处理软件。文字处理就是利用计算机输入、存储、编辑及输出文档的过程。Microsoft Word 是当前比较流行的文字处理软件。

4.1.1 Word 的基本操作

1. Word 2010 的启动与退出

Word 2010 的启动方法有很多，一般情况下，若桌面上有 Microsoft Word 2010 快捷图标，则可直接双击该图标，即可打开 Word 2010 工作窗口。若在"开始"菜单中有 Word 2010 程序项，也可以通过单击该程序项将其打开。由于文档与应用程序之间建立了"文档驱动"的关联，因此，通过双击打开 Word 2010 文档，在打开文档的同时也必须启动 Word 2010 应用程序。

若要退出 Word 2010，有以下四种方法可选：单击窗口右上角的"关闭"按钮；双击窗口左上角的控制菜单按钮；按组合键 Alt+F4；单击"文件"菜单下的"退出"命令项。

如果在 Word 2010 中已经输入了新的数据，则在退出之前系统将弹出一个提示框，询问是否要保存数据，可以根据需要，选择"保存""不保存"或"取消"按钮。

2. Word 2010 窗口结构

Word 2010 取消了传统的菜单操作方式，取而代之的是各种功能区。在 Word 2010 窗口上方，看起来像菜单的名称其实是功能区的名称，当单击这些名称时并不会打开菜单，而是切换到与之相对应的功能区面板。功能区由 7 个功能选项卡组成，分别是开始、插入、页面布局、引用、邮件、审阅和视图。各选项卡收录相关的功能群组，只要切换到相应的功能选项卡，就能看到其中包含的功能按钮。如"开始"选项卡中包含基本的操作功能，主要用于文字格式、段落格式等的设置。开启 Word 2010 时，预设会显示"开始"选项卡下的工具按钮，当按下其他的功能选项卡时，便会改变显示该选项卡所包含的按钮。为便于操作，在同一个功能区中，又把具有不同性质的操作按钮划分为不同的按钮组，操作时可根据需要选择不同的组。在功能区中按下"对话框启动"按钮，还可以开启专属的"对话框"或"工作窗格"来做更细致的设定。如想要设置更详细的数据格式，就可以切换到"开始"选项卡，按下"字体"组右下角的钮，开启"字体"

对话框来实现。单击"快速存取"工具栏旁的按钮 ，还可改变工具栏的显示位置。单击按钮 ，可以显示或隐藏功能区。每个功能区根据功能的不同又分为若干个组，具体功能和组如下所述：

（1）"开始"功能区

"开始"功能区包括剪贴板、字体、段落、样式和编辑五个组，对应 Word 2003 "编辑"和"段落"菜单的部分命令。该功能区主要用于帮助用户对 Word 2010 文档进行文字编辑和格式设置，是用户最常用的功能区，如图 4-1 所示。

图 4-1 "开始"功能区

（2）"插入"功能区

"插入"功能区包括页、表格、插图、链接、页眉和页脚、文本、符号和特殊符号七个组，对应 Word 2003 中"插入"菜单的部分命令，主要用于在 Word 2010 文档中插入各种元素，如图 4-2 所示。

图 4-2 "插入"功能区

（3）"页面布局"功能区

"页面布局"功能区包括主题、页面设置、稿纸、页面背景、段落和排列六个组，对应 Word 2003 的"页面设置"菜单命令和"段落"菜单中的部分命令，用于帮助用户设置 Word 2010 文档页面样式，如图 4-3 所示。

图 4-3 "页面布局"功能区

（4）"引用"功能区

"引用"功能区包括目录、脚注、引文与书目、题注、索引和引文目录六个组，用于实现在 Word 2010 文档中插入目录等比较高级的功能，如图 4-4 所示。

图 4-4　"引用"功能区

（5）"邮件"功能区

"邮件"功能区包括创建、开始邮件合并、编写和插入域、预览结果和完成五个组，该功能区的作用比较专一，专门用于在 Word 2010 文档中进行邮件合并方面的操作，如图 4-5 所示。

图 4-5　"邮件"功能区

（6）"审阅"功能区

"审阅"功能区包括校对、语言、中文简繁转换、批注、修订、更改、比较和保护八个组，主要用于对 Word 2010 文档进行校对和修订等操作，适用于多人协作处理 Word 2010 长文档，如图 4-6 所示。

图 4-6　"审阅"功能区

（7）"视图"功能区

"视图"功能区包括文档视图、显示、显示比例、窗口和宏五个组，主要用于帮助用户设置 Word 2010 操作窗口的视图类型，以方便操作，如图 4-7 所示。

图 4-7　"视图"功能区

3. Word 2010 中的"文件"按钮

Word 2010 的"文件"按钮是一个类似于菜单的按钮，位于 Word 2010 窗口左上角。单击"文件"按钮可以打开"文件"面板，包含"信息""最近""新建""打印""共享""打开""关闭""保存"等常用命令，如图 4-8 所示。

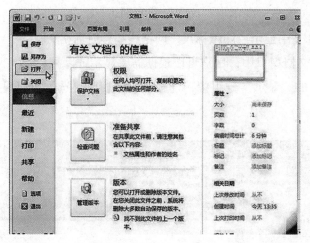

图 4-8　"文件"面板

在默认打开的"信息"命令面板中，用户可以进行旧版本格式转换、保护文档（包含设置 Word 文档密码）、检查问题和管理自动保存的版本。

单击"最近"命令面板，在面板右侧可以查看最近使用的 Word 文档列表，用户可以通过该面板快速打开使用的 Word 文档。在每个历史 Word 文档名称的右侧含有一个固定按钮，单击该按钮可以将该记录固定在当前位置，而不会被后续历史 Word 文档名称替换。

单击"新建"命令面板，用户可以看到丰富的 Word 2010 文档类型，包括"空白文档""博客文章""书法字帖"等 Word 2010 内置的文档类型。用户还可以通过 Office.com 提供的模板新建如"会议日程""证书""奖状""小册子"等实用的 Word 文档。

单击"打印"命令面板，在该面板中可以详细设置多种打印参数，如双面打印、指定打印页等参数，从而有效控制 Word 2010 文档的打印结果。

单击"共享"命令面板，用户可以在面板中将 Word 2010 文档发送到博客文章、发送电子邮件或创建 PDF 文档。

选择"文件"面板中的"选项"命令，可以打开"Word 选项"对话框。在"Word 选项"对话框中可以开启或关闭 Word 2010 中的许多功能或设置参数。

4. 在 Word 2010 中设置 Word 文档属性信息

Word 文档属性包括作者、标题、主题、关键词、类别、状态和备注等，关键词属性属于 Word 文档属性之一。用户通过设置 Word 文档属性，将有助于管理 Word 文档。在 Word 2010 中设置 Word 文档属性的步骤为：

第 1 步，打开 Word 2010 文档窗口，依次单击"文件"→"信息"按钮。在打开的"信息"面板中单击"属性"按钮，并在打开的下拉列表中选择"高级属性"选项。

第 2 步，在打开的文档属性对话框中切换到"摘要"选项卡，分别输入作者、单位、类别、关键词等相关信息，并单击"确定"按钮即可。

5. 在 Word 2010 中显示或隐藏标尺、网格线和导航窗格

在 Word 2010 文档窗口中，用户可以根据需要显示或隐藏标尺、网格线和导航窗格。在"视图"功能区的"显示"分组中，选中或取消相应复选框可以显示或隐藏对应的项目，如图 4-9 所示。

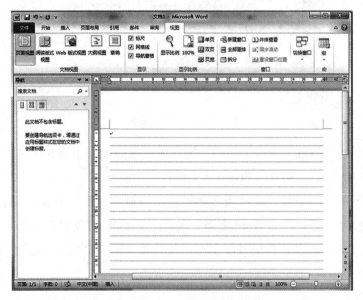

图 4-9　标尺、网格线和导航窗格

（1）显示或隐藏标尺

"标尺"包括水平标尺和垂直标尺，用于显示 Word 2010 文档的页边距、段落缩进、制表符等。选中或取消"标尺"复选框可以显示或隐藏标尺。

（2）显示或隐藏网格线

"网格线"能够帮助用户将 Word 2010 文档中的图形、图像、文本框、艺术字等对象沿网格线对齐，并且在打印时网格线不被打印出来。选中或取消"网格线"复选框可以显示或隐藏网格线。

（3）显示或隐藏导航窗格

"导航窗格"主要用于显示 Word 2010 文档的标题大纲，用户可以通过单击"文档结构图"中的"标题"展开或折叠下一级标题，并且可以快速定位标题对应的正文内容，还可以显示 Word 2010 文档的缩略图。选中或取消"导航窗格"复选框可以显示或隐藏导航窗格。

6. Word 2010 的视图模式

在 Word 2010 中提供了多种视图模式供用户选择，这些视图模式包括"页面视图"阅读版式视图""Web 版式视图""大纲视图"和"草稿视图"五种。用户可以在"视图"功能区中选择需要的文档视图模式，也可以在 Word 2010 文档窗口的右下方单击"视图"按钮选择视图，如图 4-10 所示。

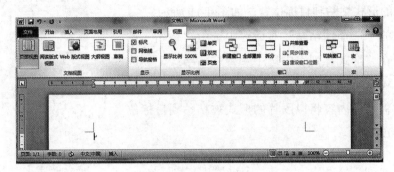

图 4-10　视图模式

（1）页面视图

"页面视图"可以显示 Word 2010 文档的打印结果外观，主要包括页眉、页脚、图形对象、分栏设置、页面边距等元素，是最接近打印结果的页面视图。

（2）阅读版式视图

"阅读版式视图"以图书的分栏样式显示 Word 2010 文档，"文件"按钮、功能区等窗口元素被隐藏起来。在阅读版式视图中，用户还可以单击"工具"按钮选择各种阅读工具。

（3）Web 版式视图

"Web 版式视图"以网页的形式显示 Word 2010 文档，Web 版式视图适用于发送电子邮件和创建网页。

（4）大纲视图

"大纲视图"主要用于设置 Word 2010 文档和显示标题的层级结构，并可以方便地折叠和展开各种层级的文档。大纲视图广泛用于 Word 2010 长文档的快速浏览和设置中。

（5）草稿视图

"草稿视图"取消了页面边距、分栏、页眉页脚和图片等元素，仅显示标题和正文，是最节省计算机系统硬件资源的视图方式。当然，现在计算机系统的硬件配置都比较高，基本上不存在由于硬件配置偏低而使 Word 2010 运行遇到障碍的问题。

4.1.2　文档编辑

1. 在 Word 2010 文档中进行复制、剪切和粘贴操作

复制、剪切和粘贴操作是 Word 2010 中最常见的文本操作，其中复制操作是在原有文本保持不变的基础上，将所选中文本放入剪贴板；剪切操作则是在删除原有文本的基

础上，将所选中文本放入剪贴板；粘贴操作是将剪贴板的内容放到目标位置。在Word
2010文档中，还可以使用"选择性粘贴"功能，帮助用
户有选择地粘贴剪贴板中的内容，如可以将剪贴板中的
内容以图片的形式粘贴到目标位置，如图4-11所示。

在打开的"选择性粘贴"对话框中选中"粘贴"单
选框，然后在"形式"列表中选中一种粘贴格式，如选
中"图片（Windows图元文件）"选项，并单击"确定"
按钮，剪贴板中的内容将以图片的形式被粘贴到目标位
置，如图4-12所示。

图4-11　单击"选择性粘贴"命令

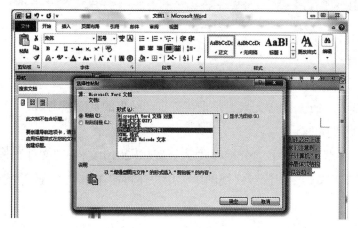

图4-12　选中"图片（Windows图元文件）"选项

在Word 2010文档中使用"粘贴选项"，当执行"复制"或"剪切"操作后，则会出
现"粘贴选项"命令，包括"保留源格式""合并格式"和"仅保留文本"三个命令，如
图4-13所示。

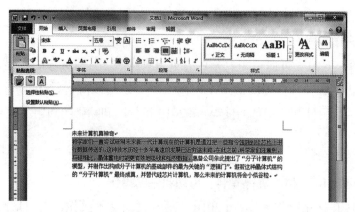

图4-13　"粘贴选项"命令

2. 在 Word 2010 中使用 Office 剪贴板

Office 剪贴板用于暂存 Office 2010 中的待粘贴项目，用户可以根据需要确定在任务栏中显示或不显示 Office 剪贴板。在"开始"功能区单击"剪贴板"分组右下角的"显示'Office 剪贴板'任务窗格"按钮，如图 4-14 所示。

图 4-14　单击"显示'Office 剪贴板'任务窗格"按钮

在打开的 Office 剪贴板任务窗格中，单击任务窗格底部的"选项"按钮。在打开的"选项"菜单中选中"在任务栏中显示 Office 剪贴板的图标"选项，如图 4-15 所示。

在打开的 Word 2010"剪贴板"任务窗格中可以看到暂存在 Office 剪贴板中的项目列表，如果需要粘贴其中一项，只需单击该选项即可；如果需要删除 Office 剪贴板中的其中一项内容或几项内容，可以单击该项目右侧的下拉三角按钮，在打开的下拉菜单中执行"删除"命令；如果需要删除 Office 剪贴板中的所有内容，则可以单击 Office 剪贴板内容窗格顶部的"全部清空"按钮，如图 4-16 所示。

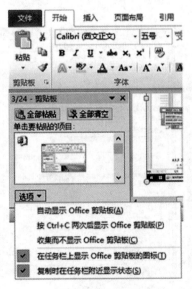

图 4-15　选中"在任务栏中显示 Office　　　　图 4-16　Office 剪贴板中的项目列表
　　　　剪贴板的图标"选项

4.1.3 文档格式的设置与美化

1. 在 Word 2010 中设置字体格式、字体效果

通过"字体"功能区中的字体、字号、文字加粗、倾斜、下划线、删除线、下标、上标、字体颜色、文本效果等功能，可设置字体格式。选取要设置格式的文本，单击"字体"功能区右下角的小箭头或者单击鼠标右键，在弹出的下拉菜单中选取"字体"命令，弹出"字体"对话框。根据要求设置字体、字形、字号、颜色、下划线等选项，单击"确定"按钮即可实现字符格式设置。

2. 在 Word 2010 中设置行距和段间距

通过设置行距可以使文档页面更适合打印和阅读，用户可以通过"行距"列表快速设置最常用的行距。打开 Word 2010 文档窗口，选中需要设置行距的段落或全部文档，在"开始"功能区的"段落"分组中单击"行距"按钮，并在打开的行距列表中选中合适的行距。也可以单击"增加段前间距"或"增加段后间距"设置段落和段落之间的距离，如图 4-17 所示。

行距是指 Word 2010 文档中行与行之间的距离，用户可以将行距设置为固定的某个值（如 15 磅），也可以是当前行高的倍数。选中需要设置行距的文档内容，然后在"开始"功能区的"段落"分组中单击显示段落对话框按钮，在打开的"段落"对话框中切换到"缩进和间距"选项卡，然后单击"行距"下拉三角按钮，在"行距"下拉列表中选择合适的行距，并单击"确定"按钮，如图 4-18 所示。

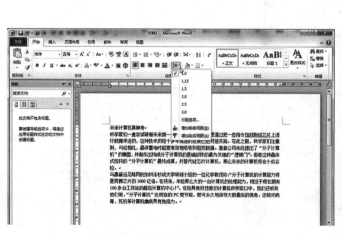

图 4-17 快速设置行距和段间距

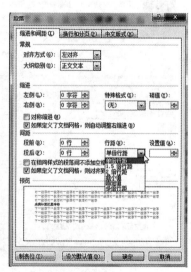

图 4-18 "段落"对话框

段间距是指段落与段落之间的距离，在 Word 2010 中，用户可以通过多种渠道设置段落间距，操作方法与设置行距相同。

3. 在 Word 2010 文档中设置段落缩进

通过设置段落缩进，可以调整文档正文内容与页边距之间的距离。用户可以在"段落"对话框中设置段落缩进，选中需要设置段落缩进的文本段落，打开"段落"对话框，切换到"缩进和间距"选项卡，在"缩进"区域调整"左侧"或"右侧"编辑框设置缩进值。然后单击"特殊格式"下拉三角按钮，在下拉列表中选中"首行缩进"或"悬挂缩进"选项，并设置缩进值（通常情况下设置缩进值为 2），设置完毕后单击"确定"按钮，如图 4-19 所示。

图 4-19　设置段落缩进

借助 Word 2010 文档窗口中的标尺，用户可以很方便地设置 Word 文档段落缩进。在"显示 / 隐藏"分组中选中"标尺"复选框，在标尺上出现四个缩进滑块，拖动首行缩进滑块可以调整首行缩进；拖动悬挂缩进滑块设置悬挂缩进的字符；拖动左缩进和右缩进滑块设置左右缩进，如图 4-20 所示。

图 4-20　拖动滑块设置缩进

4. 在 Word 2010 中设置段落对齐方式

对齐方式的应用范围为段落，在"开始"功能区和"段落"对话框中均可以设置文本对齐方式。打开 Word 2010 文档窗口，选中需要设置对齐方式的段落，然后在"开始"功能区的"段落"分组中分别单击"左对齐"按钮、"居中对齐"按钮、"右对齐"按钮、

"两端对齐"按钮和"分散对齐"按钮设置对齐方式。另一种方法是在打开的"段落"对话框中单击"对齐方式"下拉三角按钮，然后在"对齐方式"下拉列表中选择合适的对齐方式。

4.1.4 创建样式

样式是用有意义的名称保存的字符格式和段落格式的集合，这样在编排重复格式时，先创建一个该格式的样式，然后在需要的地方套用这种样式，无须对它们进行重复的格式化操作了。

1. 创建新样式

Word 提供了很多的样式，但仍允许用户新建一些新的样式，并可以利用新建的样式进行排版。单击"开始"选项卡"样式"分组中的"样式"对话框按钮，打开如图 4-21 所示"样式"对话框。在"样式"对话框的左下角，单击"新建样式"，打开如图 4-22 所示"根据格式设置创建样式"对话框，在"名称"框中键入样式的名称。在"样式类型"框中，单击"段落""字符""表格"或"列表"指定所创建的样式类型。

图 4-21 "样式"对话框

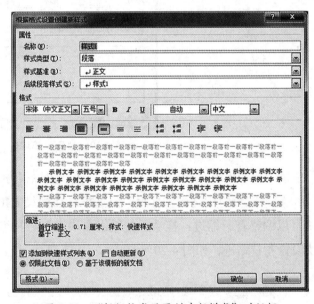

图 4-22 "根据格式设置创建新样式"对话框

选择所需的选项，或者单击"格式"以便看到"字体""段落""编号"等选项，单击命令，可以打开对应对话框，以便对当前样式进行设置。如单击"编号"命令，打开如图 4-23 所示对话框，在编号库中选择格式即可；如果需要进行新编号的添加，可单击"定义新编号格式"按钮，在打开的如图 4-24 所示对话框中建立即可。

图 4-23 新建样式的对话框   图 4-24 "定义新编号格式"对话框

2. 应用样式

对段落应用样式，应先将插入点光标放在该段落内任意位置，或者在该段中选定任意数量的文本；对文字应用样式，应先选取要应用样式的正文。然后在"开始"选项卡的"样式"分组的列表框中，选择适当的样式即可；也可以右键单击，在打开的快捷菜单中选择"样式"，在"样式"框中选择需要的样式即可。

3. 修改样式的格式

右键单击"开始"选项卡"样式"分组中要进行修改的"样式"按钮，在打开的快捷菜单中单击"修改"，可打开如图 4-25 所示"修改样式"对话框，设置需要修改的格式。若修改的样式需添加至模板中，则选中添至模板；若需自动更新，则选中自动更新，单击"确定"，完成样式的修改。

4. 删除样式

用户创建的样式是可以删除的，而系统原有的样式不可删除。在图 4-26 中，对待删除的样式右键单击，打开快捷菜单中的"删除"命令，在提示框中单击"是"，完成样式的删除。

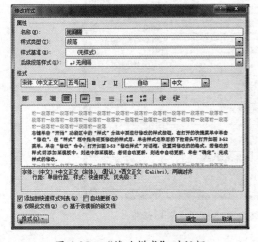

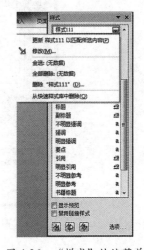

图 4-25 "修改样式"对话框   图 4-26 "样式"快捷菜单

5. 把默认标题的样式设置为带有多级编号

编写 Word 文档的习惯是把标题按照级别进行编号，形成如下格式：

1. 前言

2. 概述

　2.1 总体结构

　2.2 结构图

　　2.2.1 ×××

　　2.2.2 ××××

　2.3 ×××××

　2.5 ×××××

若 Word 默认的标题样式不符合要求，则需要自己设置，其目的就是将默认标题的样式更改为带有多级编号。

Word 2010 的设置方法如下：

1）打开一个新的 Word 2010 文档，输入文档内容。

2）如果以前设置过默认的标题样式，单击"开始"选项卡"样式"分组中的"更改样式"下拉箭头，在打开的菜单中选择"样式集"分组中的"重设为模板中的快速样式"，就可以恢复。

3）单击"开始"选项卡中"多级列表"右侧下拉箭头，在对话框中选择"定义新的多级列表"，在出现的定义界面中，单击左下角的"更多"，得到如图 4-27 所示对话框，可以看到右边的选项"将级别链接到样式"，默认是"无样式"，按照级别，把一级列表链接到标题 1，二级列表链接到标题 2，依此类推。单击"确定"退出。

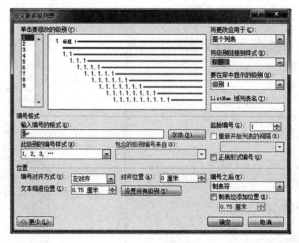

图 4-27　"定义新多级列表"对话框

4）可以在"开始"菜单中看到，默认的标题样式已经发生了变化，如图 4-28 所示，输入标题时直接选择不同级别的标题样式就可以了。如选中"前言""概述"，单击"样式"分组中的"标题1"按钮，选中"总体结构""结构图"，单击"样式"分组中的"标题2"按钮，就可以得到我们需要的效果。

图 4-28 设置多级列表后的标题样式

4.1.5 查找与替换

在 Word 2010 文档中使用"查找"和"替换"功能，首先打开 Word 2010 文档窗口，将插入点的光标移动到文档的开始位置。然后在"开始"功能区的"编辑"分组中单击"查找"按钮，在打开的"导航"窗格编辑框中输入需要查找的内容，并单击"搜索"按钮，如图 4-29 所示。

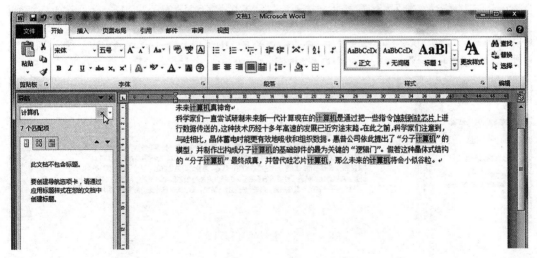

图 4-29 在"导航"窗格中查找内容

在进行查找操作时，可以通过设置显示所有查找到的内容。用户在"导航"窗格中单击"查找"按钮右侧的下拉三角，单击"高级查找"，在打开的菜单中选择"查找"选项卡，单击"阅读突出显示"中"全部突出显示"即可，如图 4-30 所示。

图 4-30 "查找"选项对话框

再次进行查找操作，每次只显示一个查找到的目标，查找到的目标内容将以蓝色矩形底色标识，如图 4-31 所示。

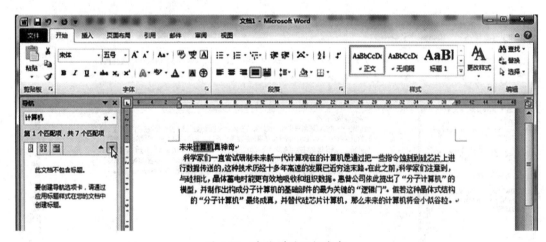

图 4-31 查找到的目标内容

在 Word 2010 的"查找和替换"对话框中提供了多个选项供用户自定义查找内容，在"开始"功能区的"编辑"分组中依次单击"查找"→"高级查找"按钮，在打开的"查找和替换"对话框中单击"更多"按钮，打开"查找和替换"对话框的扩展面板，在扩展面板中可以看到更多查找选项，如图 4-32 所示。

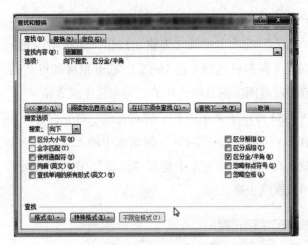

图 4-32　更多查找选项

　　用户可以借助 Word 2010 的"查找和替换"功能快速替换 Word 文档中的目标内容，单击"替换"按钮，打开"查找和替换"对话框，切换到"替换"选项卡。在"查找内容"编辑框中输入准备替换的内容，在"替换为"编辑框中输入替换后的内容。如果希望逐个替换，则单击"替换"按钮，如果希望全部替换查找到的内容，则单击"全部替换"按钮，如图 4-33 所示。

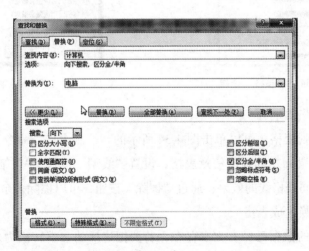

图 4-33　单击"替换"按钮

　　用户不仅可以查找和替换字符，还可以单击"更多"按钮进行查找和替换字符格式（如查找或替换字体、字号、字体颜色等）等更高级的自定义替换操作。

4.1.6　文档中的元素

1. 插入表格

创建表的方法有以下几种。

（1）指定行数和列数的规则表格生成

方法一：单击"插入"选项卡中的"表格"按钮，如图 4-34 所示。然后拖动鼠标选择所指定的行数和列数（最多可达到 8 行 10 列），松开鼠标即可在插入点位置插入表格。若指定的行数和列数超过范围，则只能选用第二种方法生成表格。

方法二：单击图 4-34 所示子菜单中的"插入表格"命令，打开如图 4-35 所示的"插入表格"对话框。在该对话框中的"列数"微调框中输入指定的列数，在"行数"微调框中输入指定的行数，在"固定列宽"中选择"自动"，单击"确定"按钮，就可在插入点位置生成指定行列的规则表格。

图 4-34　"表格"分组

图 4-35　"插入表格"对话框

（2）非规则表格的生成

若要生成非规则表格，可以单击图 4-34 所示的"绘制表格"命令，当光标转换为笔状时，就可以按住鼠标左键画出任意表格；设置"线型"按钮、"粗细"按钮和"颜色"按钮，可以得到不同表格线的效果；通过"擦除"按钮，可以擦除多余的边框线。

（3）由文本转换生成表格

有些表格所需的数据已经有文本存在，若要把这样的文本转换为表格，可通过以下操作完成对表格的生成。

第一步：使文本中的一段对应表格中的一行。用分隔符把文本中对应的每个单元格的内容分隔开，分隔符可用逗号、空格、制表符等，也可使用其他字符。

第二步：选定需要转换的文本部分。

第三步：单击图 4-34 所示子菜单中的"文字转换成表格"命令，即可打开如图 4-36 所示的"将文字转换成表格"对话框。在"将文字转换成表格"对话框中，设置对应的选项，即可将对应文字转换成表格。

图 4-36 "将文字转换成表格" 对话框

2. 表格的基本操作

（1）添加表格的单元格、行或列

添加单元格前首先要选定需添加的单元格的格数（必
须包括单元格结束标记），单击"表格工具"选项卡"行
和列"分组的"插入"子菜单中"表格插入单元格"按钮，
打开如图 4-37 所示的"插入单元格"对话框，选择需要的
选项后单击"确定"按钮即可实现单元格的插入操作。

图 4-37 "插入单元格"对话框

添加行或列前，首先选定将在其上（或下）插入新行
的行或将在其左（或右）插入新列的列，选定的行数或列数需要与插入的行数或列数一
致，然后单击"表格工具"选项卡中"行和列"分组中对应的"在上方插入""在下方插
入""在左方插入"和"在右方插入"按钮即可将行或列插入到指定位置。

（2）删除、移动和复制表格的单元格、行或列

1）删除表格的单元格、行或列。删除表格的单元格、行或列的操作与单元格、行或
列的添加操作类似，单击"表格工具"选项卡中"删除"按钮对应的删除命令，即可删除
单元格、行或列。

2）移动表格的单元格、行或列。选定要移动的表格的单元格、行或列，将鼠标移动
至选定内容，按住鼠标左键拖动到目标位置即可。

3）复制表格的单元格、行或列。选定要复制的表格的单元格、行或列，将鼠标移动
至选定内容，按住 Ctrl 键，用鼠标左键拖动到目标位置即可。

（3）改变行高和列宽

要修改表格的行高和列宽，可以利用标尺、表格边框线和菜单来实现。用户可以利
用其中的一种方式来改变表格的行高和列宽。

1）把插入点定位在表格中时，水平标尺上会出现列标记，垂直标尺上会出现行标
记，将鼠标放在行标记或列标记上，当光标变成双向箭头后，拖动标记，即可改变行高

和列宽。

2）将鼠标放在表格的边框线上时，光标会转换为双向箭头，拖动箭头，即可改变行高和列宽。

3）单击"表格工具"选项卡"表"分组中的"属性"按钮，打开"表格属性"对话框。单击"行"标签，显示如图 4-38 所示的"行"选项卡。选中"指定高度"复选框，键入相应的值，单击"上一行"或"下一行"按钮后键入值，可以得到行高的修改。单击"列"标签，显示如图 4-39 所示的"列"选项卡。选中"指定宽度"复选框，键入相应的值，单击"前一列"或"后一列"按钮后键入值，在"度量单位"下拉列表框内，可选择"厘米"或"百分比"，得到列宽的修改。

图 4-38　"行"选项卡　　　　图 4-39　"列"选项卡

（4）合并表格单元格

首先选定要合并的多个单元格，单击"表格工具"选项卡"布局"选项卡中"合并"分组中的"合并单元格"命令，所选定的单元格就合并成一个单元格。

（5）拆分表格或单元格

要将一张表格拆分成两张表格，只需要将插入点定位在第二张表格的第一行中任意一个单元格中，单击"表格工具"选项卡"布局"选项卡中"合并"分组中的"拆分表格"命令即可。

若要将表格中的一个单元格拆分成多个单元格，需先选定被拆分单元格，单击"表格工具"中"布局"选项卡中"合并"分组中的"拆分单元格"命令，打开如图 4-40 所示的"拆分单元格"对话框。在该对话框中设置拆分后的行数和列数，然后单击"确定"按钮即可。若拆分前选中多个单元格，还可选中"拆分前合并单元格"复选框。

图 4-40　"拆分单元格"对话框

（6）表格内容格式化

选中表格中的文本内容，可以与普通文本一样进行字体格式、段落格式、边框和底纹等相关设置，得到格式化的表格。

（7）表格的排序

在 Word 2010 中制作的表格可以进行简单的排序和计算，用户可以按照字母、数值和日期顺序对表格进行排序。

将插入点定位在表格内的任意单元格上，单击"表格"菜单中的"排序"命令，打开如图 4-41 所示的"排序"对话框。若表格有标题，在"列表"选项区中单击"有标题行"单选按钮，则会在"排序依据"选项区中以标题的形式出现。当需要排序时，先选择"排序依据"，排序"类型"包括"笔画""日期""数字"和"拼音"，用户可选择其中一种，然后选择"递增"或"递减"方式排序，单击"确定"按钮即可。

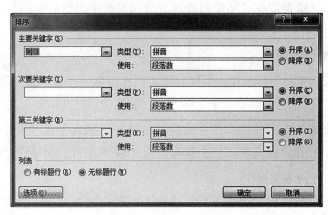

图 4-41　"排序"对话框

Word 2010 也支持多重排序，只要在"然后依据"选项区中设置相应的选项就可以完成多重排序的操作。

（8）表格的计算

同 Microsoft Excel 一样，表格中的每个单元格都对应着一个唯一的引用编号。编号的方法是以 1，2，3，…代表单元格所在的行，以字母 A，B，C，…代表单元格所在的列。

例如，E4 代表第四行第五列中的单元格。为单元格编号就可以方便地引用单元格中的数据进行计算。

利用 Word 提供的函数可以计算表格中单元格的数值。操作步骤如下：

首先将插入点定位于放置结果的单元格内，然后单击"表格工具"选项卡"布局"选项卡中"数据"分组的"公式"命令，打开"公式"对话框，如图 4-42 所示。

图 4-42　"公式"对话框

如果加入公式的单元格上方都有数据，则在对话框的"公式"编辑框内输入"=SUM(ABOVE)"，即可求得该单元格所在列上方所有单元格的数据之和。如果加入公式的单元格左侧都有数据，则在"公式"编辑框中输入"=SUM(LEFT)"，即可求得单元格所在行左侧的所有数据之和。若要用其他公式，用户可以手工输入公式，输入公式时一定要先输入"="。也可以在"粘贴函数"下拉列表框中选择需要的公式，单击"确定"按钮，关闭对话框。

3. 插入来自文件的图片

在文档中插入一些图形和图片，不仅会使文档显得生动有趣，还能帮助读者理解文档内容。Word 2010 提供了各种图形对象，如图片、剪贴画、自选图形、艺术字、文本框等。

将插入点移至文档中需要插入图片的位置，选择"插入"选项卡中"插图"组，单击"图片"按钮，打开"插入图片"对话框，从中选择图片，再单击"插入"按钮，即可将选定的图片文件插入文档中。

当插入图片后，会出现"图片工具"选项卡。用户可以利用工具栏中各个按钮对图片进行设置，可以对对比度、亮度等进行调整，实现简单的图像控制，也可以对文字环绕方式进行选择等。

4. 插入剪贴画

默认情况下，Word 2010 中的剪贴画不会全部显示出来，而需要用户使用相关的关键字进行搜索。用户可以在本地磁盘和 Office.com 网站中进行搜索，其中 Office.com 中提供了大量剪贴画，用户可以在连网状态下搜索并使用这些剪贴画。

打开 Word 2010 文档窗口，在"插入"功能区的"插图"分组中单击"剪贴画"按钮，打开"剪贴画"任务窗格，在"搜索文字"编辑框中输入准备插入的剪贴画的关键字（如"计算机"）。如果当前电脑处于连网状态，则可以选中"包括 Office.com 内容"复选框，如图 4-43 所示。

完成搜索设置后，在"剪贴画"任务窗格中单击"搜索"按钮。如果被选中的收藏集中含有指定关键字的剪贴画，则会显示剪贴画的搜索结果。单击合适的剪贴画，或单击剪贴画右侧的下拉三角按钮，并在打开的菜单中单击"插入"按钮，即可将该剪贴画插入到文档中，如图 4-44 所示。

图 4-43 输入搜索关键字

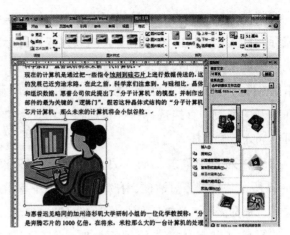

图 4-44 单击"插入"按钮

5. 页眉与页脚

页眉和页脚的添加都必须在页面视图的显示方式下才可以进行，在其他视图方式下无法显示页眉和页脚。所以，在设置页眉和页脚前，应先将视图方式切换到"页面视图"，单击"插入"选项卡"页眉和页脚"分组中的"页眉"或者"页脚"，然后在主窗口打开"页眉和页脚工具"的"设计"选项卡，如图 4-45 所示。

图 4-45 "页眉和页脚工具"的"设计"选项卡

页眉和页脚位置的切换，可以通过"页眉和页脚"工具中"设计"选项卡中的"转至页眉"和"转至页脚"按钮实现，也可以单击页眉或页脚位置直接切换。

页眉和页脚位置与正文的切换，可以在文档的任意位置双击进入正文的编辑，也可以双击页眉或页脚位置进入页眉和页脚的设置。

用户可使用图 4-45 所示工具栏中的"页码"按钮，在下拉选项中选择插入页码，还可以单击"页码"按钮中的"设置页码格式"，打开如图 4-46 所示的"页码格式"对话框，用户可在该对话框中通过选择完成对页码格式的设置。

图 4-46 "页码格式"对话框

4.1.7 引用目录

编制目录最简单的方法是使用内置的大纲级别格式或标题样式。如果已经使用了大纲级别或内置标题样式，只需单击要插入目录的位置，单击"引用"选项卡中"目录"分组中"目录"按钮，如图4-47所示，可在打开的列表中直接选择一种自动目录格式，单击即可在插入点位置插入目录。

如果在列表中单击"插入目录"命令，打开如图4-48所示"目录"对话框，在"格式"框中单击进行选择，根据需要，选择其他与目录有关的选项。

如果已将自定义样式应用于标题，则可以指定Microsoft Word在编制目录时使用的样式设置。单击要插入目录的位置，打开"目录"对话框，在"目录"对话框中单击"选项"按钮，打开如图4-49所示"目录选项"对话框，在"有效样式"下查找应用于文档

图 4-47 单击"目录"按钮

的标题样式，在样式名右边的"目录级别"下键入数字1～9，表示每种标题样式所代表的级别，如果仅使用自定义样式，则先删除内置样式的目录级别数字，如"标题1"。对于每个要包括在目录中的标题样式，都需要重新设置，单击"确定"按钮返回到"索引和目录"对话框，在"格式"框中单击一种设计，根据需要，选择其他与目录有关的选项。

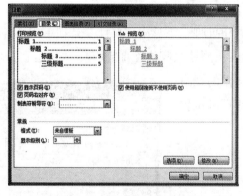

图 4-48　"目录"对话框

图 4-49　"目录选项"对话框

如果文章标题、页码有更改，正文里的变动不会马上反映在目录里，等全部变动好了，可以在"引用"选项卡中单击"更新目录"，即可更新整个目录。

4.1.8　打印输出

1. 打印指定部分

1）选择"文件→打印"，若在页面范围中选择"当前页"项，则 Word 会打印出当前光标所在页的内容。如果选择了"页数"项，则可以在这里键入指定的页码或页码范围，如"1-1"可以打印第 1 页内容，"1-3"可以打印出第 1 页至第 3 页的全部内容。如果想打印一些非连续页码的内容，则必须依次键入页码，并以逗号相隔；连续页码可以键入该范围的起始页码和终止页码，并以连字符相连，如"2，4-6，8"就可以打印第 2 页、第 4～6 页和第 8 页。

2）Word 可以打印指定的一个或多个节以及多个节的若干页。如果想打印一节内的多页，则可以键入"p 页码 s 节号"，如打印第 3 节的第 5 页到第 7 页，只要键入"p5s3-p7s3"即可；如果打印整节，只要键入"s 节号"，如"s3"；如果想打印不连续的节，可以依次键入节号，并以逗号分隔，如"s3，s5"；如果想打印跨越多节的若干节，只要键入此范围的起始页码和终止页码以及包含此页码的节号，并以连字符分隔，如"p2s2-p3s5"。

3）如果某些情况下只想打印文件的奇数页或偶数页，那么可以在"打印"对话框的"打印"下拉列表框中选择"奇数页"或"偶数页"，如图 4-50 所示。

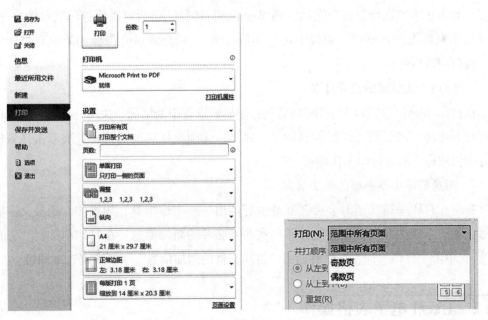

图 4-50　"打印"对话框

2. 打印到草稿

在"新建"对话框中，Word 可以根据不同的要求打印出不同格式的文件，如打印到草稿、打印到文件等，这样可以大大方便用户的办公需要。

为了加快文件的打印速度，可单击"打印"窗口中的"选项"按钮，然后在打开的"打印"选项卡的"打印选项"下选中"草稿输出"复选框，这样就能实现以草稿质量打印文件，但此时无法打印格式或图形。需要注意的是，该选项需要打印机的支持，某些打印机可能不支持此选项，请认真查阅有关说明文件。

3. 逆页序打印

其实，只要在 Word 中单击"文件"中的"打印"，在打印对话框中单击左下角的"选项"按钮，并在出现的窗口中勾选"逆页序打印"选项，然后确定。Word 就会从文件最后一页开始打印，直至第一页，这样就可以完成逆页序打印了。

4. 按纸型缩放打印

在 Word "打印"对话框的右下方有一个"缩放"选项区域，只要用鼠标单击"按纸型缩放"下拉列表框，再选择所使用的纸张即可实现缩印。如在编辑文件时所设的页面为 A4 大小，而你却想使用 16 开纸打印，那么只要选择 16 开纸型，Word 会通过缩小整篇文件的字体和图形的尺寸将文件打印到 16 开纸上，无须重新设置页面并重新排版。

5. 打印副本

打印多份同一个文件时，没必要按几次"打印"按钮，只要在"打印"对话框中"副本"选项区域下的"份数"框中输入要打印的份数，即可同时打印出多份同一个文件的内容。如果选中"逐份打印"选项，则 Word 会打印完一份后再顺序打印文件的另一份，这样打印完后无须再分类。如果不选"逐份打印"，则会将所有份数的第一页打印完之后，再打印以后各页。

6. 取消无法继续的打印任务

在打印 Word 文件期间，有时会遇到打印机卡纸等中断情况，关闭打印机电源取出纸后再打开电源，却发现无法继续打印了。这时，无须重新启动系统，只要双击任务栏上的打印机图标，取消打印工作即可。

7. 避免打印出不必要的附加信息

有时在打印一篇文档时会莫名其妙地打印出一些附加信息，如批注、隐藏文字域代码等。通过下面的技巧可以避免打印出这些不必要的附加信息：在打印前选择"工具→选项"，单击"打印"标签，然后取消"打印文件的附加信息"下所有复选框即可。

4.2 Excel 电子表格操作

在实际应用中，许多工作都与数据处理有着密切的关系，而这些数据一般又都是以表格形式出现的。例如，记录与管理学生成绩的成绩表，管理工资的工资表，反映企业经营业绩的利润表等。在建立与维护这些表格时，涉及表格的建立、录入、计算、排序、查找等多方面的操作。电子表格软件为处理上述任务提供了方便。

4.2.1　初识电子表格

启动 Excel 2010 的方法很多，通过双击桌面已有的"Excel 快捷图标"或单击"开始"菜单中"Microsoft Office"程序组下的"Microsoft Excel 2010"程序项便能启动 Excel 2010 应用程序；直接双击"我的电脑"或"Windows 资源管理器"窗口中查找到的 Excel 工作簿文件，便能打开 Excel 2010 窗口。Excel 2010 的退出与 Word 2010 相同。

1. Excel 2010 的工作界面

相对于旧版本的 Excel 来讲，2010 版为用户提供了一个更为新颖、独特且操作简易的用户界面，如图 4-51 所示。

在一个标准的 Excel 2010 操作窗口中，包括快速存取工具栏、功能选项卡、功能区、名称框、编辑栏、行（列）标题栏、工作表区、工作表标签栏、视图按钮区和显示比例工具等。功能区共由 7 个功能选项卡组成，分别是：开始、插入、页面布局、公式、数据、审阅和视图。各选项卡收录相关的功能群组，只要切换到相应的功能选项卡，就能看到其中包含的功能按钮。

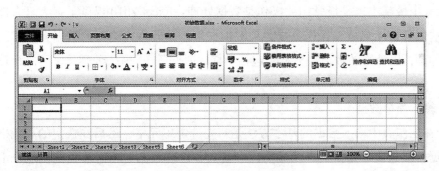

图 4-51　Excel 2010 工作界面

2. 工作簿、工作表、单元格的概念

（1）工作簿与工作表

工作簿是 Excel 建立和操作的文件，用来存储用户建立的工作表。一个工作簿对应一个扩展名为".xlsx"的文件，由若干个工作表组成，在 Excel 新建的工作簿中，默认包含三个工作表，名字分别是 Sheet1、Sheet2 和 Sheet3。工作表的管理通过左下角的标签进行，单击标签选择工作表，右击标签弹出快捷菜单：更名、添加、删除、移动、复制。

（2）单元格

每张工作表都是一张二维表，表内行号和列号交叉的方框称为单元格，我们所输入的资料便是放在一个个单元格中，一个单元格最多可以容纳 32000 个字符。工作表的上面每一栏的列标是 A, B, C, …, Y, Z, AA, AB, …, IV, 左侧是各行的行号 1,2,3, …, 65536。一个工作表最多有 65536 行和 256 列。列标和行号组合成单元格的名称，也就是单元格的地址。例如，工作表最左上角的单元格位于第 A 列第 1 行，其名称便是 A1。

在 Excel 中，活动单元格指当前被选取的单元格，其周围以加粗的黑色边框显示。当同时选择两个或多个单元格时，这组单元格被称为单元格区域。单元格区域中的单元格可以是相邻的，也可以是彼此分离的。一个矩形的单元格区域，它的地址常表示为：

左上角起始单元格地址：右下角末尾单元格地址

例如，由左上角 B3 单元格到右下角 C6 单元格组成的矩形单元格区域，表示为 B3：C6。如果是不连续的单元格，则可以用逗号或空格分隔开各个小区域，如 B3：C6，A1（合并的单元格区域）。

（3）填充柄

当选定一个单元格或单元格区域，将鼠标移至黑色矩形框的右下角时，会出现一个黑色"十"字，称之为填充柄。通过填充柄可完成调整单元格格式、公式的复制、序列填充等操作。

4.2.2 输入和编辑数据

Excel 中最基本也是最常用的操作是数据处理。Excel 2010 提供了强大且人性化的数据处理功能，让用户可以轻松完成各项数据操作。单元格内输入的数据大致可以分成两类：一种是可以计算的数值型数据（包括日期、时间等），另一种则是不可以计算的文本数据。

1. 输入简单数据

1）在工作表中输入数据的基本方法是：先选定单元格，然后在选定的单元格中直接输入数据，或选定单元格后，在编辑栏中输入和修改数据。单击单元格便能选定该单元格。一个单元格的数据输完后，可以按光标移动键"←""→""↑""↓"或单击下一个单元格继续输入数据。

2）数值型和文本型数据可以直接输入。当数字作为文本输入时，如学号、电话号码、身份证号码等，应先输入英文单引号"'"，再输入数字，如输入学号 201357685101，须输入 '201357685101，然后按光标移动键，此时"'"并不显示在单元格内。文本默认的对齐方式为"左对齐"，数值数据默认的对齐方式为"右对齐"。

3）在输入分数时，须在分数前输入"0"表示区别，并且"0"和分子之间用空格隔开。如要输入分数"2/3"，须输入"0 2/3"，然后按 Enter 键。

输入负数时，可以在负数前输入减号"–"作为标识，也可以将数字置于括号"()"中。

4）输入日期。通常，在 Excel 中采用的日期格式有年—月—日或年 / 月 / 日。用户可以用斜杠"／"或"—"来分隔日期的年、月、日。如 2013 年 9 月 1 日，可表示为 13/9/1 或 13-9-1。当在单元格中输入 13/9/1 或 13—9—1 后，Excel 会自动将其转换为默认的日期格式，并将 2 位数表示的年份更改为 4 位数表示的年份。

5）输入时间。在单元格中输入时间的方法有两种：按 12 小时制或按 24 小时制输入。两者的输入方法不同，如果按 12 小时制输入时间，要在时间数字后加一空格，然后输入 a(AM) 或 p(PM)，字母 a 表示上午，p 表示下午，如下午 6 时 30 分 25 秒的输入格式为：6:30:25p。而如果按 24 小时制输入时间，则只需输入 18:30:25 即可。如果用户只输入时间数字，而不输入 a 或 p，则 Excel 将默认是上午的时间。

2. 自动填充数据

（1）通过填充柄复制相同数据

通过拖动单元格填充柄，可将某个单元格中的数据复制到同一行或同一列的其他单元格中。其操作步骤是：先在单元格中输入数据，然后拖动单元格填充柄，就能将这个数据复制到填充柄移动过的单元格区域中。例如，在单元格 B2 中输入数据 258，若拖动填充柄到 B10，则 B2 单元格中的 258 就被复制到 B3～B10 单元格中。同理，字符常量、逻辑常量都可以通过拖动填充柄的方法进行复制。

（2）在行或列中填充有规律的数据

对工作表中某些有规律的数据序列，如月份：一月、二月、…（或 1 月、2 月、…），日期：1 日、2 日、…、31 日，5 月 1 日、5 月 2 日、…、5 月 31 日，星期：星期一、星期二、…。这些数据序列，可以通过直接拖动填充柄的方法在同一行（或同一列）填出该组数据。例如，要在"月份"列中输入"一月""二月"…"十二月"，只需在 A2 单元格中输入"一月"，再将鼠标指针移到该单元格的右下角，当出现实心十字时，直接向下拖动鼠标，便能得到所需要的数据。

（3）自动填充数据序列

自动填充数据序列的方法有很多，这里主要介绍使用"开始"选项卡下"编辑"组中的"填充"按钮 ⊞· 来实现填充的方法，其操作步骤如下：

1）在某个单元格或单元格区域中输入数据。

2）选定从该单元格开始的行或列单元格区域。

3）单击"开始"选项卡下"编辑"组中的"填充"按钮 ⊞·，在下拉菜单中选择"序列"。

4）在"填充"下拉项中选择相应方向的填充命令，如图 4-52 所示。若单击"向右"命令，Excel 会在选定单元格右边自动填充与第 1 个单元格相同的数据，或单击"序列"下拉项，打开"序列"对话框，如图 4-53 所示，根据需要选择填充。

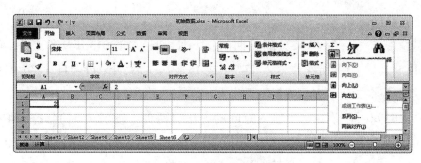

图 4-52　"填充"下拉项

图 4-53　"序列"对话框

3. 控制数据有效性

在 Excel 2010 中，可以设置单元格可接受数据的类型，以便有效地避免输入数据的错误。如可以在某个单元格中设置"有效性条件"为"介于 0~100 之间的整数"，那么该单元格只能接受有效的输入，否则会提示错误信息。

其设置方法为：单击"数据"选项卡下"数据工具"功能组里的"数据有效性"命令按钮，打开如图 4-54 所示的对话框。

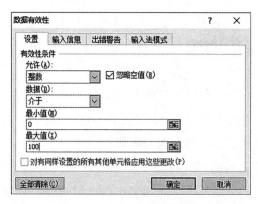

图 4-54　"数据有效性"对话框

如果在单元格中输入数据时发生了错误，或者要改变单元格中的数据时，则需要对数据进行编辑。用户可以选定单元格后，在编辑栏修改；或者双击单元格，直接在单元格内重新编辑。用户还可以方便地删除单元格中的内容，用全新的数据替换原数据，或者对数据进行一些细微的调整。

4. 格式化工作表

（1）设置文字格式

在 Excel 中对工作表设置字体、字形、字号和颜色的操作方法与 Word 基本相同，具体设置步骤如下：

1）选定要设置文字格式的单元格或数据区域。

2）单击"开始"选项卡"字体"组中的"对话框启动按钮" ，弹出"设置单元格格式"对话框。

3）选择对话框中的"字体"选项卡，并选择需要设置的字体、字形、字号和颜色等，单击"确定"按钮完成设置，如图 4-55 所示。

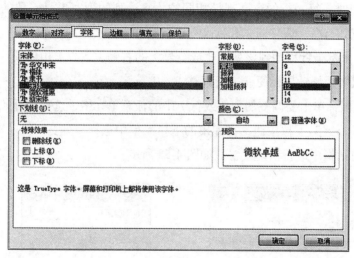

图 4-55 "字体"选项卡

（2）设置边框和图案

Excel 中的表格在显示或打印时，无表格线，所以制作表格时，需要加上边框和表格线，有时还要配以底纹图案，以达到美化报表的效果。

1）设置边框。其步骤如下：

①选择要设置边框的数据区域。

②单击"开始"选项卡"字体"组中的按钮 ，弹出"设置单元格格式"对话框。

③选择对话框中的"边框"选项卡，并选择需要设置的边框形状、线形和颜色等，单击"确定"按钮完成设置，如图 4-56 所示。

2）设置图案。图案的设置方法与边框类似，只需在"设置单元格格式"对话框中选择"填充"选项卡，在背影色中选择合适的颜色，若还需配上底纹，可在卡片右边的"图案样式"下拉列表框中选择合适的底纹，如图 4-57 所示。

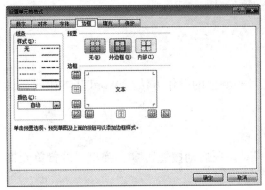 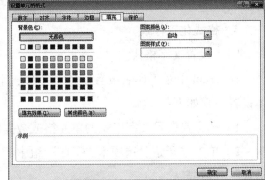

图 4-56　"边框"选项卡　　　　　　图 4-57　"填充"选项卡

（3）改变行高和列宽

新建工作表时，每一行的行高都是相同的，每一列的列宽也是一致的。用户可以根据需要调整列宽和行高。调整列宽和行高有以下几种方法。

方法 1：将鼠标指针移动到该列标（或行号）的右侧（下方）边界处，待鼠标指针变成╂（╄）形状时，拖动鼠标便能进行调整。

方法 2：用鼠标单击要调整的列（或行）中的任意单元格，选择"开始"选项卡"单元格"组中的"格式"下拉按钮，在弹出的下拉菜单中选择"列宽"（或"行高"）命令，然后在打开的对话框中进行精确设置，如图 4-58 所示。

图 4-58　"行高"和"列宽"对话框

方法 3：要使某列的列宽与单元格内容的宽度相适合（或使行高与单元格内容的高度相适合），可以双击该列标（或行号）的右（下）边界；或选择"开始"选项卡"单元格"组中的"格式"下拉按钮，在弹出的下拉菜单中选择"自动调整列宽"（或"自动调整行高"）命令。如果用户要将列宽设置为系统默认的标准列宽，则可以选择下拉菜单中的"默认列宽"命令。

（4）设置数据显示格式

数据格式的设置与文字格式的设置类似，只要单击"开始"选项卡"数字"组中的按钮，在弹出的"设置单元格格式"对话框中选择"数字"选项卡便可按要求进行设置，如图 4-59 所示。用户可以在对话框的"分类"列表框中选择数据的类型（如数值、货币、日期、时间、百分比、分数等），并在右边的"示例"中选择小数位数及相应的显示格式。

图 4-59　"数字"选项卡

注意：在设置数据的显示格式之前，须先选定需要设置格式的数据区域，再打开"设置单元格格式"对话框进行设置。

例如，若 A1 单元格中输入了数据 159876.24861，当设置了小数位为 2 位，使用千位分隔符的数值格式时，则显示为 159876.25。

又如，在单元格 A2 中输入日期 2013—9—1，用户可以将其设置成中文日期格式，使其显示为二〇一三年九月一日。

其他数据格式的设置方法均与上述方法类似，用户可自行效仿。

（5）设置对齐方式

设置对齐方式是在"设置单元格格式"对话框的"对齐"选项卡中进行的，如图 4-60 所示。

"对齐"选项卡包含"文本对齐""文本控制"和"方向"等选项，可设置文本的对齐方式、合并单元格和实现单元格数据的旋转。文本的对齐方式和合并单元格的方法已在文字格式中叙述过，这里仅叙述旋转单元格数据的方法。

利用"对齐"选项卡右边的"方向"控制选项，可以使单元格数据在 $-90°\sim+90°$ 之间按任意角度旋转，如图 4-61 所示。

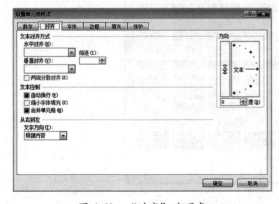

图 4-60　"对齐"选项卡

图 4-61　单元格数据的旋转

例如，要将单元格 A1 中的内容设置为如图 4-61 所示的格式，其中文字"姓名　成绩"的倾斜方向为 –45°并用斜线分隔，操作步骤如下：

1）选择 A1 单元格。

2）在"对齐"选项卡中，将"水平对齐"和"垂直对齐"方式都设置为"居中"，并选中"自动换行"和"合并单元格"复选框。

3）在已合并的单元格中输入"成绩　姓名"（成绩在前，姓名在后，中间用空格分隔）。

4）在"方向"的右下框中 –45°的位置上用鼠标单击，使所选单元格中的内容向下旋转 45°。

5）单击"插入"选项卡"插图"组中的 形状·按钮，选择"直线"，画出 A1 中的斜线，单击"确定"按钮完成设置。

（6）自动套用格式

要设计一个漂亮的报表，需要花费大量工夫。Excel 为用户预定义了一套能快速设置一组单元格格式的预定义表样式，并将其转换为表，为用户设置不同格式的表格提供了方便。对于单元格区域或数据透视表报表，都可以套用这些由 Excel 提供的内部组合格式，这种格式称为自动套用格式。具体操作步骤如下：

1）选择需要应用自动套用格式的数据区域。

2）单击"开始"选项卡中"样式"下的"套用表格样式"按钮，在弹出的"套用表格样式"中选择需要的样式即可，如图 4-62 所示。

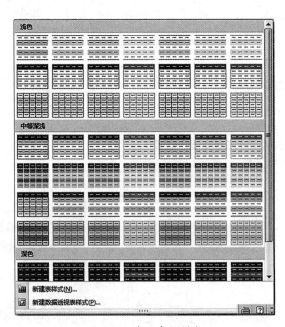

图 4-62　套用表格样式

4.2.3　数据的处理与规范

1. 数据查找与替换

如果需要在工作表中查找一些特定的字符串，挨个查找单元格就过于麻烦，特别是在一份较大的工作表或工作簿中。使用 Excel 提供的查找和替换功能可以方便地完成这项操作，如图 4-63 所示。它的应用进一步提高了编辑和处理数据的效率。

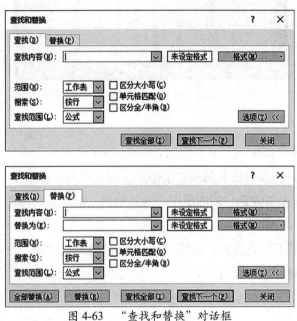

图 4-63　"查找和替换"对话框

2. 数据排序

Excel 提供了数据记录单的排序功能，它可将数据记录单中的数据按某种特征重新进行排序。

（1）简单排序

如果要根据某列数据快速排序，可以利用"数据"选项卡"排序和筛选"组中的"升序"和"降序"按钮。具体操作步骤如下：

1）在数据记录单中单击某一字段名。例如，在工作表中要对"总分"进行排序，则单击"总分"单元格。

2）单击"数据"选项卡"排序和筛选"组中的"升序"和"降序"按钮。例如，若单击"降序"按钮，则数据将按递减（由大到小）顺序排列，反之则按递增（由小到大）顺序排列。

如图 4-64 所示为按"总分""降序"排序的结果。

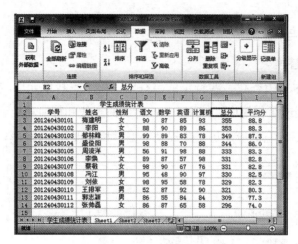

图 4-64　按总分降序排序的结果

（2）复杂排序

当遇到排序字段的数据出现相同值时，如图 4-64 中的"李焕""蔡敏"的总分都是 331，谁应该排在前，这还得由其他条件来决定。由此可见，单列排序时，当排序字段的数据出现相同值时，无法确定它们的顺序。为克服这一缺陷，Excel 为用户提供了多列排序的方式来解决这一问题。

以图 4-64 所示的工作表为例，先按"总分"降序排列，当"总分"相等时，按"英语"降序排列，具体操作步骤为：

1）选定要排序的数据记录单中的任意一个单元格。

2）单击"数据"选项卡"排序和筛选"组中的"排序"按钮，弹出如图 4-65 所示的"排序"对话框。

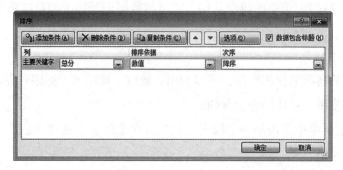

图 4-65　"排序"对话框

3）从"主要关键字"下拉列表框中选择"总分"字段名，排序依据选择"数值"，次序选择"降序"。

4）单击"添加条件"按钮，从"主要关键字"下拉列表框中选择"英语"字段名，排序依据及次序仍选择"数值"和"降序"，如图 4-66 所示。

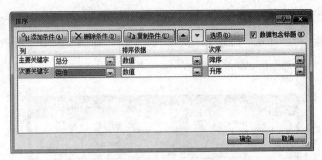

图 4-66　添加条件设置次要关键字

5）再在"次要关键字"下拉列表框中选择"英语"字段名，并选中"降序"单选钮。

6）单击"确定"按钮，完成对数据的排序，结果如图 4-67 所示。

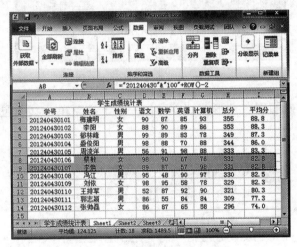

图 4-67　按多字段的排序结果

对于特别复杂的数据记录单，还可以在"排序对话框"中依次添加"第三、第四、…"甚至更多的关键字（最多为 64 个）参与排序。

如果要防止数据记录单的标题被加入到排序数据区中，则应勾选"数据包含标题"选项。若不勾选，则标题将作为一行数据参加排序。

默认的排序方向是按列排序，字符型数据的默认排序方法是按字母排序，也可以通过单击"排序"对话框中的"选项"按钮，改变排序的方向和排序的方法。

3. 数据筛选

数据筛选是指在数据记录单中显示出满足指定条件的行，而暂时隐藏不满足条件的行。Excel 提供了"自动筛选"和"高级筛选"两种操作来筛选数据。

（1）自动筛选

"自动筛选"是一种简单、方便的压缩数据记录单的方法，当用户确定了筛选条件后，它可以只显示符合条件的信息行。具体操作步骤是：

1）单击数据记录单中的任意一个单元格。

2）单击"数据"选项卡"排序和筛选"组中的"筛选"按钮，此时，在每个字段的右边出现一个倒三角形按钮，如图 4-68 所示。

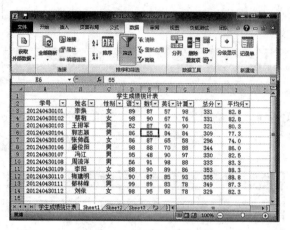

图 4-68 "自动筛选"示意图

3）单击要查找列的倒三角形按钮，弹出一个下拉菜单，其中包含该列中的所有项目，如图 4-69 所示。

图 4-69 单击右边的向下箭头

4）从下拉菜单中选择需要显示的项目。如果筛选条件是常数，则可直接单击该数选取；如果筛选条件是表达式，则单击"数字筛选"按钮，打开"自定义筛选"对话框，单击"自定义筛选"出现如图 4-70 所示对话框，在对话框中输入条件表达式，然后单击"确定"按钮完成筛选。

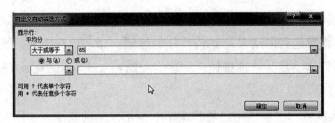

图 4-70　单击"自定义筛选"出现的对话框

（2）高级筛选

如果需要使用复杂的筛选条件，或者将符合条件的数据复制到工作表的其他位置，则使用高级筛选功能。使用高级筛选时，须先在工作表中远离数据记录单的位置设置条件区域。条件区域至少为两行，第一行为字段名，第二行以下为查找的条件。条件包括关系运算、逻辑运算等。在逻辑运算中，表示"与"运算时，条件表达式应输入在同一行的不同单元格中；表示"或"运算时，条件表达式应输入在不同行的单元格中。

如将"学生成绩统计表"中各门功课有不及格的记录复制到以 K1 开始的区域中。

分析：所谓各门功课有不及格，从图 4-71 所示的数据记录单来看，其逻辑表达式为"语文 <60 或者 数学 <60 或者 英语 <60 或者 计算机 <60"。在高级筛选时，应先在数据记录单的下方空白处创建条件区域，具体操作步骤是：

1）将条件中涉及的字段名语文、数学、英语、计算机复制到数据记录单下方的空白处，然后不同字段隔行输入条件表达式，如图 4-71 所示。

2）单击数据记录单中的任意一个单元格。

3）单击"数据"选项卡"排序和筛选"组中的"高级"按钮，弹出"高级筛选"对话框，如图 4-72 所示。

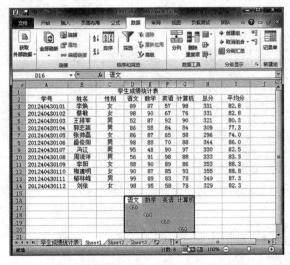

图 4-71　逻辑"或"条件区域的建立

图 4-72　"高级筛选"对话框

4）如果只需将筛选结果在原数据区域内显示，则选中"在原有区域显示筛选结果"单选按钮；若要将筛选后的结果复制到另外的区域，而不扰乱原来的数据，则选中"将筛选结果复制到其他位置"单选按钮，并在"复制到"文本框中指定筛选后复制的起始单元格。

5）在"列表区域"文本框中已经指出了数据记录单的范围。单击文本框右边的区域选择按钮（🔲），可以修改或重新选择数据区域。

6）单击"条件区域"文本框右边的区域选择按钮（🔲），选择已经定义好条件的区域（此处为D16:G20）。

如果要取消高级筛选，只需单击"数据"菜单中的"筛选"命令，从弹出的快捷菜单中选择"全部显示"命令。

7）单击"复制到"文本框右边的区域选择按钮（🔲），确定复制筛选结果的首位置（此处为K1）。

8）单击"确定"按钮，其筛选结果便被复制到K2开头的数据区域中，如图4-73所示。

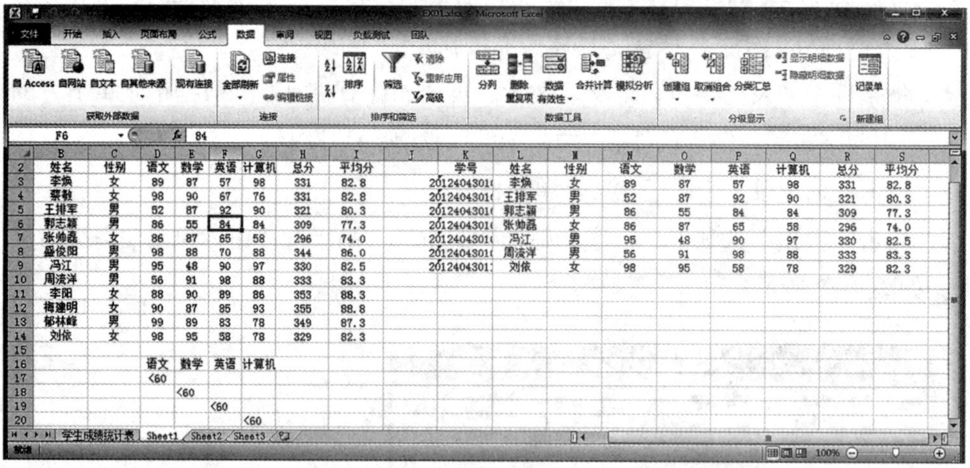

图4-73 满足条件的筛选结果

4. 条件格式突出显示单元格

利用Excel中的"条件格式"功能，用户可以对满足指定条件的单元格的内容进行设置。如字体、字形、字号、颜色、边框、底纹图案等文字格式。

设置条件格式的方法如下：

1）选择要设置格式的单元格区域。

2）在"开始"选项卡的"样式"组中，单击"条件格式"按钮，在弹出的快捷菜单中选择"新建规则"命令，打开"新建格式规则"对话框。

3）在"新建格式规则"对话框的"选择规则类型"列表中选择"只为包含以下内容的单元格设置格式",在"编制规则说明"栏中输入条件,如选择"等于""大于"或"小于"等,并输入条件值,如图 4-74 所示。

4）单击"格式"按钮,打开"设置单元格格式"对话框,设置需要的格式,如图 4-75 所示。

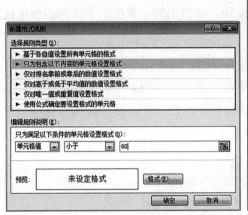

图 4-74　"新建格式规则"对话框

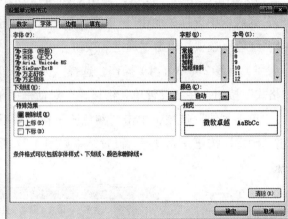

图 4-75　"设置单元格格式"对话框

5）如果用户还要添加其他条件,可继续重复第 3）、4）步操作。

6）单击"确定"按钮完成设置。

例如,在图 4-64 的学生成绩统计表中,要将不及格的成绩用"红色"并加粗显示,将大于等于 90 分的成绩用"蓝色"并加下画线显示。

操作步骤如下:

1）拖动鼠标选定所有成绩,如图 4-76 所示。

	A	B	C	D	E	F
1	姓名	语文	数学	英语	计算机	
3	李焕	89	87	57	98	
4	蔡敏	98	90	67	76	
5	王排军	52	87	92	90	
6	郭志颖	86	55	84	84	
7	张帅磊	86	87	65	58	
8	盛俊阳	98	88	70	88	
9	冯江	95	48	90	97	
10	周流洋	56	91	98	88	
11	李阳	88	90	89	86	
12	梅建明	90	87	85	93	
13	郁林峰	99	89	83	78	
14	刘依	98	95	58	78	
15						

图 4-76　选定所有成绩后的效果

2）单击"开始"选项卡中"样式"下的"条件格式"按钮，在弹出的快捷菜单中选择"新建规则"命令，打开如图4-74所示的"新建格式规则"对话框。

3）在"选择规则类型"列表中选择"只为包含以下内容的单元格设置格式"，在"编制规则说明"栏中输入条件，选择"小于"，并在数值框中输入60，表示设置的条件为<60。

4）单击"格式"按钮，弹出如图4-75所示的"设置单元格格式"对话框，在"字形"列表框中选择"加粗"，单击"颜色"下拉按钮，在弹出的"颜色"下拉列表框中选择"红色"选项，单击"确定"按钮。

5）重复2）、3）、4）操作，选择"大于等于"，并输入90（即设置条件≥90）；单击"格式"按钮，在"设置单元格格式"对话框中单击"下划线"列表框的下拉按钮，并选择"单下划线"选项，单击"颜色"下拉列表框的下拉按钮，并选择"蓝色"选项，单击"确定"按钮完成设置。设置结果如图4-77所示。

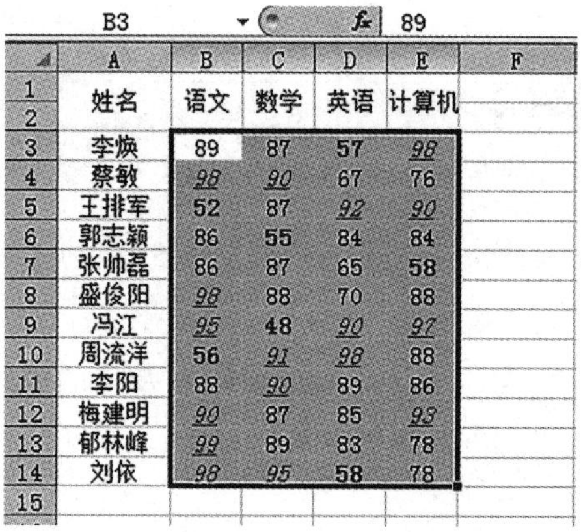

图4-77　"条件格式"设置效果

5．分类汇总

分类汇总可以将数据记录单中的数据按某一字段进行分类，并实现按类求和、求平均值、计数等运算，还能将计算结果分级显示出来。

（1）创建分类汇总

创建分类汇总的具体操作步骤如下：

1）先按分类字段进行排序，从而使同类数据集中在一起。如图4-78所示，把相同性别的记录排在一起。

2）先单击数据记录单中的任意单元格，再单击"数据"选项卡"分级显示"组中的"分类汇总"按钮，出现如图4-79所示的"分类汇总"对话框。

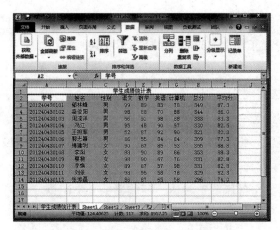
图 4-78　按性别排序结果

图 4-79　"分类汇总"对话框

3）在"分类字段"列表框中，选择分类字段（如图 4-79 中的"性别"）。

4）在"汇总方式"列表框中，选择汇总计算方式。"汇总方式"有"求和""计数""平均值""最大值""最小值""乘积""数值计数""标准偏差""方差"等。例如，若要按"性别"分类，并对"语文""数学""英语""计算机"求和，则在"汇总方式"中选择"求和"，并在"选定汇总项"中选中"语文""数学""英语""计算机"即可。

对话框下方有三个复选框，当选中后，其意义分别如下。

替换当前分类汇总：用新分类汇总的结果替换原有的分类汇总数据。

每组数据分页：表示以每个分类值为一组，组与组之间加上页分隔线。

汇总结果显示在数据下方：每组的汇总结果放在该组数据的下面，若不选，则汇总结果放在该数据的上方。

5）按要求选择后，单击"确定"按钮，完成分类汇总。

若按图 4-79 中的选项选择，则汇总结果如图 4-80 所示。

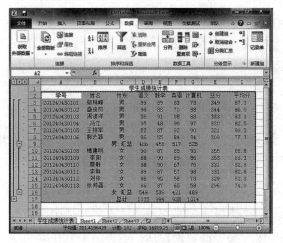
图 4-80　按"性别"汇总结果

若要继续按"性别"分类，并对"语文""数学""英语""计算机"求平均，只需去掉"分类汇总"对话框中"替换当前分类汇总"复选框中的"√"即可。

（2）删除分类汇总

若要撤销分类汇总，可由以下方法实现：

1）单击分类汇总数据记录单中的任意一个单元格。

2）单击"数据"选项卡"分级显示"组中的"分类汇总"按钮，出现如图4-79所示的"分类汇总"对话框。

3）在"分类汇总"对话框中单击"全部删除"按钮，便能撤销分类汇总。

（3）汇总结果分级显示

在图4-80所示的汇总结果中，左边有几个标有"−"和"1""2""3"的小按钮，利用这些按钮可以实现数据的分级显示。若单击外括号下的"−"，则将数据折叠，仅显示汇总的总计，单击"+"展开还原；若单击内括号中的"−"，则将对应数据折叠，同样单击"+"还原；若单击左上方的"1"，表示一级显示，仅显示汇总总计；单击"2"，表示二级显示，显示各类别的汇总数据；单击"3"，表示三级显示，显示汇总的全部明细信息。

4.2.4 函数与公式

1. Excel 2010 中的公式

（1）公式的基本概念

公式是Excel中对数据进行运算和判断的表达式。当电子表格中的数据更新后，无须做额外的工作，公式将自动更新结果。输入公式时，必须以等号"="开头，其语法表示为：

$$= 表达式$$

其中表达式由运算数和运算符组成。运算数可以是常量、单元格或区域引用、名称或函数等。运算符包括算术运算符、比较运算符和文本运算符。运算符对公式中的元素进行特定类型的运算。如果在输入表达式时需要加入函数，可以在编辑框左端的"函数"下拉列表框中选择函数。

（2）公式的输入

1）直接输入公式。在单元格内或编辑栏内输入，必须以等号"="开始，常量、单元格引用、函数名、运算符等必须是英文符号；括号必须成对出现且配对正确。例如，在如图4-81所示的工作表中，要在I4单元格中，计算出"李焕"同学的总分，则可以先单击I4单元格，再输入公式=E4+F4+G4+H4，按Enter键。其中E4、F4、G4和H4是对单元格的引用，分别表示使用E4、F4、G4和H4单元格中的数据89、87、57和98。公式的意义表示将这四个单元格中的数据相加，运算结果放在I4单元格中。

2）填充输入。在一个单元格中输入公式后，如果相邻的单元格中需要进行同类型的计算（如数据行合计），则可以利用公式的自动填充功能。选择公式所在的单元格，移动鼠标到单元格的右下角，变成黑十字形即"填充柄"，按住鼠标左键，拖动"填充柄"经过目标区域。当到达目标区域后，放开鼠标左键，公式自动填充输入完毕。如图 4-81 所示。

图 4-81　公式自动填充功能

（3）公式中单元格的引用

在公式中，可使用单元格的地址引用单元格中的数据，而且是动态引用这些单元格或区域中的数据，不是简单的固定数值。单元格的引用方式有如下三种：

1）相对引用：单元格或单元格区域的相对引用是指相对于包含公式的单元格的相对位置。例如，单元格 B2 包含公式 =A1；Excel 将在距单元格 B2 上面一个单元格和左面一个单元格处的单元格中查找数值。

在复制包含相对引用的公式时，Excel 将自动调整复制公式中的引用，以便引用相对于当前公式位置的其他单元格。例如，单元格 B2 中含有公式 =A1，A1 是 B2 左上方的单元格，如图 4-82 所示，拖动 A2 的填充柄将其复制至单元格 B3 时，其中的公式已经改为 =A2，即单元格 B3 左上方单元格处的单元格，如图 4-83 所示。

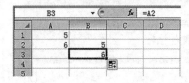

图 4-82　单元格 B2 中含有公式 =A1　　　　　图 4-83　复制 B2 公式至 B3

2）绝对引用：绝对引用是指引用单元格的绝对名称。例如，如果在单元格 B1 中输入公式 =A1×A2，现在将公式复制到另一单元格中，则 Excel 将调整公式中的两个引用。如果不希望这种引用发生改变，须在引用的行号和列号前加上符号 $，这就是单元格的绝对引用。如在 B1 中输入公式 =$A$1 × $A$2，如图 4-84 所示，复制 B1 中的公式到 C2 单元格，其值都不会改变，如图 4-85 所示。

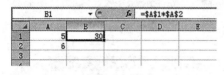

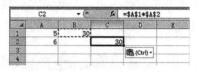

图 4-84　单元格 B1 中输入公式　　　　　图 4-85　将 B1 中的公式复制到 C2 中

3）相对引用与绝对引用之间的切换：通过在适当的位置手动输入 $ 符号，可以输入非相对引用（绝对或混合）；或者使用快捷键 F4 在两种引用中自动转换。例如，在公式 "=A1" 中，地址 A1 是相对引用，按一下 F4 键，单元格引用转换为 "=$A$1"；再按一下 F4 键，转换为 "=A$1"；再按一下 F4 键，又转换为 "=$A1"；最后再按一次，又返回到开始的 "=A1"。不断地按 F4 键，直到 Excel 显示所需的引用类型。

2. 在公式中使用函数

函数是 Excel 中系统预定义的公式，如 SUM、AVERAGE 等。通常，函数通过引用参数接收数据，并返回计算结果。函数由函数名和参数构成。

函数的格式为：函数名（参数，参数，…）

其中函数名用英文字母表示，函数名后的括号是必不可少的，参数在函数名后的括号内。参数可以是常量、单元格引用、公式或其他函数，参数的个数和类别由该函数的性质决定。

下面通过对函数的学习，进一步了解和掌握 Excel 函数的使用方法。

（1）在公式中插入函数

在输入比较简单的函数时可采用直接键入方法，而较复杂的函数可利用公式选项板输入。单击 "公式" 选项卡上的 "插入函数" 按钮 ƒx，弹出 "插入函数" 对话框，如图 4-86 所示，从中选择需要的函数，此时，会在编辑栏下方出现如图 4-87 所示的窗口，称为公式选项板。利用它，可以确定函数的参数、函数运算的数据区域等。

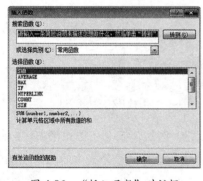

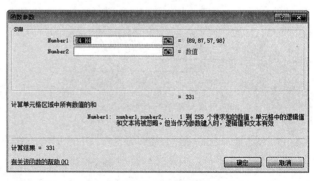

图 4-86　"插入函数" 对话框　　　　　图 4-87　SUM 函数的选项板

根据提示输入各参数值。为了操作方便，可以单击参数框右侧的"暂时隐藏对话框"按钮▣，将对话框的其他部分隐藏，再从工作表上单击相应的单元格，然后单击该按钮▣，恢复原对话框；最后单击"确定"按钮，完成函数的输入。

（2）常用函数

Excel 提供了包括财务函数、日期与时间函数、数量与三角函数、统计函数、查找与引用函数、数据库函数、文字函数、逻辑函数、信息函数等近 200 个函数，下面仅介绍几个最常用的函数。

1）求当前系统日期函数 TODAY。

格式：TODAY()。

功能：返回当前的系统日期。

如在 A1 单元格中输入：=TODAY()，则 Excel 会按 YYYY-MM-DD 的格式显示当前的系统日期。

2）求当前系统日期和时间函数 NOW。

格式：NOW()。

功能：返回当前的系统日期和时间。

如在 A2 单元格中输入：=NOW()，则 Excel 会按 YYYY-MM-DD HH:MM 的格式显示当前的系统日期和时间。

3）求和函数 SUM。

格式：SUM(参数 1，参数 2，…)。

功能：求参数所对应数值的和。参数可以是常数或单元格引用。

在图 4-81 所示工作表中，要计算学生成绩表中每个学生的总分，可在 I4 单元格中输入求和函数：=SUM(E4:H4)，并按 Enter 键，则 I4 中的值为 331。

4）统计计数函数 COUNT。

格式：COUNT(number1,number2,…)。

功能：统计给定数据区域中所包含的数值型数据的单元格个数。

说明：统计函数的参数可以是指定的一批常量数据，也可以是一个数据区域。对给定的数据或数据区域，仅统计其中数值型数据的个数，其他类型的数据不作统计。

例如，在图 4-81 中，工作表的 A4～H4 单元格中分别储存着：201240430101、李焕、女、计算机、89、87、57、98，则 =COUNT(A4:H4) 的值为 4，因为 A4:H4 中共有 4 个包含数值型数据的单元格（其中"201240430101""李焕""女""计算机"为字符型数据，不在统计之列）。

5）求平均值函数 AVERAGE。

格式：AVERAGE(number1,number2,…)。

功能：求给定数据区域的算术平均值。

说明：该函数只对所选定的数据区域中的数值型数据求平均，如果区域引用中包含了非数值型数据，则 AVERAGE 不把它包含在内。

例如，在图 4-81 中，工作表的 A4～H4 单元格中分别存放着：李焕、89、87、57、98，如果在 I4 中输入：=AVERAGE(E4:H4)，则 I4 中的值为 82.8，即为 (89+87+57+98)/4。

6）条件统计函数 COUNTIF。

格式：COUNTIF(range,criteria)。可以理解为：COUNTIF（数据区域，条件表达式）。

功能：在给定数据区域内统计满足条件的单元格的个数。

参数说明：range 为需要统计的单元格数据区域，criteria 为条件，其形式可以为常数值、表达式或文本。条件可以表示为："100"">=60""计算机"等。

如在图 4-81 中，若要统计"学生成绩表"中"语文"成绩在 90 分及以上的人数，并将结果放在 E16 单元格中，可在 E16 单元格中输入公式：= COUNTIF(E4:E15, ">=90")，按 Enter 键后便在 E16 单元格中显示统计结果 6。

7）排位函数 RANK。

格式：RANK(number,ref,order)。

功能：返回一个数值在指定数据区域中的名次。

参数说明：number 为需要排位的数字；ref 为数字列表数组或对数字列表的单元格引用；order 为数字，指明排位的方式（0 或省略，降序排位；非 0，升序排位）。

注意：排位的数据区域必须绝对引用，才能保证排位的正确性。

8）条件函数 IF。

格式：IF(logical_test,value_if_true,value_if_false)。可以理解为：IF(条件, 结果 1, 结果 2)。

功能：先判断条件 logical_test，若条件值为真，则返回结果 1；若条件值为假，则返回结果 2。

9）条件求和函数 SUMIF。

格式：SUMIF(range,criteria,sum_range)。

功能：根据指定条件对指定数值单元格求和。

参数说明：range 代表条件判断的单元格区域；criteria 为指定条件表达式；sum_range 代表需要求和的实际单元格区域。

注意：如果有多个求和条件，且要对多个数据区域通过拖动填充柄求和，则要求对条件区域和求和区域进行绝对引用。

10）提取子字符串函数 MID。

格式：MID(text,start_num,num_chars)。

功能：将字符串 text 从第 start_num 个字符开始，向左截取 num_chars 个字符。

参数说明：text 是原始字符串；start_num 为截取的位置；num_chars 为要截取的字符个数。

例如，若在 A1 单元格中输入某个学生的身份证号"650108199010282258"，其中第 7～14（共 8 位）代表出生日期，则函数 =MID(A1,7,8) 的返回值为"19901028"，这样就能从身份证号码中方便地取出该学生的出生日期。

11）字符串替换函数 REPLACE。

格式：REPLACE(old_text,start_num,num_chars,new_text)。

功能：对指定字符串，从指定位置开始，用新字符串来替换原有字符串中的若干个字符。

参数说明：old_text 是原有字符串；start_num 是从原字符串中第几个字符位置开始替换；num_chars 是原字符串中从起始位置开始需要替换的字符个数；new_text 是要替换成的新字符串。

注意：①当 num_chars 为 0 时，表示从 start_num 之后插入新字符串 new_text；②当 new_text 为空时，表示从第 start_num 个字符开始，删除 num_chars 个字符。

4.2.5 数据的美化与呈现

1. 数据透视表

数据透视表是一种对大量数据快速汇总和建立交叉列表的交互式表格。它不仅可以转换行和列以查看源数据的不同汇总结果，显示不同页面以筛选数据，还可以根据需要显示区域中的明细数据。

（1）创建数据透视表

创建数据透视表的操作步骤如下：

1）单击用来创建数据透视表的数据记录单。

2）单击"插入"选项卡"表"组中的"数据透视表"按钮，选择"创建数据透视表"命令，打开"创建数据透视表"对话框，如图 4-88 所示。

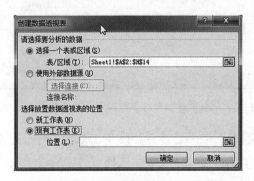

图 4-88 "创建数据透视表"对话框

3）在对话框中确定创建数据透视表的数据区域及放置数据透视表的位置，此处数据区域为 $A$2:$H$14，放置数据透视表的位置为当前工作表中从 J2 开始的单元格区域。单击"确定"按钮，出现如图 4-89 所示的建立数据透视表所需的字段列表。

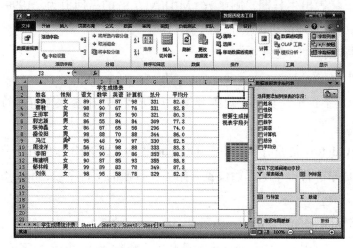

图 4-89　要添加到报表的字段列表

4）用户可以将设置于列的字段从字段列表中拖入列标签框中，将设置于行的字段从字段列表中拖入行标签框中，将要进行计算的数值字段拖入数值框中。例如，要创建一个分别求各男、女同学语文、数学、英语、计算机四门课程总分的一张数据透视表，可将性别字段拖入行标签框中，四门课程的字段依次拖入数值框中，便得到如图 4-90 所示的数据透视表。

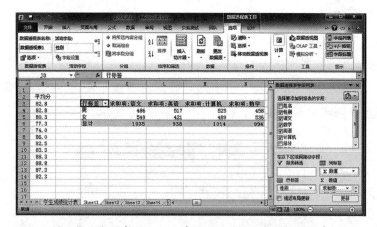

图 4-90　分别求男、女同学四门课程总分的数据透视表

若所创建的数据透视表不是汇总计算，则单击数值框中字段名右边的下拉按钮，弹出如图 4-91 所示的快捷菜单，在快捷菜单中选择"值字段设置"，打开"值字段设置"对话框，按要求选择需要计算的类型即可，如图 4-92 所示。

图 4-91 单击下拉按钮显示的快捷菜单　　　　图 4-92 "值字段设置"对话框

单击字段列表中已拖入每个框中的字段名右边的下拉按钮，在弹出的快捷菜单中选择不同的选项，可以对已创建的数据透视表进行修改。

（2）创建数据透视图

Excel 2010 数据透视图是数据透视表的更深层次的应用，它可将数据透视表中的数据以图形的方式表示出来，能更形象、生动地表现数据的变化规律。

建立"数据透视图"只需单击"插入"选项卡"表"组中的"数据透视表"按钮，选择"创建数据透视图"命令，打开"创建数据透视图"对话框，其他操作都与创建数据透视表相同。

数据透视图是利用数据透视表制作的图表，与数据透视表相关联。若更改了数据透视表中的数据，则数据透视图中的数据也随之更改。

2. 创建数据图表

在 Excel 中，只要建立了数据记录单，便可以快速创建一个数据图表。以图 4-93 所示的数据记录单创建一个名称为"学生成绩统计图表"的数据图表，具体操作步骤如下：

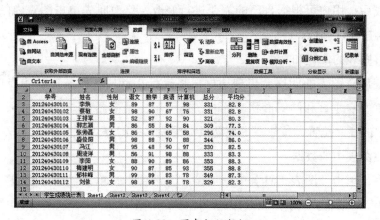

图 4-93 图表初始数据

1）首先在工作表中选定要创建图表的数据（可以选定连续的或不连续的数据区域），如图 4-93 所示。

2）单击"插入"选项卡，在"图表"组中选择一种图表类型（如柱形图），便在工作表中为选定数据创建了一个数据图表，如图 4-94 和图 4-95 所示。

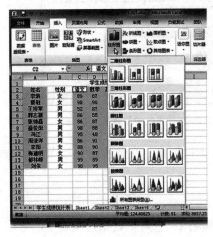

图 4-94　图表类型选项

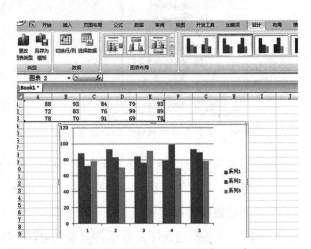

图 4-95　选择"柱形图"创建的图表

3）此时在已创建图表的窗口右上方会显示一个"图表工具"功能区，该功能区包括"设计""布局"和"格式"三个选项卡，可对已创建的图表进行编辑和修改。这三个选项卡的功能分别介绍如下：

设计：可更改图表类型、切换行列、更改数据、快速布局、更改样式和移动图表等。

布局：可以设置图表标题、坐标轴标题、图例、显示或隐藏数据和坐标轴、设置背景、趋势线等。

格式：可设置图表、文本的格式，设置对齐方式和样式等。

3. **编辑数据图表**

图表生成后，用户可根据自己的需要进行修改，修改时先单击图表内的任一空白处选定图表，再按要求进行修改。

（1）调整图表的位置和大小

选定图表后，图表的四周会出现边框，将鼠标指针放在四条边的中点或四个角上，指针会变为水平、垂直和倾斜形状。此时，拖动鼠标便能调整图表的大小；若将鼠标指针放在图表中的任一位置，按住左键拖动鼠标便能移动图表。

（2）修改图表中的数据

选定图表，单击"图表工具"中的"设计"选项卡，单击"选择数据"按钮，打开"选择数据源"对话框，分别单击"添加""编辑"和"删除"按钮，可向图表中添加、修改和删除数据。也可以用"复制"和"粘贴"的方法来实现，具体方法是：先选定要添加的数据区域，单击工具栏中的"复制"按钮，再选定图表，在空白处右击，并在弹出的快捷菜单中选择"粘贴"，便将已选定的数据添加到图表中。

注意：清除图表中的数据系列，不影响工作表中的数据，但当工作表中某项数据被删除时，图表内相应的数据系列也会消失。

（3）更改图表类型

Excel 2010 提供了若干种图表类型，每一种类型下都有两种以上的子图表。如果用户对所创建的图表类型不满意，可以更改图表的类型，具体操作方法是：选定图表，单击"图表工具"中的"设计"选项卡，单击"类型"组中的"图表类型"，在弹出的"更改图表类型"对话框中选择所需要的图表类型即可，如图 4-96 所示。

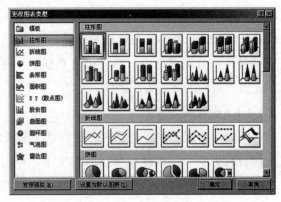

图 4-96   "更改图表类型"对话框

4. 设置图表选项

用户可以在图表中添加标题、数据标志等元素，使图表更加直观明了。

（1）添加标题

1）添加图表标题。选定图表，单击"图表工具"中"布局"选项卡下的"图表标题"，并在弹出的下拉菜单中选择一个选项，再在图表中的标题处输入图表标题即可，如图 4-97 所示。

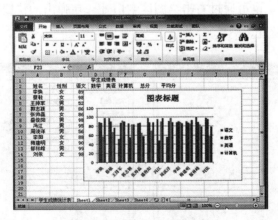

图 4-97   图表标题设置结果

2）添加坐标轴标题。在"布局"选项卡中单击"坐标轴标题"按钮，在下拉菜单中分别选择"主要横坐标轴标题"和"主要纵横坐标轴标题"，选择一个选项后，在图表中依次输入主要横坐标轴标题和主要纵横坐标轴标题即可。

（2）添加数据标签

用户可以为图表中的数据系列、单个数据点或者所有数据点添加数据标签。具体操作方法与添加标题基本相同，不同的是在"图表工具"中选择"布局"选项卡，并单击"标签"组中的"数据标签"按钮，选择一个选项后，便能在图表中显示对应的数值。

其他显示项的设置方法基本与上述方法相同，都是在"布局"选项卡中完成的。

5. 设置图表格式

Excel 2010 中的图表包括图表区、绘图区、背景、图表系列、坐标轴、图例等。对图表的各个部分都可以进行格式设置和编辑。在数据图表中，坐标轴以内的区域称为绘图区，方框以内的区域为图表区。

（1）设置图表区格式

图表区格式的设置包括对图表背景、图表标题、坐标轴和图例的文字等格式的设置。具体设置方法是：选择需要设置的文字，单击"开始"选项卡中的"字体"按钮，打开"字体"对话框，按要求设置文字的字体、样式、大小、颜色等格式，最后单击"确定"按钮完成设置。或直接在图表区中任意空白处右击，在快捷菜单中选择"设置图表区格式"命令，打开"设置图表区格式"对话框，即可设置图表的颜色、边框样式、阴影和三维格式等，如图 4-98 所示。

（2）设置绘图区格式

绘图区的格式包括填充颜色、边框颜色、边框样式、阴影和三维格式等。具体设置方法是：选择"图表工具"的"布局"选项卡，单击"背景"中的"绘图区"按钮，在弹出的快捷菜单中选择"设置绘图区格式"命令，在"设置绘图区格式"对话框中进行设置，如图 4-99 所示。也可通过右击绘图区空白处，在弹出的快捷菜单中选择"设置绘图区格式"命令完成设置。

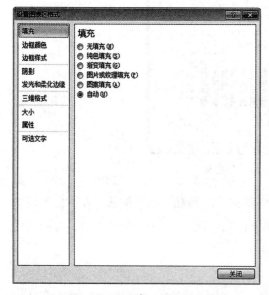

图 4-98　"设置图表区格式"对话框

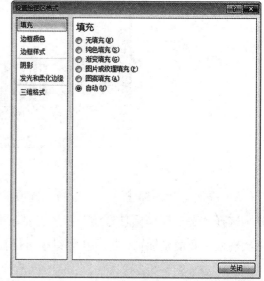

图 4-99　"设置绘图区格式"对话框

（3）其他图表元素的格式设置

其他图表元素（如坐标轴、图例、源数据、数据标签、趋势线、网格线等）格式的设置，只要将鼠标指针放在图表中要设置格式的某个元素上，右击鼠标便能弹出与该元素相关的快捷菜单，按要求选择菜单中的命令项即可。例如，要修改图表中的坐标轴刻度，只要将鼠标指针指向坐标轴刻度并右击，在弹出的快捷菜单中选择"设置坐标轴格式"命令进行设置；要添加趋势线，可在图表中直方图上右击，在弹出的快捷菜单中选择"添加趋势线"即可。同理，设置网格线就右击网格线，要更改源数据就右击图表系列等。

4.3 PowerPoint 演示文稿操作

PowerPoint 主要用于演示文稿的创建，即幻灯片的制作，简称 PPT，也称为幻灯片制作演示软件。人们可以用它来制作、编辑和播放一张或一系列的幻灯片，能够制作出集文字、图形、图像、声音以及视频剪辑等多媒体元素于一体的演示文稿，把自己所要表达的信息组织在一组图文并茂的画面中，用于介绍公司的产品、展示自己的学术成果等。

4.3.1 对象及操作

1. 新建幻灯片

方法一：快捷键法。按 Ctrl+M 组合键，即可快速添加 1 张空白幻灯片。

方法二：回车键法。在"普通视图"下，将鼠标定在左侧的窗格中，然后按下回车键（Enter 键），同样可以快速插入一张新的空白幻灯片。

方法三：命令法。执行"插入→新幻灯片"命令，也可以新增一张空白幻灯片。

2. 图片的插入

1）为了增强文稿的可视性，向演示文稿中添加图片是一项基本的操作。

2）执行"插入→图片→来自文件"命令，打开"插入图片"对话框，如图 4-100 所示。

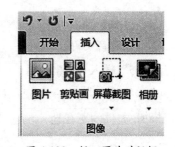

图 4-100　插入图片对话框

3）定位到需要插入图片所在的文件夹，选中相应的图片文件，然后按下"插入"按钮，将图片插入到幻灯片中。

4）用拖拉的方法调整好图片的大小，并将其定位在幻灯片的合适位置。

注意：定位图片位置时，按住 Ctrl 键，再按方向键，可以实现图片的微移，达到精确定位图片的目的。

3. 音频的插入

1）为演示文稿配上声音，可以大大增强演示文稿的播放效果。

2）执行"插入→音频→从文件插入"命令，然后选择音频文件插入。

3）定位到需要插入声音文件所在的文件夹，选中相应的声音文件，然后按下"确定"按钮。

4）在随后弹出的快捷菜单中，根据需要选择"是"或"否"选项返回，即可将声音文件插入到当前幻灯片中。

注意：插入声音文件后，会在幻灯片中显示出一个小喇叭图片，在幻灯片放映时，通常会显示在画面里，为了不影响播放效果，通常将该图标移到幻灯片边缘处。

4. 视频的插入

可以将视频档添加到演示文稿中，来增加演示文稿的播放效果。步骤如下：

1）执行"插入→视频→从文件插入"命令，找到需插入的视频文件，然后打开，单击"插入"，如图 4-101 所示。

2）定位到需要插入视频档所在的文件夹，选中相应的视频档，然后按下"确定"按钮。

3）在随后弹出的快捷菜单中，根据需要选择"是"或"否"选项返回，即可将声音文件插入到当前幻灯片中。

4）调整视频播放窗口的大小，将其定位在幻灯片的合适位置上即可。

图 4-101　插入视频和音频命令

注意：演示文稿支持 avi、wmv、mpg 等格式视频档和支持 mp3、wma、wav、mid 等格式声音文件。

5. 插入 Falsh 动画

单击"插入→视频→从文件插入"，然后将视频文件拓展名改成 *.swf，最后找到 Falsh 文件的所在地，单击"插入"按钮，如图 4-102 所示。

图 4-102　插入 Flash 动画命令

6. 艺术字的插入

单击"插入→艺术字",然后选择你所喜欢的图形,在其中输入自己想要的文字,如图 4-103 所示。

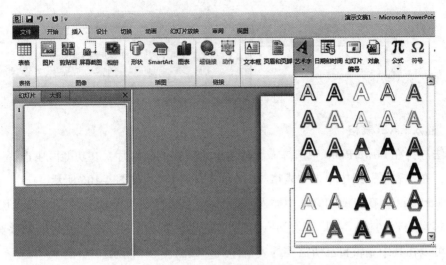

图 4-103　插入艺术字选择框

7. 图片的插入

单击"插入→图片",然后选择自己想要的图片,插入到文本中,如图 4-104 所示。

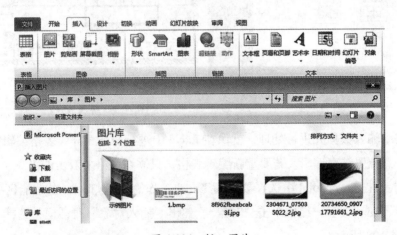

图 4-104　插入图片

8. 添加注释

首先,将图标放置到需要添加批注的位置,然后,单击"审阅"选项卡中的"新建批注",现在就可以在"批注"中输入批注信息了。当需要修改时,可以右击批注或单击功能区的"编辑批注"来进行批注修改。我们也可以通过单击"显示标记"来隐藏幻灯片中的所有批注,如图 4-105 所示。

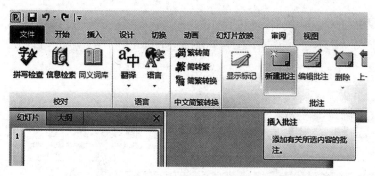

图 4-105　插入批注命令

9. 插入 Excel 表格

方法一：在 PowerPoint 中选择需要放置电子表格的幻灯片，在功能区中选择"插入"选项卡，在"表格"组中单击"表格→Excel 电子表格"，如图 4-106 所示。

PowerPoint 会在当前幻灯片中插入一个 Excel 工作表，并且功能区变成 Excel 2010 的接口。拖动表格边框，将其移动到所需的位置；拖动边框四周的黑色句柄调整其大小，然后就可以在其中编辑自己所需要的表格样式，如图 4-107 所示。

图 4-106　插入表格命令

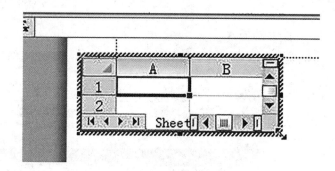

图 4-107　编辑表格样式

在表格中输入数据并进行处理，就像在 Excel 中进行操作一样。表格编辑完成后单击表格外的任意位置结束编辑。若要重新编辑表格，只需在表格上双击即可。

方法二：在 PowerPoint 中选择要放置 Excel 工作簿的幻灯片，在功能区中选择"插入"选项卡，在"文字"组中单击"对象"。弹出"插入对象"对话框，选择"由文件创建"，如图 4-108 所示。

单击"浏览"按钮，选择所需的 Excel 工作簿。单击"确定"按钮。这时就会在幻灯片中插入该工作簿，并显示第一个工作表。要选择工作簿中的其他工作表或修改工作表，只需双击该工作簿就可以进入编辑状态，编辑完毕后单击工作簿窗口外的任意位置即可返回 PowerPoint 接口。

图 4-108 在插入对象命令中由文件创建表格

10. 插入图表

单击"插入→图表",如图 4-109 所示,然后选择自己需要的图表,单击"确定"按钮,如图 4-110 所示。

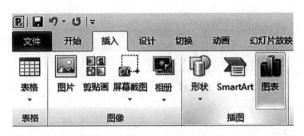

图 4-109 插入图表命令

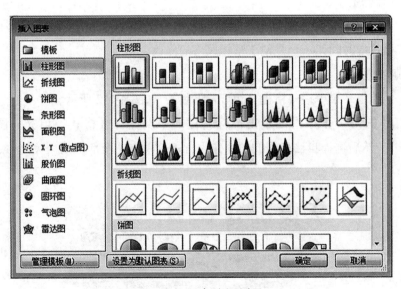

图 4-110 图表样式选择框

11. 公式编辑

单击"插入"按钮，然后在"符号"选项卡中选择方程式，在跳出的框中，选择自己所需要的公式即可，如图 4-111 所示。

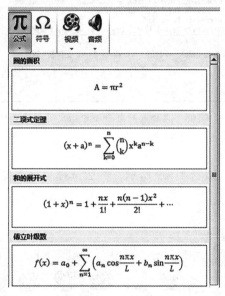

图 4-111 插入公式命令

4.3.2 版面设置和设计

1. 幻灯片母版

幻灯片母版就是一种套用格式，通过插入占位符来设置格式。它有两个优点：一个是节约设置格式的时间，一个是便于整体风格的修改。

2. 母版设置

步骤一：单击"菜单栏→检视→幻灯片母版"，如图 4-112 所示。

在幻灯片的第一张空白处单击鼠标右键→"设置背景格式→填充→图片或纹理填充→文件"，然后选择自己喜欢的图片作为背景，单击"全部应用→关闭"，如图 4-113 所示。

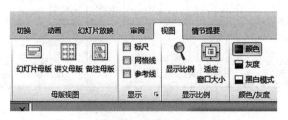

图 4-112 母版

图 4-113　设置背景格式

步骤二：其次，对现成模板进行编辑。

重复步骤一中的第二步，单击鼠标右键，选择"版式"，然后进行选项的勾取，如图 4-114 所示。

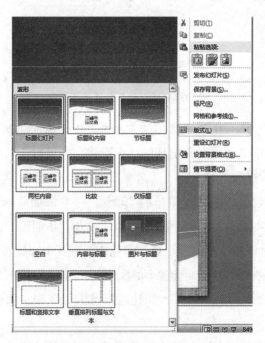

图 4-114　版式命令

4.3.3　动画设置

制作幻灯片 PPT 时，我们不仅需要在内容设计上制作精美，还需要在动画上下功夫，好的 PPT 动画能更好地吸引观看者。怎么制作幻灯片动画？PowerPoint 2010 动画效果主打绚丽，比起之前版本的 PPT 动画，PowerPoint 2010 展示了强大的动画效果。

　　PowerPoint 2010 动画效果分为 PowerPoin 2010 自定义动画以及 PowerPoin 2010 切换效果两种。其中，自定义动画是指将可以把演示文稿中的文本、图片、形状、表格、SmartArt 图形和其他对象制作成动画，赋予它们进入、退出、大小或颜色变化甚至移动等视觉效果。具体有以下四种自定义动画效果，如图 4-115 所示。

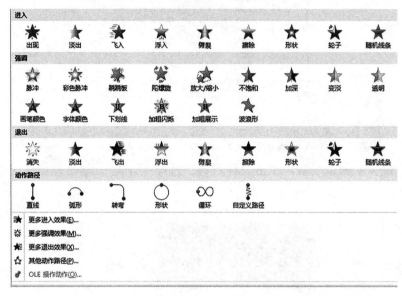

图 4-115　动画效果设置

　　第一种，"进入"效果。在 PPT 菜单的"动画"→"添加动画"里面"进入"或"更多进入效果"，都是自定义动画对象出现的动画形式，如可以使对象逐渐淡入焦点、从边缘飞入幻灯片或者跳入视图中等。

　　第二种，"强调"效果。在 PPT 菜单的"动画"→"添加动画"里面"强调"或"更多强调效果"，有"基本型""细微型""温和型"以及"华丽型"四种特色动画效果，这些效果的示例包括使对象缩小或放大、更改颜色或沿着其中心旋转。

　　第三种，"退出"效果。这个自定义动画效果与"进入"类似，但是效果相反，它是自定义对象退出时所表现的动画形式，如让对象飞出幻灯片、从视图中消失或者从幻灯片旋出。

　　第四种，"动作路径"效果。这个动画效果是根据形状或者直线、曲线的路径来展示对象游走的路径，使用这些效果可以使对象上下移动、左右移动或者沿着星形或饼图案移动（与其他效果一起），如图 4-116 所示。

　　以上四种自定义动画，可以单独使用任何一种动画，也可以将多种效果组合在一起。PPT 如何设置动画？例如，可以对一行文本应用"飞入"进入效果及"陀螺旋"强调效果，使它旋转起来。也可以对自定义动画设置出现的顺序以及开始时间、延时或者持续动画时间等。

PowerPoint 2010 动画效果的另一种方法是切换效果，即给幻灯片添加切换动画。在 PPT 2010 菜单栏的"切换"中，"切换到此投影片"组有"切换方案"以及"效果选项"，在"其他"中，我们可以看到有"区别""华丽型"以及"动态内容"三种动画效果，使用方法是：选择想要应用切换效果的幻灯片，在"切换"选项卡的"切换到此投影片"组中，单击要应用于该幻灯片的幻灯片切换效果，如图 4-117 所示。

图 4-116　添加动作路径

图 4-117　幻灯片切换命令

学会了 PPT 动画效果的设置，不仅能给 PPT 带来炫酷的效果，也会给用户带来一种赏心悦目的感受，但是前提条件是制作的 PPT 动画种类不要添加太多，避免动画效果过多而导致 PPT 变得复杂。

4.3.4　演示文稿

演示文稿做好后，掌握一些播放的技能和技巧可以帮你做一场漂亮的讲解。PowerPoint 2010 设置演示文稿的目的就在这里，单击幻灯片放映，然后就可以调整播放方式以及一些其他的问题。

1. 设置幻灯片放映方式

PPT 演示文稿制作完成后，有的由演讲者播放，有的让观众自行播放，这就需要通过设置幻灯片放映方式来进行控制。

1）单击"幻灯片放映→设置放映方式"命令，打开"设置放映方式"对话框。

2）选择一种"放映类型"（如"观众自行浏览"），确定"放映幻灯片"范围，设置好"放映选项"。

3）根据需要设置好其他选项，确定即可。如图 4-118 所示。

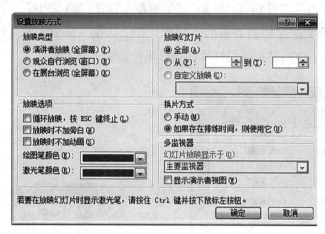

图 4-118   "设置放映方式"对话框

2. 自定义播放方式

一份 PPT 演示文稿，如果需要根据观众的不同有选择地放映，则可以通过"自定义放映"方式来实现。 步骤如下：

1）执行"幻灯片放映→自定义幻灯片放映"命令，打开"自定义放映"对话框。如图 4-119 所示。

2）单击其中的"新建"按钮，打开"定义自定义放映"对话框。

3）输入一个放映方案名称（如"高级"），然后在 Ctrl 键的协助下，选项需要放映的幻灯片，然后按下"新增"按钮，再"确定"返回。

4）以后需要放映某种方案时，再次打开"自定义放映"对话框，选择一种放映方案，按下"放映"按钮就可以了。

图 4-119   "自定义放映"对话框

3．在播放时画出重点

在播放过程中，可以在屏幕上画出相应的重点内容，方法是：右击鼠标，在随后出现的快捷菜单中，选择"指针选项→笔"选项，此时，鼠标变成一支"笔"，就可以在屏幕上随意绘画了。

注意：

1）右击鼠标，在随后弹出的快捷菜单中，选择"指针选项→墨迹颜色"选项，即可修改"笔"的颜色，如图 4-120 所示。

2）在退出播放状态时，系统会提示是否保留墨变的提示，根据需要做出选择就可以了。

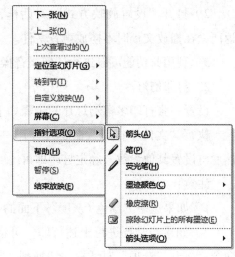

图 4-120　"指针选项"

4.3.5　综合技巧

PowerPoint 的使用技巧较多，掌握了这些技巧，很多事情可以事半功倍。

1．幻灯片配音

通过直接录音的方法为演示文稿配音，操作步骤如下：

打开演示文稿，定位到配音开始的幻灯片，执行"幻灯片放映→录制幻灯片演示"命令，打开"从头开始录制或者从当前幻灯片开始录制"对话框，直接按下"开始录制"按钮，在随后弹出的对话框中，选择"当前投影片"按钮，进入幻灯片放映状态，边放映边开始录音，如图 4-121 所示。

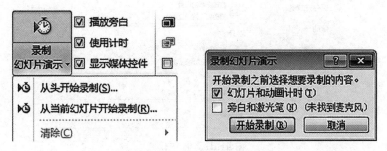

图 4-121　录制幻灯片演示命令

播放和录音结束时，右击鼠标，在随后弹出的快捷菜单中选择"结束放映"选项，退出录音状态，并在随后弹出的对话框中选择"保存"按钮，退出即可。

注意：

1）如果在"录制旁白"对话框中选定"链接旁白"命令，以后保存幻灯片时，系统会将相应的旁白声音按幻灯片分开保存为独立的声音文件。

2）打开"设置放映方式"对话框，选中其中的"放映时不加旁白"选项，"确定"返回，在播放文稿时不播放声音文件。

3）利用此功能可以进行任何录音操作，比系统的"录音机"功能要好。

2. 打印幻灯片

设置一张打印多幅幻灯片的步骤如下：

执行"文件→打印"命令，打开"打印"对话框，将"打印内容"设置为"讲义"，然后再设置其他参数，确定打印即可。

注意：

1）如果选中"颜色/灰度"下面的"灰度"选项，打印时可以节省墨水。

2）如果经常要进行上述打印，可将其设置为预设的打印方式：执行"工具→选项"命令，打开"选项"对话框，切换到"打印"标签下，选中"使用下列打印设置"选项，然后设置好下面的相关选项，确定返回即可，如图 4-122 所示。

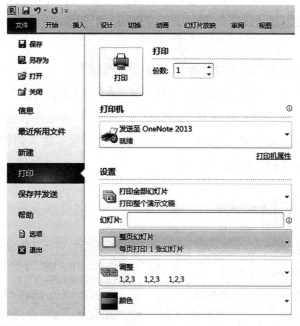

图 4-122　打印设置

3. 演示文稿加密

如果不希望别人打开自己制作的 PowerPoint 演示文稿，可以进行加密。

当演示文稿想要加密时，执行"文件→另存为"，找到"另存为"对话框下面的"工具"下拉菜单，单击"常规选项"，如图 4-123 所示，里面有加密的选项，可设置密码，如图 4-124 所示。

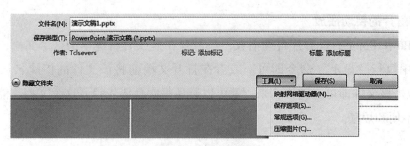

图 4-123　设置密码

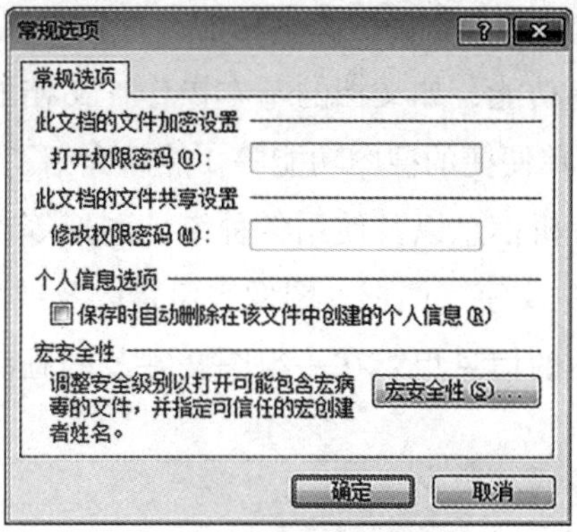

图 4-124　常规选项面板

4. 制作电子相册

随着数码相机的快速普及，需要制作电子相册的人越来越多。用 PowerPoint 制作电子相册的步骤是：

1）单击"插入→相册→新建相册"命令，打开"相册"对话框。如图 4-125 所示。

2）单击其中的"文件／磁盘"命令，打开"插入新图片"对话框。

3）定位到照片所在的文件夹，在 Shift 键或 Ctrl 键的辅助下，选中需要制作成相册的图片，单击"插入"按钮返回。

4）根据需要调整好相应的设置，单击"创建"按钮。

5）再对相册修饰一下即可。

图 4-125　插入相册命令

5. 幻灯片的自动播放

要让 PowerPoint 的投影片自动播放，只需要在播放时右键单击这个文稿，然后在弹出的菜单中执行"显示"命令即可，或者在打开文稿前将该文件的扩展名从 PPT 改为 PPS，再双击该文件即可。这样一来，就可以避免每次都要先打开这个文档才能进行播放所带来的不便和烦琐。

本章小结

本章主要介绍了三种常用办公软件的基本功能。首先介绍了文字处理软件 Word 的一些操作方法、使用技能和新功能，如文档的基本操作、文档的格式化、图文混排、表格操作以及文档恢复功能、简单便捷的截图功能等。然后介绍了电子表格 Excel 对各种数据的处理，用来执行计算、分析信息以及使用各种统计图形等功能。最后介绍了演示文稿 PowerPoint，其能够制作出集文字、图形、图像、声音以及视频剪辑等多媒体元素于一体的演示文稿，把自己要表达的信息组织在一组图文并茂的画面中，可用于介绍公司的产品、展示自己的学术成果等。

习 题

1. 在 Word 中要使文字能够环绕图形编辑，应选择的环绕方式是（　　）。

A. 紧密型　　　　　B. 四周型　　　　　C. 无　　　　　D. 穿越型

2. 在 Excel 2010 中，求一组数值中最大值和平均值的函数为（　　）。

A. MAX 和 SUM　　　　　　　　B. MAX 和 COUNT

C. MIN 和 MAX　　　　　　　　D. MAX 和 AVERAGE

3. 假定单元格 D3 中保存的公式为"=B$3+C$3"，若把它复制到 E4 中，则 E4 中保存的公式为（　　）。

A. =B$3+C$3　　　　B. =C$3+D$3　　　　C. =B$4+C$4　　　　D. =C$4+D$4

4. 在 Excel 2010 中，若需要选择多个不连续的单元格区域，除选择第一个区域外，以后每选择一个区域都要同时按住（　　）。

A. Shift 键　　　　B. Ctrl 键　　　　C. Alt 键　　　　D. ESC 键

5. 在 PowerPoint 中，用自选图形在幻灯片中添加文本时，在菜单栏中选哪个菜单开始（　　）。

A. 视图　　　　　B. 插入　　　　　C. 格式　　　　　D. 工具

第 5 章　多媒体应用基础

本章要点

　　伴随着互联的兴起和快速发展，一种基于互联网的技术正在或者已经改变着人们的生活，这就是多媒体技术。多媒体是指计算机系统中组合两种或两种以上媒体的一种人机交互式信息交流和传播媒体，使用的媒体包括文字、图片、照片、声音、动画和影片等。本章将介绍多种媒体在计算机中的表现形式以及编辑方法。

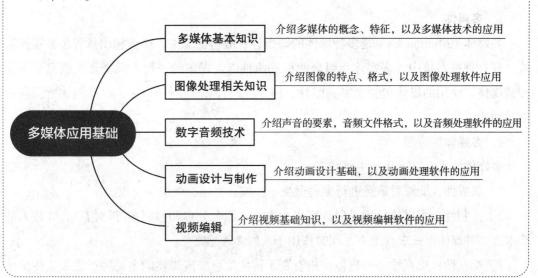

5.1 多媒体基本知识

5.1.1 信息与媒体

1. 信息

信息广义上可作如下概括：是能够通过文字、图像、声音、符号、数据等为人类获知的知识。任何信息都离不开传递，不能传递就不能称之为信息。信息传递要通过一定的媒介，语言、载体、信道都属于信息传递的媒介形式。

2. 媒体

媒体（Media）是指传播信息的媒介。它是人类用来传递信息与获取信息的工具、渠道、载体、中介物或技术手段。媒体有两层含义，一是承载信息的物体，二是指存储、呈现、处理、传递信息的实体。

5.1.2 多媒体和特征

1. 多媒体

多媒体（Multimedia）是多种媒体的综合，一般包括文本、声音和图像等多种媒体形式。在计算机系统中，多媒体指组合两种或两种以上媒体的一种人机交互式信息交流和传播媒体。使用的媒体包括文字、图片、照片、声音 、动画和影片，以及程式所提供的互动功能。

2. 多媒体的特征

多媒体技术有以下几个主要特点：

1）集成性：能够对信息进行多通道统一获取、存储、组织与合成。

2）控制性：多媒体技术是以计算机为中心，综合处理和控制多媒体信息，并按人的要求以多种媒体形式表现出来，同时作用于人的多种感官。

3）交互性：交互性是多媒体应用有别于传统信息交流媒体的主要特点之一。传统信息交流媒体只能单向地、被动地传播信息，而多媒体技术可以实现人对信息的主动选择和控制。

4）非线性：多媒体技术的非线性特点将改变人们传统循序性的读写模式。以往人们读写方式大都采用章、节、页的框架，循序渐进地获取知识，而多媒体技术将借助超文本链接（Hyper Text Link）的方法，把内容以一种更灵活、更具变化的方式呈现给读者。

5）实时性：当用户给出操作命令时，相应的多媒体信息都能够得到实时控制。

6）互动性：它可以形成人与机器、人与人及机器间的互动，互相交流的操作环境及身临其境的场景，人们根据需要进行控制。人机相互交流是多媒体最大的特点。

7）信息使用的方便性：用户可以按照自己的需要、兴趣、任务要求、偏爱和认知特点来使用信息，任取图、文、声等信息表现形式。

8）信息结构的动态性："多媒体是一部永远读不完的书"，用户可以根据自己的目的和认知特征重新组织信息，如增加、删除或修改节点，重新建立链接。

3．多媒体信息的特点

1）文本是以文字和各种专用符号的形式表达的信息，它是现实生活中使用最多的一种信息存储和传递方式。用文本表达信息给人充分的想象空间，它主要用于对知识的描述性表示，如阐述概念、定义、原理和问题以及显示标题、菜单等内容。

2）图像是多媒体软件中最重要的信息表现形式之一，它是决定一个多媒体软件视觉效果的关键因素。

3）动画是利用人的视觉暂留特性，快速播放一系列连续运动变化的图形图像，也包括画面的缩放、旋转、变换、淡入淡出等特殊效果。通过动画可以把抽象的内容形象化，使许多难以理解的教学内容变得生动有趣。合理使用动画可以达到事半功倍的效果。

4）声音是人们用来传递信息、交流感情最方便、最熟悉的方式之一。在多媒体课件中，按其表达形式，可将声音分为讲解、音乐、效果三类。

5）视频影像具有时序性与丰富的信息内涵，常用于交代事物的发展过程。视频非常类似于我们熟知的电影和电视，有声有色，在多媒体中充当起重要的角色。

5.1.3　多媒体技术应用

由于多媒体系统需要将不同的媒体数据表示成统一的结构码流，再对其进行变换、重组和分析处理，以进行进一步的存储、传送、输出和交互控制，所以多媒体的传统关键技术主要集中在以下四类：数据压缩技术、大规模集成电路（VLSI）制造技术、大容量的光盘存储器（CD-ROM）、实时多任务操作系统。

多媒体的关键技术主要有以下 6 点：

1）多媒体数据压缩 / 解压缩技术。

2）超大规模集成电路（VLSI）芯片技术。

3）大容量光盘存储技术。

4）多媒体网络通信技术。

5）多媒体系统软件技术。

6）多媒体流技术。

多媒体的应用领域已涉及如广告、艺术、教育、娱乐、工程、医药、商业及科学研究等行业。多媒体技术是一种迅速发展的综合性电子信息技术，它给传统的计算机系统、音频和视频设备带来了方向性的变革，将对大众传媒产生深远的影响。多媒体计算机加速了计算机进入家庭和社会各个领域的进程，给人们的工作、生活和娱乐带来深刻的影响。多媒体还被应用于数字图书馆、数字博物馆等领域。

5.1.4 新媒体

新媒体（New Media）在当下万物皆媒体的环境中，涵盖了所有的数字化媒体形式。包括所有数字化的传统媒体、网络媒体、移动端媒体、数字电视、数字报刊杂志等。

新媒体是一个相对的概念，是在报刊、广播、电视等传统媒体以后发展起来的新的媒体形态，包括网络媒体、手机媒体、数字电视等。

新媒体也是一个宽泛的概念，是利用数字技术、网络技术，通过互联网、宽带局域网、无线通信网、卫星等渠道，以及电脑、手机、数字电视机等终端，向用户提供信息和娱乐服务的传播形态。严格地说，新媒体应该称为数字化新媒体。新媒体的特性包括：

1）迎合人们休闲娱乐时间碎片化的需求。

2）满足随时随地的互动性表达、娱乐与信息需要。以互联网为标志的第三代媒体在传播的诉求方面走向个性表达与交流阶段。

3）人们使用新媒体的目的性与选择的主动性更强。

4）媒体使用与内容选择更具个性化，导致市场细分更加充分。

5.2 图像处理相关知识

5.2.1 颜色三要素

颜色的三要素由色调、明度和饱和度（彩度）组成。

1. 色调

色调是色彩的首要特征，是区别各种不同色彩的最准确的标准。事实上，任何黑白灰以外的颜色都有色相的属性，自然界中各种不同的色相是无限丰富的，如紫红、银灰、橙黄等。色调即各类色彩的相貌称谓。色调的特征决定于光源的光谱组成以及有色物体表面反射的各波长辐射的比值对人眼所产生的感觉。

2. 明度

明度不仅决定了物体照明程度，而且决定了物体表面的反射系数。如果我们看到的光线来源于光源，那么明度决定于光源的强度。如果我们看到的是来源于物体表面反射的光线，那么明度决定于照明光源的强度和物体表面的反射系数。任何色彩都存在明暗变化。其中黄色明度最高，紫色明度最低，绿、红、蓝、橙的明度相近，为中间明度。另外，在同一色相的明度中还存在深浅的变化。如绿色中由浅到深有粉绿、淡绿、翠绿等明度变化。

3. 饱和度

饱和度是指色彩的鲜艳度。从科学的角度看，一种颜色的鲜艳度取决于这一色相发射光的单一程度。不同的色调不仅明度不同，饱和度也不相同。色彩的饱和度变化可以产生丰富的、强弱不同的色调，而且使色彩产生韵味与美感。

5.2.2　图像分辨率和图像类型

1. 分辨率

图像分辨率指图像中存储的信息量，即每英寸图像内有多少个像素点，分辨率的单位为 PPI（Pixels Per Inch），通常叫作像素每英寸。图像分辨率一般被用于体现图像的清晰度。

2. 图像类型

数码图像有两大类：一类是矢量图，也叫向量图；另一类是点阵图，也叫位图。矢量图比较简单，它是由大量数学方程式创建的，其图形是由线条和填充颜色的块面构成，而不是由像素组成，对这种图形进行放大和缩小，不会引起图形失真。

5.2.3　图像文件的格式

1）BMP 位图，文件超大，不能放大太多倍数。做 PPT 时一般不使用。

2）JPG 位图，PPT 中最常用的格式，像素文件体积最小。

3）GIF 位图，这是会动的图片，放在 PPT 页面上会非常吸引眼球。

4）PNG 位图，这种格式的图片有很酷的透明效果。

5）WMF 矢量图，微软的剪贴画很多是这个格式。

6）AI 矢量图，Adobe 公司的 Illustrator 软件的输出格式。

5.2.4　Photoshop CC 工作界面与设置

Photoshop 软件主要处理像素构成的数字图像。使用其众多的编修与绘图工具，可以有效地进行图片编辑工作，主要用于修图、平面设计、美工、UI、网页设计等。

Photoshop CC 的工作界面如图 5-1 所示，主要有：

工具栏：每一项是工具组，对应说明→选择相应工具。

属性栏：对应相应的工具，活动面板栏→面板→标签。

操作：最小化，关闭，通过"窗口"菜单显示。

文件编辑区：编辑多文档，文档之间切换，文档之间的目标进行复制、移动等。

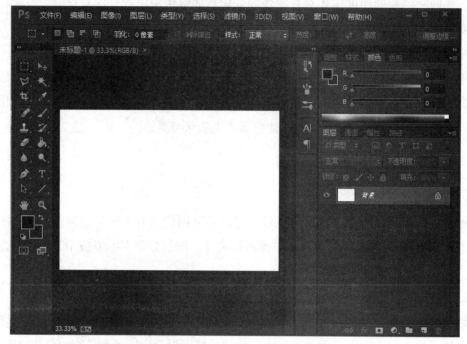

图 5-1　Photoshop CC 的工作界面

5.2.5　图层

图层功能被誉为 Photoshop 的灵魂，在 Photoshop 图像处理中具有十分重要的地位，也是最常用到的功能之一。

在 Photoshop 中，一幅图像通常是由多个不同类型的图层通过一定的组合方式自下而上叠放在一起组成的，它们的叠放顺序以及混合方式直接影响着图像的显示效果，如图 5-2 所示。

图 5-2　图层面板

5.2.6　选区工具

绘制选区的工具有：选框工具组（包括矩形选框工具、椭圆选框工具、单行选框工具、单列选框工具）、套索工具组（包括套索工具、多边形套索工具、磁性套索工具）、魔棒工具、快速选择工具，如图 5-3 所示。

1）单击"文件"→"打开"，打开一张图片，准备将图 5-4a 所示壁纸上的气球抠下来。

2）选择工具上的磁性套索工具（抠图时，如果想抠的较精确的话，可以将图片通过按 Alt+ 鼠标滚轮进行放大）。

3）羽化效果是将边上其他区域去除才能看到，按 Ctrl+Shift+I 进行反选。

4）"选择"→"修改"→"羽化"（Shift+F6）进行设置羽化值（值越大羽化效果越明显）。如图 5-4b 所示。

5）最后按 DEL 键删除，按 Ctrl+D（取消选区）去除选择效果。

图 5-3　选区工具

a）　　　　　　　　　　　　　　　b）

图 5-4　羽化效果

5.2.7　图像色彩和色调的调整

1. 色相 / 饱和度

执行"色相 / 饱和度"命令可以调整图像的颜色、饱和度和亮度，如图 5-5 所示。选择"图像"→"调整"→"色相 / 饱和度"菜单项（或者按下 Ctrl+U）弹出对话框。

图 5-5　使用"色相 / 饱和度"命令调整图片颜色

2. 替换颜色

执行替换颜色命令可以将特定颜色范围中的颜色替换为另外的颜色，如图 5-6 所示。选择"图像"→"调整"→"替换颜色"菜单项弹出"替换颜色"对话框。

图 5-6　替换颜色

3. 曲线调节图像

曲线调节图像是快速调整图像明暗度、曝光度、色阶等的方法，选择"图像"→"调整"→"曲线"（Ctrl+M），弹出"曲线"对话框，如图 5-7 所示。

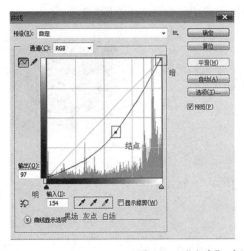

图 5-7　"曲线"对话框

4. 色彩调整

选择"图像"→"调整"→"色彩调整"（Ctrl+B），步骤如下：

1）打开一张黑白图像。

2）选择套索工具或磁性套索工具（或用自由钢笔→路径→ Ctrl+Enter，转换为选区）。

3）选择"图像"→"调整"→"色彩平衡"命令，对"色彩平衡"对话框中的中间调和高光进行调整，调节适当颜色，如图 5-8 所示。

4）给皮肤上颜色，用磁性套索或魔棒工具，和选择衣服、着色方法相同。

5）选择"套索工具"，选中整个人物，进行色彩平衡调整。

图 5-8　色彩调整

5.3　数字音频技术

5.3.1　声音三要素

响度、音高、音色可以用来在主观上描述具有振幅、频率和相位三个物理量的任何复杂的声音，故又称为声音"三要素"。

1. 响度

响度，又称声强或音量，它表示的是声音能量的强弱程度，主要取决于声波振幅的大小。响度是听觉的基础。正常人听觉的强度范围为 0～140dB（也有人认为是 −5～130dB）。一般以 1kHz 纯音为准进行测量，人耳刚能听到的声压为 0dB（通常大于 0.3dB 即有感受），使人耳感到疼痛的声压为 140dB 左右。

2. 音调

音调表示人耳对声音调子高低的主观感受。客观上，音高大小主要取决于声波基频的高低，频率高则音调高，反之则低，单位用赫兹（Hz）表示。人耳对频率的感觉同样有一个从最低可听频率 20Hz 到最高可听频率 20kHz 的范围。根据人耳对音高的实际感受，人的语音频率范围可放宽到 80Hz～12kHz。

3. 音色

音色又称音品，由声音波形的谐波频谱和包络决定。声音波形的基频所产生的听得最清楚的音称为基音，各次谐波的微小振动所产生的音称泛音。单一频率的音称为纯音，具有谐波的音称为复音。每个基音都有固有的频率和不同响度的泛音，借此可以区别其他具有相同响度和音调的声音。

5.3.2　常见音频文件格式

音频格式即音乐格式。它是指在计算机内播放或者处理的音频文件，将声音文件进行数字或模拟信号转换的过程。音频格式最大带宽是 20kHz，频率介于 40～50kHz 之间，采用线性脉冲编码调制 PCM，采用相等长度的步长进行量化处理。

CD：CD 格式是一种音质比较高的音频格式。要讲音频格式，自然首选 CD 格式。标准 CD 格式是 44.1kHz 的采样频率，速率 88K/s，量化位数 16bit，CD 音轨是近似无损的，因此它的声音基本上是忠于原声的。

WAVE：WAVE（*.WAV）是微软公司开发的一种声音文件格式，它作为最经典的 Windows 多媒体音频格式，应用非常广泛，使用三个参数来表示声音：采样位数、采样频率和声道数。WAVE 优点是高保真，最大程度地保留了音乐的原效果；缺点是文件占用空间很大。

音频格式 AIFF：AIFF（Audio Interchange File Format）是音频交换文件格式的英文缩写，是 Apple 公司开发的一种音频文件格式，是苹果电脑里的标准音频格式，属于 QuickTime 技术的一部分。由于 AIFF 的包容特性，所以它支持许多压缩技术。

音频格式 MPEG：MPEG 音频文件是指 MPEG 标准中的声音部分，即 MPEG 音频层。MPEG 格式包括：MPEG-1、MPEG-2、MPEG-Layer3、MPEG-4。MP3 采用的就是 MPEG-Layer3 标准，它的优势是以极小的声音失真换来较高的压缩比。

5.3.3 Audition 软件介绍

Audition 软件的前身是 Cooledit，Cooledit 被 Adobe 公司收购后，由 Adobe 推出了 Audition 1.5 的升级、Audition 2.0 和现在的 Audition 3.0，下面是目前使用的 Audition 3.0 的基本界面，如图 5-9 所示。

图 5-9　Audition 3.0 的基本界面

5.3.4 Audition 在录音中的应用

1. 录音

录音是一套节目的基础，我们对录音有如下要求：音量大小合适；尽量减少爆音；背景噪声可以有但不能对人声产生较大的影响；录音要连贯、自然，尽量减少修改留下的痕迹。

打开 Audition，选择"文件"菜单下的"新建"命令，根据喜好进行设置。确定后单击"录音"按钮即可进行录音，如图 5-10 所示。

图 5-10　录音按钮

2. 降噪

降噪是一个可选操作，如果录音质量足够好，完全可以不用降噪，以最大限度保留人声的特性。目前，由于设备不达标和录音环境的问题，录音噪声都在 −30dB 左右甚至更高。我们不需要太专业的效果，但要保证背景噪声不要过高。在将录错的部分删除后，即可进行降噪操作。先选中一段噪声，如图 5-11 所示。然后打开左侧"效果"面板，依次打开"修复""降噪器"，如图 5-12 所示。

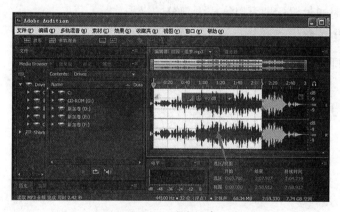

图 5-11　选中噪声

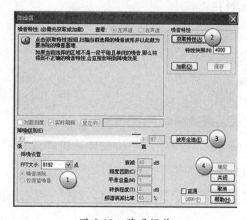

图 5-12　降噪操作

更改 FFT 大小，然后单击"获取特性"，等待计算机执行噪音取样完成后，单击"波形全选"按钮，最后单击"确定"，等待处理完成即可。FFT 即 Fast Fourier Transform。FFT 值越大，降噪效果越差，降噪后声音失真越小；FFT 值越小，降噪效果越好，但降噪后声音失真越严重。另外，降噪还可以通过对声音进行音量的限制。通过对音量比噪声音量小的声音进行限制，也可以达到降噪的目的。

3. 多轨操作

到这里录音的处理就基本完成了。之前的操作都是在编辑视图下进行的，要进行进一步的合成就必须要用到多轨视图，如图 5-13 所示。

图 5-13　多轨模式

多轨视图下最常用的工具为 ![工具图标]。选中的工具为混合工具，与其他的工具不同，使用此工具时通过鼠标即可以完成大部分的操作。

鼠标动作的操作如下：

左键——时间选取。

Ctrl+ 左键——选取剪辑。

右键——移动剪辑。

Shift+ 右键——复制剪辑。

Ctrl+ 右键——复制剪辑并建立音频副本。

Alt+ 右键——滑动剪辑中的音频。

5.4　动画设计与制作

5.4.1　动画基础

所谓动画就是使一幅图像"活"起来的过程。使用动画可以清楚地表现出一个事件的过程，或是展现一个活灵活现的画面。

二维动画：平面上的画面。如纸张、照片或计算机屏幕显示，无论画面的立体感多强，终究是二维空间模拟真实三维空间的效果。

三维动画：画中的景物有正面、侧面和反面。调整三维空间的视点，能够看到不同的内容。

5.4.2   Flash 的工作界面基本介绍

在 Flash 的工作区主界面中，包括菜单栏、选项卡式的文档窗格、时间轴 / 动画编辑器面板组、属性 / 库面板组、工具面板等组成部分。

在 Flash 新的工作区界面中，将传统的时间轴面板移到了主界面的下方，与新增的动画编辑器面板组合在一起；同时将属性面板和库面板组成面板组，与工具面板一起移到了主界面的右侧。这样调整的目的是尽量增大舞台的面积，使用户可以方便地设计动画。如图 5-14 所示是 Flash 主界面中各组成部分的简要介绍。

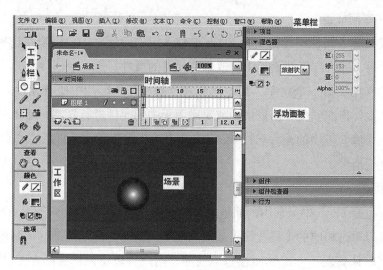

图 5-14   Flash 主界面面板

1. 菜单栏

Flash 与同为 Adobe 创意套件的其他软件相比，最典型的特征是没有标题栏。Adobe 公司将 Flash 的标题栏和菜单栏集成到了一起，以求在有限的屏幕大小中尽可能地将空间留给文档窗格。

2. 文档窗格

文档窗格是 Flash 工作区中最重要的组成部分之一，其作用是显示绘制的图形图像以及辅助绘制的各种参考线。

在默认状态下，文档窗格以选项卡的形式显示当前所有打开的 Flash 影片文件、动画脚本文件等。用户可以用鼠标按住选项卡名称，然后将其拖拽出选项卡栏，使其切换为窗口形式。

在文档窗格中，主要包括标题栏 / 选项卡名称栏和舞台两个组成部分。在舞台中，又包括场景工具栏和场景两个部分。

提示：场景工具栏的作用是显示当前场景的名称，并提供一系列的显示切换功能，包括元件间的切换和场景间的切换等。场景工具栏中自左至右分别为后退按钮、场景名称文本字段、编辑场景按钮、编辑元件按钮等。

3. 时间轴／动画编辑器面板组

时间轴是指动画播放所依据的一条抽象的轴线。在 Flash 中，将这套抽象的轴线具象化到了一个面板中，即时间轴面板。

与时间轴面板共存于一个面板组的还有 Flash CS4 以上版本新增的动画编辑器面板。分别选择面板组中的选项卡，可在这两个面板间进行切换。单击选项卡的空位，可以将这个面板组设置为显示或隐藏。

4. 属性／库面板组

属性面板又称为属性检查器，是 Flash 中最常用的面板之一。用户在选择 Flash 影片中的各种元素后，即可在属性面板中修改这些元素的属性。

库面板的作用类似一个仓库，其中存放着当前打开的影片中所有元件。用户可直接将库面板中的元件拖拽到舞台场景中，或对库面板中的元件进行复制、编辑和删除等。

提示：如果库面板中的元件已被 Flash 影片引用，则删除该元件后，舞台场景中已被引用的元件也会消失。

5. 工具面板

工具面板也是 Flash 中最常用的面板之一。在工具面板中，列出了 Flash 中常用的 3D 工具，用户可以单击相应的工具按钮，或按这些工具所对应的快捷键，来调用这些工具。

提示：在默认情况下，工具面板是单列的。用户可以将鼠标悬停在工具面板的左侧边界上，当鼠标光标转换为"双向箭头"时，将其向左拖拽。此时，工具面板将逐渐变宽，相应地，其中的工具也会重新排列。

一些工具是以工具组的方式存在的（工具组的右下角通常有一个小三角标志），此时，用户可以右击工具组，或者按住工具组的按钮 3s，均可打开该工具组的列表，在列表中选择相应的工具。

提示：在工具面板的下方，还包括笔触颜色、填充颜色两个颜色拾色器按钮以及黑白按钮和交换颜色按钮等工具。

5.4.3 元件、实例和库的基本概念

1. 元件

元件是 Flash 中一种比较独特的、可重复使用的对象。它有 3 种形态：影片剪辑、按钮和图形。

图形元件：它是由影片中多次使用的静态图形组成，一般是矢量图形、位图图像、声音等，不具有交互性。其中声音元件是图形元件中一种特殊的元件。

按钮元件：它可以在影片中创建具有交互作用的按钮和相应的鼠标事件，如鼠标单击。在 Flash 中首先要为按钮设计不同的状态外观，然后再为按钮的实例分配动作。

影片剪辑元件：它是 Flash 中使用最广、功能最强的部分之一，是一个个独立的小影片。在影片剪辑元件中可以包括主影片中所有的组成部分，如声音、按钮、图像等。

元件在 Flash 中只创建一次，但在整个动画中可以重复使用。元件可以是图形，也可以是动画。在动画制作中所创建的元件都自动地保存在库中，且只在动画中存储一次，不管引用多少次，只在动画中占有很少的空间。

2. 实例

实例是元件在场景中的应用，它是位于舞台上或嵌套在另一个元件内的元件副本。

3. 库

库是元件和实例的载体，它最基本的用处是对动画中的元件和实例进行管理。

5.4.4　时间轴与帧、图层

在 Flash 中制作动画前，要了解两个基本概念：一个是时间轴，另一个是帧。

1. 时间轴

时间轴是实现 Flash 动画的关键部分，是进行动画编辑的主要工具之一。Flash 动画是将画面按一定的空间顺序和时间顺序放在时间轴面板中，在放映时按照时间轴排放顺序连续快速地显示这些画面。

从外观看，时间轴由两部分组成，即图层控制区和帧控制区，如图 5-15 所示。

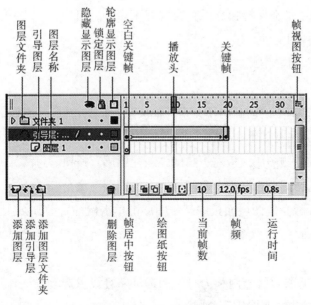

图 5-15　Flash 时间轴面板

2. 帧

Flash 动画是通过更改连续帧中的内容创建的。对帧所包含的内容进行移动、旋转、缩放、更改颜色和形状操作，即可制作出丰富多彩的动画效果。

（1）认识帧

帧是制作动画的核心，它显示在时间轴中，控制着动画的时间及各种动作的发生。动画中帧的数量和播放速度决定了动画的长度。

（2）帧的类型

1）关键帧是指用来定义动画对象变化的帧。关键帧是特殊的帧，是动画变化的关键点。如补间动画的起点（第一帧）和终点（最后一帧）以及逐帧动画的每一帧都是关键帧。

关键帧有实关键帧和空白关键帧两种。在时间轴上，实心圆点表示有内容的关键帧，即实关键帧；空心圆点表示无内容的关键帧，即空白关键帧。

2）普通帧也称为静态帧，在时间轴中显示为一个矩形单元格。无内容的普通帧，显示为空白单元格，有内容的普通帧，则会显示出一定的颜色。

在实关键帧后面插入普通帧，则此实关键帧后面所有普通帧的内容与实关键帧中的内容相同。

3）过渡帧实际上也是普通帧，它包括许多帧，但其中至少要有两个帧：起始关键帧和结束关键帧。起始关键帧用于决定对象在起始点的外观；结束关键帧用于决定对象在结束点的外观。

3. 图层

在 Flash 中，图层是作为时间轴窗口的一个组成部分，出现在时间轴的左侧。图层像一叠透明的纸，每一张都保持独立，其内容互不影响，可以单独操作，同时又可以合成不同的连续可见的视图文件。

图层有普通层、引导层和遮罩层 3 种类型：

（1）普通层

普通层用于放置基本的动画制作元素，如矢量图形、位图、元件和实例等。

普通层的创建方法有如下 3 种：

1）单击时间轴左侧图层面板左下角的"新建图层"按钮。

2）在菜单中选择"插入"→"时间轴"→"图层"命令。

3）在时间轴面板左侧图层面板中某一图层上单击鼠标右键，在弹出的快捷键菜单中选择"插入图层"命令。

（2）引导层

引导层用于辅助图形的绘制和为对象的运动路径设置起到导向作用。引导层在舞台中可以显示，但在输出电影时则不会显示。

引导层有普通引导层和运动引导层两种类型。

1）普通引导层只起到辅助图形绘制的作用，其创建方法如下：在时间轴面板左侧图层面板中选择需要将其转换为普通引导层的图层，在该图层上单击鼠标右键，在弹出的快捷菜单中选择"引导层"命令即可，在得到的普通引导层名称前有一个图标。

2）运动引导层起到指示对象运动的作用，其创建方法如下：在时间轴面板左侧图层面板中选择需要将其转换为普通引导层的图层，在该图层上单击鼠标右键，在弹出的快捷菜单中选择"添加运动引导层"命令即可，在得到的运动引导层名称前有一个图标。

3）遮罩层可使用户透过该层中对象的形状看到与其链接的层中的内容，遮罩层中对象以外的区域则被遮盖起来，不能被显示，其效果就像在链接图层中创建一个遮罩层中对象形状的区域。

遮罩层的创建方法如下：在时间轴面板中选择需要转换为遮罩层的图层，在该图层上单击鼠标右键，在弹出的快捷菜单中选择"遮罩层"命令即可，在得到的遮罩层名称前有一个▨图标，与其链接的图层名称前会有一个▧图标。

5.5 视频编辑

5.5.1 视频

视频（Video）泛指将一系列静态影像以电信号的方式加以捕捉、纪录、处理、储存、传送与重现的各种技术。当连续的图像变化每秒超过 24 帧（Frame）画面时，根据视觉暂留原理，人眼无法辨别单幅的静态画面，看上去是平滑连续的视觉效果，这种连续的画面叫作视频。

5.5.2 视频基础知识

1. 色彩模式

（1）RGB 色彩模式

RGB 色彩模式是由 R、G、B 三原色组成的色彩模式。自然界中的所有颜色都可由三原色组合而成，如图 5-16 所示。三原色中的每一种颜色都包含 256 种亮度级别，即 R、G、B 三个通道均有一个 0~255 的取值范围。当 B、G、B 均为 0 时，图像为黑色；当 B、G、B 均为 255 时，图像为白色。

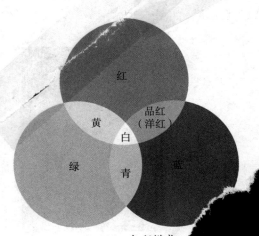

图 5-16　色彩模式

（2）灰度模式

灰度模式属于非彩色模式，只有一个黑色通道，只包含 256 个不同的亮度级别。用户在图像中看到的各种色调都是由 256（2^8=256）种不同强度的黑色所表示的。灰度图像中的每个像素的颜色都要用 8 位二进制位来存储，如 01000100、11000011 等，如图 5-17 所示。

图 5-17　灰度模式

（3）HSB 色彩模式

HSB 色彩模式是基于人对颜色的感觉而制定的，将颜色看作由色相、饱和度和明亮度组成，如图 5-18 所示。

色相（Hue）：即色彩相貌，用来区分色彩的名称，如赤、橙、黄、绿、青、蓝、紫。黑、白及灰色属于无色相。

饱和度（Saturation）：指颜色的浓度，其值越大，浓度越高。

明亮度（Brightness）：对一种颜色中光的强度的表述。其值越大，色彩越明亮。

图 5-18　HSB 色彩模式

2. 矢量图形与位图图像

矢量图形（Graphic）：与分辨率无关。缩放或旋转图形时，不会影响其品质，不会遗漏细节、产生锯齿或损伤清晰度，如图 5-19 所示。

位图图像（Image）：由像素点阵组成，与分辨率有关。放大或旋转图像时，会影响其品质，如图 5-20 所示。

图 5-19　矢量图形

图 5-20　位图图像

3. 像素与分辨率

像素（Pixel）：构成图像的基本元素和最小单位，有方形像素和矩形像素。

分辨率：指图像单位面积内像素的多少，如 200 pixels/inch。分辨率越高，图像越清晰，如图 5-21 所示。

图 5-21　分辨率

4. 颜色深度

简单的理解，颜色深度就是最多支持多少种颜色，一般用"位"来描述。它与数字化过程中的量化比特数有关，量化比特数越大，可显示的颜色数越多。一般有三种颜色深度标准，如图 5-22 所示。

8 位色：颜色深度为 8，可显示的颜色数用 8 位二进制数表示，即从 00000000 到 11111111（0 到 255），共 2^8=256 种。

16 位增强色：可显示 2^{16}=65536 种颜色。

24 位真彩色：可显示 2^{24}=1680 万种颜色。

图 5-22　颜色深度

5. 帧和帧速率

帧（Frame）：影像动画中的单幅影像画面称为帧，相当于电影胶片上的每一格镜头。

帧速率（Frame Rate）：即每秒扫描的帧数，单位：帧 / 秒或 f/s（frames per second）。

根据人眼的视觉暂留特性，画面的帧速率高于 16 帧 / 秒时，就可以认为是连贯的，常见的帧速率范围是 24～30 帧 / 秒。

- PAL、SECAM 制式的帧速率为 25 帧 / 秒。
- NTSC 制式的帧速率为 30 帧 / 秒。
- 35mm 电影的帧速率为 24 帧 / 秒。

6. 扫描格式

扫描格式描述图像在时间和空间上的抽样参数，即每帧的行数、每秒的帧数及隔行扫描或逐行扫描。扫描格式主要有以下两大类。

525/55.54（NTSC）：每帧的扫描线为 525 行，帧速率为 25.57 帧 / 秒。

625/50（PAL、SECAM）：每帧的扫描线为 625 行，帧速率为 25 帧 / 秒。

7. 宽高比

宽高比指视频图像的宽度与高度之比，可用整数或小数表示。如：

标准清晰度电视（Standard Definition Television，SDTV）为 4/3 或 1.33，高清晰度电视（High Definition Television，HDTV）为 16/5 或 1.78，电影从 4/3 发展到宽银幕 2.77。

8. 音频采样标准

根据奈奎斯特采样定理，为保证音频信号能高保真地实现模-数转换，音频的采样频率应高于其最高频率的两倍，而可闻声的频率范围为 20～20kHz，故数字非线性编辑系统的采样频率选 44.1kHz 或 48kHz，如图 5-23 所示。

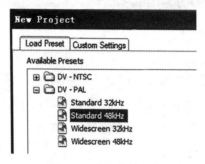

图 5-23　音频采样标准

9. SMPTE 时间编码

为了确定视频片段的长度及每一帧的具体位置，以便在编辑和播放时加以精确控制，需要用时间代码给每一个视频帧编号，国际标准称之为 SMPTE 时间代码。

SMPTE 时间代码是为电影和视频应用设计的标准时间编码格式，格式为 "h:m:s:f"，即 "时：分：秒：帧"。

5.5.3　初识 Premiere Pro 的界面

1. Premiere 的发展历程

Premiere 最早是由 Adobe 公司基于 Macintosh（苹果）平台开发的视音频编辑软件，集视、音频编辑于一身，经过十余年的发展，逐渐被广泛应用于电视节目制作、广告制作及电影剪辑等领域，成为 PC 和 MAC 平台上应用最为广泛的视频编辑软件之一。

2. Premiere Pro 的启动界面

Premiere Pro 的启动界面有 4 个选项供选择：最近使用项目（Recent Projects，最多列出 5 个）、新建项目（New Project）、打开项目（Open Project）、帮助，如图 5-24 所示。

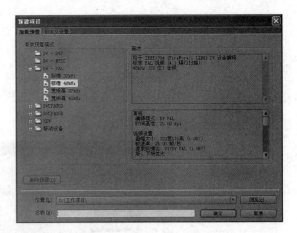

图 5-24　Premiere Pro 的启动界面和新建项目

3. Premiere Pro 的工作界面

（1）常用窗口及面板

项目窗口（素材框）、时间线窗口、监视器窗口、效果调板（信息选项卡、效果选项卡、历史选项卡）、工具箱，如图 5-25 所示。

图 5-25　Premiere Pro 工作界面

（2）菜单栏

菜单栏有文件、编辑、项目、剪辑、序列、标记、标题、窗口、帮助，如图 5-26 所示。

File　Edit　Project　Clip　Sequence　Marker　Title　Window　Help

图 5-26　Premiere Pro 菜单栏

5.5.4 实例创作流程

1. 新建项目

启动 Premiere，file → new → project，选择 DV-PAL 中的 Standard 48kHz，选择存储路径，并为文件命名，如图 5-27 所示。

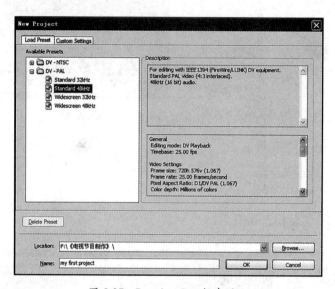

图 5-27　Premiere Pro 新建项目

2. 导入素材

在 project（项目）窗口中双击，弹出 Import 对话框，如图 5-28 所示。

图 5-28　Premiere Pro 导入素材

3. 裁剪素材

在 Monitor 窗口左侧的 source 视窗中检查素材内容，并根据需要对素材进行裁剪，设置入点、出点，在 Project 窗口中双击素材，可将素材载入到 source 视窗中，或按住素材, 直接将其拖至 source 视窗中, 如图 5-29 所示。

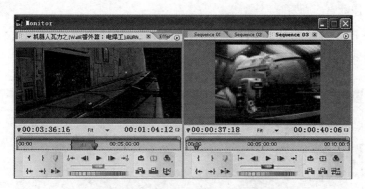

图 5-29　Premiere Pro 裁剪素材

4. 组接片段

将前面裁剪的多个素材片段在 Timeline 窗口中首尾相接, 依次排列在 source 视窗中, 按住鼠标左键, 出现手掌图标, 将其拖至 Timeline 窗口中的相应轨道, 如图 5-30 所示。

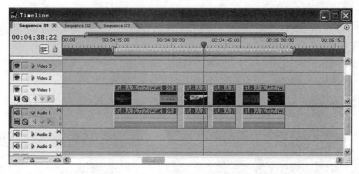

图 5-30　Premiere Pro 组接片段

5. 使用转场过渡效果

作用: 实现相邻片段间丰富多彩的转场过渡效果。

操作方法: 将选中的过渡效果直接拖至两片段的衔接处, 如图 5-31 所示。

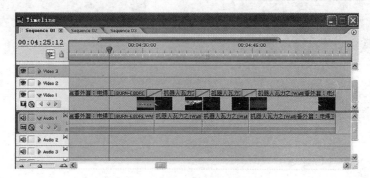

图 5-31　Premiere Pro 转场效果

6. 加入声音

声音可以是配音、配乐或音效等。

方法：在 Project 窗口中双击，导入音频文件，将其拖至 Timeline 窗口的 Audio 轨道，如图 5-32 所示。

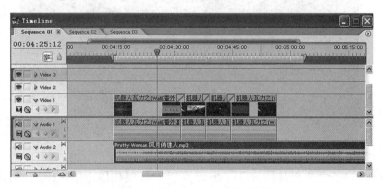

图 5-32　Premiere Pro 音效编辑

7. 添加字幕

操作步骤：

1）File → new → title（或 F5）。

2）保存为 *.prtl 字幕文件，并将其从 Project 窗口中拖至 Timeline 窗口的 Video 的上层轨道中，如图 5-33 所示。

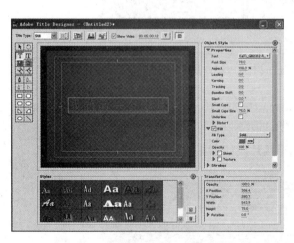

图 5-33　Premiere Pro 字幕编辑

8. 保存项目

操作步骤：

1）file → Save（Ctrl+S）。

2）保存为 *.prproj，如图 5-34 所示。

图 5-34 Premiere Pro 保存项目

9. 预演项目

操作步骤:

1）在 Monitor 窗口右侧的节目视窗中单击三角形按钮即可播放影片。

2）若无硬件支持，或项目过于复杂，Premiere Pro 不能实时播放影片中所有的转场、运动和特效等设置，此时 Timeline 窗口的时间线标尺处以红色标记显示。

3）要观看这些效果，需对项目进行预演，如图 5-35 所示。

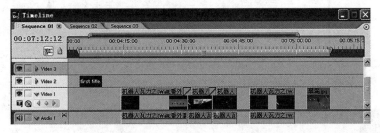

图 5-35 Premiere Pro 预演项目

4）拖动工作区指示器 ，使工作区域（Work Area）覆盖要预演的影片。

5）执行 Sequence → Render Work Area 命令，开始预演，弹出渲染进度条，如图 5-36 所示。

图 5-36 Premiere Pro 渲染进度

6）渲染完毕，刚才的红色标记会变成绿色，表示影片可实时播放，如图 5-37 所示。

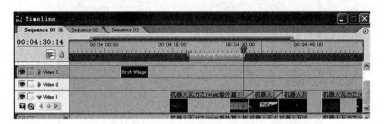

图 5-37　Premiere Pro 渲染标记

7）导出影片，执行 Export → Movie，如图 5-38 所示。

图 5-38　Premiere Pro 导出影片

本章小结

本章首先介绍多媒体的概念、特征和特点，然后介绍多种媒体在计算机中的表现形式，最后介绍计算机中多种媒体制作处理软件的基本操作。

习 题

1. 结合所学专业，讨论新媒体技术对你将来工作领域的影响。
2. 制作一个班级集体活动的小视频。

第6章　网页设计基础

随着互联网技术的迅速发展和普及，互联网已经渗透到了人类社会的各个领域，以及人们日常生活的各个环节。正是依靠不计其数、丰富多彩的网站信息，给人们的工作、学习和生活带来了巨大的变化。人们习惯运用网络获取各类信息，因此对网站制作人员的需求越来越大。网站制作已经成为现代社会中人们的一种基本功，面对每天不绝于眼、耳的各类网络咨询，是否想了解建立一个网站需要储备哪些知识和技能？本章将讲解网页、网站的相关知识和技能。

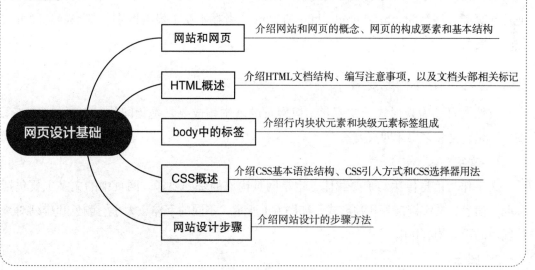

网页设计基础

- 网站和网页 —— 介绍网站和网页的概念、网页的构成要素和基本结构
- HTML概述 —— 介绍HTML文档结构、编写注意事项，以及文档头部相关标记
- body中的标签 —— 介绍行内块状元素和块级元素标签组成
- CSS概述 —— 介绍CSS基本语法结构、CSS引入方式和CSS选择器用法
- 网站设计步骤 —— 介绍网站设计的步骤方法

6.1 网站和网页

随着互联网技术的迅速普及，人们每天浏览网站的时间越来越多，网络直播、网络购物、电子银行、网络理财等给人们带来一种前所未有的、全新的生活体验。越来越多的人希望在网络上拥有自己的个人主页或个人网站，来展示个人的个性和特点。同时，也有越来越多的企业通过互联网来展示自身形象，提供服务和产品资讯。网站是由网页按照一定的链接顺序组成的。网页是实现信息交流与沟通最直接的手段，也是互联网最重要的一环。

6.1.1 网站和网页的概念

网站（Web Site）是一个存放网络服务器上完整信息的集合体。它包含一个或多个网页，这些网页以一定的方式链接在一起，成为一个整体，用来描述一组完整的信息或达到某种期望的宣传效果。通过浏览器可以访问服务器上的信息，包括文本数据以及图片、声音、视频等数据。

网页（Web Page）是一种可以在互联网上传输、能被浏览器识别和翻译成页面并显示出来的文件，是网站的基本构成元素。网页里可以有文字、图像、声音及视频等信息。通常网页的扩展名为 htm 和 html。htm 和 html 二者在本质上没有区别，都是静态网页文件的扩展名。

6.1.2 网页的基本构成要素

虽然网页的表现形式千变万化，但网页的基本构成要素是相同的，主要包含文字、图像、超链接和多媒体四大要素。

1. 文字

文字作为信息传达的重要载体，也是网页构成的基础要素。网页中的文字主要包括标题、信息、文字链接等几种形式，如图 6-1 所示，不同的字体、大小、颜色和排列对整体版面的设计均有影响。

2. 图像

图像具有比文字更加直观、强烈的视觉表现效果，在网页中主要承担提供信息、展示作品、装饰网页、表达风格和超链接等功能。在网页中，图像往往是创意的集中体现，需要与传达的信息含义和理念相符。如图 6-2 所示，网页中使用的图像主要包括 PNG、JPG 和 GIF 等格式。

图 6-1　网页中的文字信息

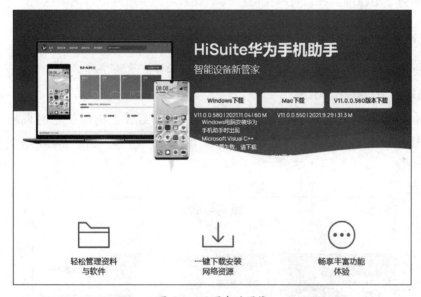

图 6-2　网页中的图像

3. 超链接

一个网站通常由多个页面构成，进入网站时首先看到的是其首页，如果想从首页跳转到其子页面，就需要在首页相应的位置设置链接。超链接是指从一个网页指向一个目标的连接关系，这个目标可以是另一个网页，也可以是相同网页上的不同位置，还可以是一个图片、一个电子邮件地址、一个文件，甚至是一个应用程序。在网页中的超链接对象，可以是文本或者图像，用户单击带有链接的文字或图像，就可以自动链接到对应的其他文件。常见的超链接有导航栏链接，如图 6-3 所示。

图 6-3　导航栏链接

4. 多媒体

多媒体主要包括动画、音频和视频，这些是网页构成元素中最吸引人的地方，能够使网页更时尚、更炫酷。在设计网站时，视觉效果是为了更好地传达信息。

6.1.3　网页的基本结构

一个标准的网页，一般由结构层、样式层和行为层三大部分组成。

1. 结构层 HTML/HTML5

HTML 是构成网页的基本骨架，也是网页内容的载体，内容就是网页制作者放在页面上想让用户浏览的信息，可以包含文字、图片、视频等。如图 6-4 所示文字和图片信息。

图 6-4　网页文字和图片信息

2. 样式层 CSS/CSS3

CSS 样式是表现，就像网页的外衣。如标题字体、颜色变化，或为标题加入背景图片、边框等，所有这些用来改变内容外观的东西称之为表现。如图 6-5 所示图片上的显示文字。

图 6-5　图片上的显示文字

3. 行为层 JavaScript

JavaScript 是用来实现网页上的特效效果。如鼠标滑过弹出下拉菜单，或鼠标滑过表格的背景颜色改变，还有焦点新闻（新闻图片）的轮换。可以这么理解，网页上的动画或交互一般都是用 JavaScript 来实现的。如图 6-6 所示轮播图形式。

图 6-6　轮播图

6.2 HTML 概述

HTML（Hyper Text Markup Language）即超文本标记语言。它不是一种编程语言，而是一种描述性标记语言，用于告诉浏览器如何构造所访问的网页。HTML 由一系列元素组成，可以用它来封装、包装或标记内容的不同部分，使其以某种方式显示或以某种方式执行。

6.2.1 HTML 标记

在 HTML 页面中，带有"<>"符号的元素称为 HTML 标记。所谓标记就是放在"<>"标记符中表示某个功能的编码命令，也称为 HTML 标签或 HTML 元素。

1. 双标记和单标记

为了方便学习和理解，通常将 HTML 标记分为两大类，分别是双标记和单标记。

（1）双标记

双标记也称为体标记，是指由开始和结束两个标记符组成的标记。如 <html> 和 </html>、<body> 和 </body> 等都属于双标记。其语法格式如下：

```
< 标记名 > 内容 </ 标记名 >
```

（2）单标记

单标记也称为空标记，是指用一个标记符号即可完整地描述某个功能的标记。其基本语法格式如下：

```
< 标记名 />
```

2. 注释标记

在 HTML 中还有一种特殊的标记——注释标记。如果需要在 HTML 文档中添加一些便于阅读和理解，但又不需要显示在页面中的注释文字，就需要使用注释标记。其基本语法格式如下：

```
<!-- 注释语句 -->
```

6.2.2 HTML 文档结构

HTML 文件是一种纯文本文件，用来描述页面内容的显示方式，以".html"或".htm"为后缀。HTML 的基本组成单位是元素。HTML 文档的基本结构是由文档类型声明、<html> 标签对、<head> 标签对和 <body> 标签对组成。

1. 文档类型声明（Document Type Declaration，DTD）

这个部分用来说明该文档是 HTML 文档。(X)HTML 文档应以 <!DOCTYPE > 标签进行声明，位于所有的文档标签之前，用于说明该文档所使用 HTML 或 XHTML 的特定版本，告知浏览器应按照什么方式对页面文档进行解析。不同版本的文档类型申明如下：

（1）HTML4.01 文档类型声明

```
<!DOCTYPE HTML PUBLIC "-//W3C//DTD HTML 4.01 Transitional//EN"
"http://www.w3.org/TR/html4/loose.dtd">
```

（2）XHTML 文档类型声明

```
<!DOCTYPE html PUBLIC "-//W3C//DTD XHTML 1.0 Transitional//EN"
"http://www.w3.org/TR/xhtml1/DTD/xhtml1-transitional.dtd">
```

（3）HTML 5 文档类型声明

```
<!DOCTYPE html >
```

2. <html> 标签对

文档以 <html> 标签开始，以 </html> 标签结束，所有内容都需要放在这两个标签之间。<html> 标签对中间包括 <head> 标签对和 <body> 标签对，代码如下所示：

```
<!DOCTYPE html>
<html>
   <head>
       <meta charset="UTF-8">
       <title> 我的网页 </title>
   </head>
   <body>
       <p> 我的主题 </p>
   </body>
</html>
```

3. <head> 标签对

<head> 标签包含有关 HTML 文档的信息，用于向浏览器提供整个页面的基本信息，但不包含页面的主体内容。头部信息中主要包括页面的标题、作者信息、摘要、关键词、版权、自动刷新、CSS 样式、JavaScript 脚本等元素。

页面头部信息通常并不在浏览器中显示，除标题元素（<title></title> 标签的内容）外，其他会显示在浏览器窗口的左上角。

4. <body> 标签对

<body> 标签是 HTML 文档的主体部分，在此标签中可以包含 <p><h1>
 等众多

标签，<body> 标签出现在 </head> 标签之后，且必须在闭标签 </html> 之前闭合。<body> 标签中还有很多属性，用于设置文档的背景颜色、文本颜色、链接颜色、边距等。

网页的正文是用户在浏览器主窗口中看到的信息，包括图片、表格、段落、图片、视频等内容，且需位于 <body> 标签之内；但并不是所有的 <body> 内部标签都是可见的。

6.2.3　HTML 文档头部相关标记

制作网页时，经常需要设置页面的基本信息，如页面的标题、作者以及和其他文档的关系等。为此 HTML 提供了一系列的标记，这些标记通常都写在 <head> 标记内，也称为头部相关标记。

1. 页面标题标记 <title>

<title> 标记用于定义 HTML 页面标题，即给网页取一个名字。页面的标题位于 <title> 标签内，可以包含任何字符或实体。网页标题的作用：在浏览器的标题栏中显示标题；标题可以用作默认快捷方式或收藏夹的名称；标题还可以作为搜索引擎结果中的页面标题。代码格式如下：

```
<title> 我的网页 </title>
```

2. 页面元信息标记 <meta/>

<meta/> 标记用于向客户的浏览器传递信息和命令，而不是用来显示内容。一个 <head> 标签中可以包含一个或多个 <meta> 标签。<meta/> 标签主要分为两大类：

1）对页面的设置，通过 http-equiv 属性进行指定。

2）对搜索引擎的设置，通过 name 属性进行指定。

代码如下所示：

```
<head>
    <title> 漫步时尚广场 E&amp;S</title>
    <meta http-equiv="Content-Type" content="text/html; charset=utf-8">
    <metahttp-equiv="Refresh"content="5;url=http://www.itshixun.com" />
    <metaname="keywords"content=" 漫步时尚广场，时尚，购物，影视，餐饮 "/>
    <metaname="description"content=" 游客漫步在时尚广场，可漫步湖畔步行街，可在国际名品店
                          时尚精品店倘徉，在电影区感受视听震撼，在咖啡、酒吧一条
                          街放松身心，在世界特色餐厅享受美味 "/>
    <metaname="author"content="QST 青软实训 "/>
    <metaname="robots"content="all"/>
</head>
```

3. 外部链接标记 <link>

该标签定义了文档与外部资源之间的关系，通常用于链接外部样式表。代码如下所示：

```
<link rel="stylesheet" href="abc.css" type="text/css" />
```

4. 页面中程序脚本内容标记 <script>

该标签用于加载脚本文件，例如：JavaScript。此标签主要是应用 js 标签和运行 js 代码。代码如下所示：

```
<script src="abc.js" type="text/javascript"></script>
```

6.3 body 中的标签

body 中的标签主要分为块级元素和行内元素，两者可以通过 display 属性进行转换。块级元素：一个标签占一行的内容，下一个标签需要另起一行；块级标签可以更改长宽。行内元素：一个标签是多大就占多大位置，下一个标签在右侧补上；行内标签不可以更改长宽。

6.3.1 块级元素

1. 普通标签

常用的普通块级标签有：<div>（常用块状容器，也是 css layout 的主要标签）、<h1-h6>（标题）、<p>（段落）、<hr>（水平分隔线）、<table>（表格）、<form>（交互表单）等。

（1）标题标签 <hn>

<hn> 标签是双标签，其中 n 的范围为 1～6，用来表示标题，1～6 表示字体从大到小。在大多数浏览器中显示的 <h1><h2><h3> 元素内容大于文本在网页中的默认尺寸，<h4> 元素的内容与默认文本的大小基本相同，而 <h5> 和 <h6> 元素的内容较小一些。代码如下所示：

```
<h1> 一级标题——漫步时尚广场 </h1>
<h2> 二级标题—— Q- Walking Fashion E&S </h2>
<h3> 三级标题——购物广场 </h3>
<h4> 四级标题——男装区 </h4>
<h5> 五级标题——上衣区 </h5>
<h6> 六级标题——衬衣 </h6>
```

（2）块级容器 <div>

<div> 是用来为 HTML 文档内大块（block-level）的内容提供结构和背景的元素，也具有分档分块的功能。<div> 的起始标签和结束标签之间的所有内容都是用来构成这个块的，其中所包含元素的特性由 <div> 标签的属性来控制。

（3）段落标记 <p>

在 HTML 中，<p> 标签用得非常多，用来定义段落。<p> 标签中的内容默认是没有显示效果的，<p> 标签的作用是在定义的元素前后添加空白，表示一个段落。

（4）水平分隔线 <hr>

<hr> 标签的显示是一条水平线，视觉上将文档分割成各个部分。<hr> 标签是单标签（空标签），没有元素内容，只是显示为一条水平线，

（5）表格 <table>

<table> 标签在 HTML 中定义表格布局。<table> 标签由 <thead> 和 <tbody> 两部分标签组成，这两个标签分别表示表头和表体，在表头和表体中主要由 <tr> 和 <td> 两个标签组成，<tr> 表示某一行的内容，<td> 表示某一列的内容。

<table> 有以下几个属性：border 表示表格边框粗细；cellpadding 表示表格内边距；cellspacing 表示表格外边距；width 表示表格宽度。

（6）表单 <form>

<form> 标签用于创建 HTML 表单。表单能够包含 input 元素，如文本字段、复选框、单选框、提交按钮等。表单还可以包含 menus、textarea、fieldset 和 label 等元素。

<form> 包含以下属性：

action {URL}：一个 URL 地址；指定 form 表单向何处发送数据。

enctype {string}：规定在发送表单数据之前，如何对表单数据进行编码。

其中指定的值有：① application/x-www-form-urlencoded，在发送前编码所有字符（默认为此方式）；② multipart/form-data，不对字符编码，使用包含文件上传控件的表单时，必须使用该值。

method {get/post}：指定表单以何种方式发送到指定的页面。

其中指定的值有：① get，form 表单里所填的值，附加在 action 指定的 URL 后面，作为 URL 链接而传递；② post，form 表单里所填的值，附加在 HTML Headers 上。

2. 列表标签

在网页中列表是很常见的标签，主要分为有序标签、无序标签、列表嵌套、定义标签，包括有：<ol>（有序列表）、<ul>（无序列表）、<li>（列表项）、<dl>（定义列表）、<dt>（定义术语）、<dd>（定义描述）、<menu>（菜单列表）等。

（1）有序列表 <ol>

<ol> 标签是以有序列表的形式来显示数据的，它会自动为数据加上编号。有序列表始于 <ol> 标签。每个列表项始于 <li> 标签。

通过 type 属性可以指定有序列表编号的样式，取值方式有如下几种：

"1" 代表阿拉伯数字（1、2、3、…）；

"a" 代表小写字母（a、b、c、…）；

"A" 代表大写字母 (A、B、C、…)；

"i" 代表小写罗马数字（i、ii、iii、…）；

"I"代表大写罗马数字（Ⅰ、Ⅱ、Ⅲ、…）。

通过 start 属性指定列表序号的开始位置，如 start="3" 表示从 3 开始编号。

（2）无序列表 <ul>

<ul> 标签用来创建一个标有圆点的列表。如果想要去掉无序列表的 "."，添加 list-style-type=none 属性。

（3）列表项 <li>

在 HTML 中，<li> 标签是用来定义列表项目的，通常用在 <ol>（有序列表）、<ul>（无序列表）等标签中，不建议单独使用。

（4）自定义列表

自定义列表不只是一列项目，而是项目及其注释的组合。< dl >< dt >< dd > 是很特别的三个标签的组合。这里的 < dt > 是指标题，< dd > 是指内容，< dl > 是包裹他们的容器，正确的写法是 < dl >< dt >< /dt >< dd >< /dd >< /dl >。在 < dl > 里可以有很多组的 < dt >< dd >，当出现很多组时，尽量是一个 < dt > 配一个 < dd >，如果 < dd > 中内容很多，可以在 < dd > 里加 <p> 标签配合使用。

（5）菜单列表 <menu>

<menu> 标签用于上下文菜单、工具栏以及用于列出表单控件和命令。<menu> 菜单列表在浏览器中的显示效果和无序列表是相同的，在这一点上的功能也可以通过无序列表来实现。

<menu> 标签有以下新属性：

label 属性：定义菜单项的可见标记，常用于标记菜单内的嵌套菜单，语法为 menu label="File"。

type 属性：定义菜单显示的类型，默认值为 "list"，语法为 menu type="value"。

list：默认值。规定一个列表菜单、一个用户可执行或激活的命令列表（li 元素）。

toolbar：规定一个工具栏菜单。主动式命令，允许用户立即与命令进行交互。

contextmenu：规定一个上下文菜单，当用户右击元素时将显示上下文菜单。

6.3.2　行内元素

1. 普通元素标签

常用的元素标签有：<span>（常用内联容器，定义文本内区块）、<a>（锚点，链接）、<img>（引入图片）、
（强制换行）、<sub>（下标）、<sup>（上标）等。

（1）<span> 标签

在 HTML 中，<span> 标签是用来组合文档中的行内元素，以便使用样式来对它们进行格式化。<span> 标签本身并没有什么格式表现，需要对它应用样式才会有视觉上的变化。<span>标签通常用来将文本的一部分或者文档的一部分独立出来，从而对独立出来的内容设置单独的样式。

（2）<a>标签

<a>标签即超链接，用于从一张页面链接到另一张页面。其最重要的属性是href属性，它指示链接的目标。代码如下所示：

```
<a href="http://www.baidu.com/">这是a标签</a>
```

<a>标签的默认外观如图6-7所示。

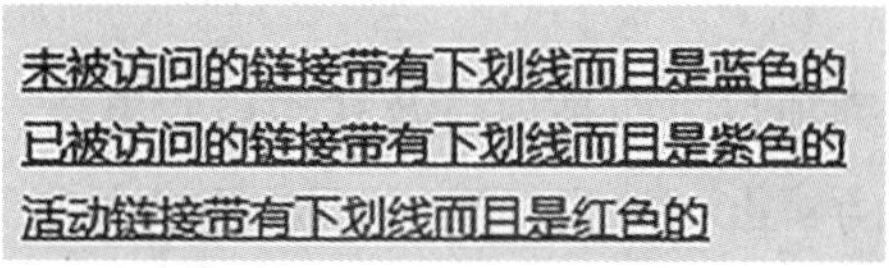

未被访问的链接带有下划线而且是蓝色的
已被访问的链接带有下划线而且是紫色的
活动链接带有下划线而且是红色的

图6-7 <a>标签样式

通过CSS样式自定义其外观，还有<a>标签的一些状态，如link、visited、hover、active。

（3）<img>标签

HTML使用<img>标签插入图片，img是image的简称。<img>只包含属性，没有结束标签。<img>标签的语法格式如下：

```
<img src="url" alt="text">
```

src是必选属性，它是source的简称，用来指明图片的地址或者路径。src支持多种图片格式，如jpg、png、gif等。src可以使用相对路径，也可以使用绝对路径。

alt是可选属性，用来定义图片的文字描述信息。当由于某些原因（如图片路径错误、网络连接失败）导致图片无法加载时，就会显示alt属性中的信息。

（4）
标签

在HTML语言中，
标签定义为一个换行符，它没有结束标签，是一个单标签，连续的多个
标记可以进行多次换行。

标签通常用作对文本中的内容进行换行，当某些内容需要在新的一行显示，而换段又可能会导致文字间的行距较大时，只需在相应的位置插入一个
换行符，就能实现文字紧凑着上一行，并且在新的一行显示的效果。

2. 文本文字修饰标签

常用的文本文字修饰标签有：<b>（加粗）、<strong>（加粗强调）、<i>（斜体）、<em>（斜体强调）、<big>（大字体文本）、<small>（小字体文本）、<strike>（中划线）、<del>（文档中已被删除的文本）、<u>（下划线）。

3. 表单内使用的标签元素

表单内使用的标签元素有：<textarea>（多行文本输入框）、<input>（输入框）、<select>（下拉列表）、<label input>（元素定义标注）。

6.3.3　行内块状元素

块级标签和行内标签可以相互转换。块级标签转换为行内标签的方法是设置 display=inline。块级标签转换为行内标签以后还可以更改长宽，方法是设置 display=inline-block。行内标签转换为块级标签的方法是设置 display=block。

行内块状元素有以下特点：

1）和其他元素都在一行上，不会自动换行，默认排列方式为从左到右。

2）元素的高度、宽度、行高以及顶和底边距都可设置。

行内块状元素综合了行内元素和块状元素的特点，但是各有取舍。因此在日常的使用中，由于行内块状元素的特点，其使用的次数也比较多，在很多方面都很有用。

6.4　CSS 概述

在页面排版时，内容与样式的混合设计方式导致页面代码过于臃肿、难于维护，也不利于搜索引擎的检索。CSS（层叠样式表）的出现，将页面内容与样式彻底分离，极大地改善了 HTML 在页面显示方面的缺陷。使用 CSS 可以控制 HTML 标签的显示样式，如页面的布局、字体、颜色、背景和图文混排等效果。

在网站的风格方面，一个 CSS 样式文件可以在多个页面中使用，当用户修改 CSS 样式文件时，所有引用该样式文件的页面外观都随之发生改变。

6.4.1　CSS 基本语法结构

CSS 是用于控制网页样式并允许将样式信息与网页内容分离的一种标记性语言。通俗地讲，就是告诉浏览器，这段样式将应用到哪个对象。CSS 代码结构如图 6-8 所示。

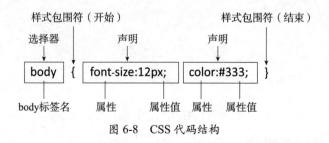

图 6-8　CSS 代码结构

选择器（Selector）：用于指明网页中哪些元素应用此样式规则。浏览器解析该元素时，根据选择器指定的样式来渲染元素的显示效果。

声明（Declaration）：每个声明由属性和属性值两部分构成，并以英文分号（;）结束。

属性（Property）：是 CSS 提供的设置好的样式选项。属性名由一个单词或多个单词组成，多个单词之间通过连字符相连。这样能够很直观地表示属性所要设置样式的效果。

属性值（Value）：用来显示属性效果的参数。它包括数值和单位，或者关键字。

在样式的声明中，属性值之间使用空格隔开，每个声明独占一行并进行缩进等；样式中的空格、换行和制表符使得代码结构更加清晰，对样式功能没有影响。

6.4.2 CSS 的引入

HTML 引入 CSS 方法共有四种：行内式、内嵌式、导入式和链接式。

行内式：直接在 HTML 标签中使用 style 属性内嵌 CSS 样式。

内嵌式：在 HTML 头部 head 部分内使用 style 标签插入 CSS 样式。

导入式：使用 @import 引用外部 CSS 文件。

链接式：使用 link 引用外部 CSS 文件，推荐此方法。

1. 行内式

将表现和内容混杂在一起的样式就是内联样式，它会损失掉样式表的许多优势。请慎用这种方法，将样式仅在元素上使用一次。语法格式如下所示：

```
<p style="color:red; background: yellow;"> 行内式 -style 属性 </p>
```

这种方式没有体现出 CSS 的优势，不推荐使用。

2. 内嵌式

当一个文档需要特殊的样式时，就应该使用内部样式表。你可以使用 <style> 标签在文档头部定义内部样式表，语法格式如下所示：

```
<head>
<style type="text/css">
h1 {color: sienna;}
body{background-color:black}
</style>
</head>
```

3. 导入式

将一个独立的 .css 文件引入到 HTML 中，导入式使用 CSS 规则引入外部 CSS 文件，跟链接式一样，写到 <head> 标记中，语法格式如下所示：

```
<style type="text/css">
  @import url("css 文件路径 ");
</style>
```

4. 链接式

CSS 代码保存在扩展名为 .css 的样式表中。HTML 文件引用扩展名为 .css 的样式表，<style> 标记写在 <head> 标记中，当样式需要应用于很多页面时，外部样式表将是理想的选择。使用不同外部样式表，可以改变整个站点的外观。语法格式如下所示：

```
<link type="text/css" rel="stylesheet" href="url" />
```

5. 样式表的优先级

多重样式（Multiple Style）是指外部样式、内嵌样式和行内样式同时应用于页面中的某一个元素。在多重样式情况下，样式表的优先级采用就近原则。一般情况下，多重样式的优先级由高到低的顺序是"行内→内嵌→外部"。

6.4.3　CSS 选择器

CSS 选择器用于对 HTML 页面中的元素实现一对一、一对多或者多对一的控制。CSS 选择器分为两大类：基本选择器和组合选择器。

1. 基本选择器

（1）通用选择器

通用选择器（Universal Selector）是一个星号（*），功能类似于通配符，用于匹配文档中所有的元素类型。通用选择器可以使页面中所有的元素都使用该规则。语法格式如下所示：

```
*{ }
```

（2）标签选择器

标签选择器是指任意的 HTML 标签名作为一个 CSS 的选择器，用于将 HTML 中的某种标签统一设置样式。如设置 <p> 标签样式，如下所示：

```
p{ font-family: 楷体 ; }
```

p 是标签选择器，通过该选择器将页面中所有的段落字体统一设置成楷体。

（3）类选择器

类选择器是指同一样式的元素定义为一类，在类名前有一个点号（.）。类选择器可以被多种标签使用。同一个标签可以使用多个类选择器，用空格隔开。设置类名为 p1 的相关属性如下所示：

```
.p1{ backgroud-color:orange; font-size:24px;… }
```

（4）ID 选择器

ID 选择器的定义与类选择器相似，区别在于 ID 选择器使用井号（#）进行定义。在 HTML 文档中，元素的 ID 要求是唯一的，通过 ID 来识别页面中的元素。通过 ID 选择器可以对元素单独的设置样式。在一个文档中，由于 ID 属性是唯一的，因此 ID 选择器具有一定的局限性，使用时应注意。

```
#idValue{ color:red; … }
```

（5）基本选择器优先级

选择器之间也存在优先顺序，优先级从高到低分别是："ID 选择器→类选择器→标签选择器→通用选择器"。

2. 组合选择器

除了基本选择器外，CSS 样式中还有组合选择器，包括以下几类：多元素选择器、后代选择器、子选择器、相邻兄弟选择器、普通兄弟选择器。

（1）多元素选择器

当多个元素拥有相同的特征时，可以通过多元素选择器的方式来统一定义样式，有效地避免样式的重复定义。多元素选择器允许一次定义多个选择器的样式，选择器之间使用逗号（,）隔开。语法格式如下所示：

```
selector1, selector2 , … { … }
```

（2）后代选择器

后代选择器（Descendant Selector）用于选取某个元素的所有后代元素，后代元素之间用空格隔开。例如，将 <div> 标签中的 <p> 标签的背景颜色设为 #CCC，而不在 <div> 标签内的 <p> 标签保持原有样式。语法格式如下所示：

```
div p {background-color:#CCC; }
```

（3）子选择器

子选择器（Child Selectors）用于选取某个元素的直接子元素（间接子元素不适用），子选择器元素之间使用大于号（>）隔开。语法格式如下所示：

```
div > p {
    font-weight:bold;
    border: solid 2px #066;
}
```

（4）相邻兄弟选择器

相邻兄弟选择器（Adjacent Sibling Selector）用于选择紧接在某元素之后的兄弟元素。相邻兄弟选择器元素之间使用加号（＋）隔开。语法格式如下所示：

```
h3 + p { font-weight:bold; }
```

（5）普通兄弟选择器

普通兄弟选择器（General Sibling Selector）是指拥有相同父元素的元素，元素与元素之间不必直接紧随，选择器之间使用波浪号（～）隔开。语法格式如下所示：

```
h3 ~ p {background:#ccc;}
```

6.5　网站设计步骤

网站设计的基本步骤：

〈第一步〉站点定位：确定网站的功能与定位，这是确定网站的主要用途。

〈第二步〉规划域名：明确了网站建设的目标后，就需要为网站起一个名字，也就是网站域名。起一个好的域名对于网站的宣传是非常有帮助的，一般原则是短小、上口，便于记忆。

〈第三步〉网站策划：基于网站的最终目标，网站需要一个策划过程，如网站的色彩基调、网站的栏目设置等，网站策划的目的是为了完成网站的目标而对网站进行的分类及对分类后的内容进行规划工作。

〈第四步〉网页测试与发布：包括功能性测试和完整性测试。功能性测试是保证网页内容组织的可用性，达到最初的设计目标，执行规定的功能，以便读者迅速找到所需要的内容。完整性测试是确保页面内容显示和连接正确，没有错误和完整表达。如果在测试过程中发现错误，要及时修改，保证准确，这样就可以正式发布在互联网上了。发布在网上的网页，如果出现网站的图像不能显示等问题，则需要进行及时调整。

〈第五步〉推广和维护：对于一个新上线的网站，网站宣传是非常重要的，无论网站是用于宣传企业还是运营一个电子商务类的平台，都需要大量的宣传。网站运行还需要定期维护，解决出现的问题或更新内容。

以上这五个步骤是网站建设中必须要有的，缺一不可。

本章小结

本章首先介绍了网站和网页的概念，以及两者之间的关联。接下来介绍了网页的构成要素和基本结构，让读者对设计网页有一定的了解，还介绍了网页中标签的用法和样式的语法结构。最后介绍了网站设计的五个步骤。通过本章的学习，让读者对网站的构成和网页的设计有一定的认识，为后期学习网页设计打下基础。

习　题

1．（判断题）HTML 是超文本标记语言。　　　　　　　　　　　　　　　　（　　　）

2．（判断题）标记也称标签。　　　　　　　　　　　　　　　　　　　　　（　　　）

3．（判断题）<h7> 是级别最高的标题标记。　　　　　　　　　　　　　　（　　　）

4．（判断题）<img/> 是单标记。　　　　　　　　　　　　　　　　　　　（　　　）

5．（选择题）下列选项中，属于 HTML 文档头部相关标记的是（　　　）。

A．<title>　　　　　　B．<meta/>　　　　　　C．<img/>　　　　　　D．<b>

6．（选择题）下列选项中，属于网页常用图像格式的是（　　　）。

A．GIF 格式　　　　　B．PSD 格式　　　　　C．PNG 格式　　　　　D．JPG 格式

7．（选择题）下列选项中，属于引入 CSS 样式表方式的是（　　　）。

A．行内式　　　　　　B．内嵌式　　　　　　C．外链式　　　　　　D．旁引式

下 篇

Python 程序基础及应用篇

第7章 Python 语言概述

本章要点

    Python 是一种面向对象的、解释型的高级程序设计语言。Python 语言具有语法简洁、易于学习、功能强大、可扩展性强、跨平台等诸多特点，使其成为最受欢迎的程序设计语言之一。通过本章的学习，学生可以了解 Python 程序的运行方式，学会安装 Python 并使用 Python 编程工具 IDLE。

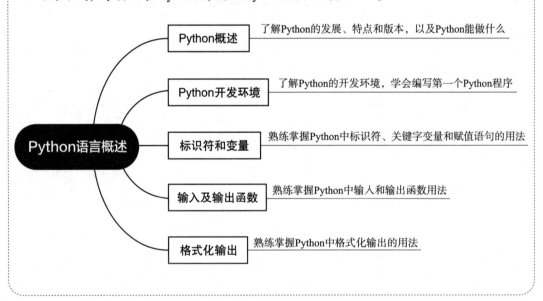

7.1　Python 概述

7.1.1　Python 的发展

Python 语言是一种面向对象的解释型计算机程序设计语言，由荷兰人吉多·范罗苏姆（Guido van Rossum）于 1989 年发明，1991 年公开发行第一个版本。Python 语言的灵感来自于 ABC 语言——Guido 参与开发的一款适用于非专业程序开发人员的教学语言。Guido 认为 ABC 语言优美、功能强大，但是因为非开放性而未取得成功，所以 Guido 一开始就将 Python 定位为开放性语言。就这样，Python 语言在 Guido 手中诞生了，从 ABC 语言发展起来，并结合了 UNIX Shell 和 C 语言的习惯。

经过多年的发展，2019 年 1 月，Python 语言在 TIOBE 编程语言排行榜中被评为 2018 年度语言，其使用率呈线性增长。在 2019 年 10 月的 TIOBE 程序设计语言排行榜中，Python 在众多程序设计语言中仅次于 Java 和 C，处于第 3 位。

7.1.2　Python 的特点

Python 具有下列显著特点：

1）简单易学。Python 是一种代表简单主义思想的语言，Python 的设计风格是"优雅""明确""简单"，提倡"用一种方法，最好是只用一种方法来做一件事"。所以，Python 语言的语法简洁、代码易读。

2）免费、开源。Python 是自由软件之一。使用者可以自由地发布这个软件的拷贝，阅读它的源代码，对它做改动，把它的一部分用于新的自由软件中。Python 遵循 GPL 协议，Python 是免费和开源的，无论用于何种用途，开发人员都无须支付费用，也不用担心版权问题。

3）高级语言。Python 可以在代码运行过程中跟踪变量的数据类型，因此无须声明变量的数据类型，也不要求在使用前对变量进行类型声明。程序员无须关心内存的使用和管理，Python 会自动分配和回收内存。

4）可移植性。由于 Python 的开源本质，它已经被移植到许多平台上，这些平台包括 Linux、Windows、Mac OS。用 Python 语言编写的程序不需要编译成二进制代码，可以直接从源代码中运行程序，然后再把它翻译成计算机使用的机器语言即可运行。这使得 Python 语言更加简单，也使得 Python 程序更易于移植。

5）可扩展性。如果需要一段关键代码运行得更快或者希望某些算法不公开，部分程序可用 C 或 C++ 编写，然后在 Python 程序中使用。反过来，也可以把 Python 嵌入 C/C++ 程序，从而向程序用户提供脚本功能。

6）丰富的库。Python 标准库很庞大，它的处理能力强大，包括正则表达式、文档生成、单元测试、线程、数据库、网页浏览器、CGI、FTP、电子邮件、XML、XML-RPC、HTML、WAV 文件、密码系统、GUI（图形用户界面）、Tk 和其他与系统有关的操作。记住，只要安装了 Python，所有这些功能都是可用的。在 Python 中，除了标准库以外，还提供了许多其他高质量的库。如：

- 数据库：Python 提供了所有主要商业数据库的接口。
- GUI 编程：Python 支持 GUI，可以创建和移植到许多系统中调用。
- 可嵌入：可以将 Python 嵌入到 C/C++ 程序，让用户获得"脚本化"的能力。

7.1.3 Python 的版本

Python 发展至今，经历了多个版本，如表 7-1 所示。

表 7-1 Python 版本历史

版本号	年份
0.90-1.2	1991—1995
1.3-1.5.2	1995—1999
1.6、2.0	2000
1.6.1、2.0.1、2.1、2.1.1	2001
2.1.2、2.1.3	2002
2.2—2.7	2001 至今
3.×	2008 至今

Python 是通过一个众多参与者的开发社区来保持版本更新和改进的。Python 的开发者通过一个在线的源代码控制系统协同工作，所有对 Python 的修改必须遵循 Python 增加提案，并能通过 Python 扩展回归测试系统的测试。

Python 3.0 不再向后兼容，Python 2.7 将作为 Python 2.× 的最后一个版本。由于 Python 2.× 依然得到众多开发人员的支持，因此也一直保持对该版本的更新，直到 2020 年才停止对 Python 2.7 的支持。为了方便叙述，本书在后面的内容中将 Python 3.× 简称为 Python 3，Python 2.× 简称为 Python 2。

7.1.4 Python 能做什么

Python 是一种功能强大且简单易学的编程语言，因而广受好评，那么 Python 能做什么呢？概括起来有以下几个方面。

1．Web 应用开发

在大数据、人工智能为人们所熟知之前，Python 就已经在 Web 开发领域中被广泛使用，并产生了 Django、Flask、Tornado 等 Web 开发框架。得益于其简洁的语法和动态的语言特性，Python 的开发效率很高，因而深受创业团队的青睐。

一些将 Python 作为主要开发语言的知名互联网企业 / 产品有：

- 豆瓣
- 知乎
- 果壳网
- Instagram
- Quora
- Dropbox
- Reddit

由于后台服务器的通用性，除了狭义的网站之外，很多 App 和游戏的服务器端也同样可用 Python 来实现。

2．自动化运维

在 Web 开发领域，Python 只是可选择的众多语言之一；但在自动化运维领域，Python 则是必备技能，灵活的功能和丰富的类库使其成为运维工程师的首选语言。大量自动化运维工具和平台或以 Python 开发，或提供 Python 的配置接口。单从 Linux 内置 Python 这一点来看，也足见其在服务器和运维领域的地位。

因此，虽然很多公司的核心业务不使用 Python，但在管理系统、运维等方面也在大量使用。例如，Facebook 工程师维护了上千个 Python 项目，包括基础设施管理、广告 API 等。

3．网络爬虫

网络爬虫也叫网络蜘蛛，是指从互联网采集数据的程序脚本。对于很多数据相关公司来说，爬虫和反爬虫技术都是其赖以生存的重要保障。尽管很多语言都可以编写爬虫，但灵活的 Python 无疑也是当前的首选。基于 Python 的爬虫框架 Scrapy 也很受欢迎。

世界上最大的"爬虫"公司 Google 一直力推 Python，不仅在公司内部大量使用 Python，也为开发社区做了巨大贡献。Python 之父 Guido van Rossum 也曾在 Google 工作七年。

4．数据分析

当通过爬虫获取了海量数据之后，需要对数据进行清洗、去重、存储、展示和分析，在这方面 Python 有许多优秀的类库，如 NumPy、Pandas、Matplotlib 可以让你的数据分析工作事半功倍。

5. 科学计算

虽然 Matlab 在科学计算领域有着不可取代的地位，但 Python 作为一门通用的编程语言，可以带来更广泛的应用和更丰富的类库，如 NumPy、SciPy、BioPython、SunPy 等类库在生物信息、地理信息、数学、物理、化学、建筑等领域发挥着重要作用。

6. 人工智能

Python 在人工智能领域内的数据挖掘、机器学习、神经网络、深度学习等方面都是主流的编程语言，并在市场上得到了广泛的支持和应用。

- 机器学习：Scikit-learn。
- 自然语言处理：NLTK。
- 深度学习：Keras、Google 的 TensorFlow、Facebook 的 PyTorch、Amazon 的 MxNet。

这些已经占据业内主流的工具要么是用 Python 开发的，要么也提供了 Python 版本。Python 无疑已成为 AI 领域的必修语言。

7. 游戏开发

通过 Python 完全可以编写出非常棒的游戏程序，如知名的游戏《文明 6》就是用 Python 编写的。另外，在网络游戏开发中 Python 也有很多应用，如作为游戏脚本内嵌在游戏中，这样做的好处是既可以利用游戏引擎的高性能，又可以受益于脚本化开发等。

7.2 Python 开发环境

7.2.1 Python IDLE 开发环境安装

在 Windows 操作系统中，打开浏览器前往 Python 下载网站（https://www.python.org/downloads/），如图 7-1 所示。

Looking for a specific release?
Python releases by version number:

Release version	Release date		Click for more
Python 3.9.0	Oct. 5, 2020	⬇ Download	Release Notes
Python 3.8.6	Sept. 24, 2020	⬇ Download	Release Notes
Python 3.5.10	Sept. 5, 2020	⬇ Download	Release Notes
Python 3.7.9	Aug. 17, 2020	⬇ Download	Release Notes
Python 3.6.12	Aug. 17, 2020	⬇ Download	Release Notes
Python 3.8.5	July 20, 2020	⬇ Download	Release Notes
Python 3.8.4	July 13, 2020	⬇ Download	Release Notes

图 7-1　Python 各种版本

网站会自动检测用户的操作系统类型，当前最新的版本为 Python 3.9.0，单击 Python 3.9.0 按钮即可下载安装程序。也可以在下载列表中找到要下载的 Python 版本号，单击 Download 链接，进入该版本的下载页面即可下载。

页面中的"Window x86..."安装程序适用于 32 位的 Windows 系统，"Window x86-64..."安装程序同时适用于 32 位和 64 位的 Windows 系统。executable 表示安装程序是独立的安装包，包含了所有必需的文件。Web-based 表示安装程序只包含必要的安装引导程序，在安装过程中可以根据安装选项从网络中下载需要的文件。根据使用的操作系统，单击相应的链接即可下载安装程序。

双击安装程序图标，执行 Python 安装操作，Windows x86-64 executable installer 安装程序启动后，其安装界面如图 7-2 所示。

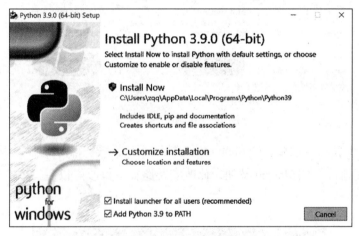

图 7-2　Python 3.9.0 安装界面

勾选界面最下方的 Add Python 3.9 to PATH 复选框，将 Python 3.9 添加到系统的环境变量 PATH 中，从而保证在系统命令提示符窗口中，可在任意目录下执行 Python 相关命令。

Python 安装程序提供两种安装方式：Install Now 和 Customize installation。Install Now 方式按默认设置 Python，应记住默认的安装位置，在使用 Python 的过程中可能会访问该路径。Customize installation 为自定义安装方式，用户可设置 Python 的安装路径和其他选项。

安装完成后，在 Windows 开始菜单中选择 IDLE(Python 3.9 64-bit) 运行 IDLE 程序，就可以启动 IDLE 开发环境了。

7.2.2　集成开发环境——PyCharm

PyCharm 是一款功能强大的 Python 编辑器，具有跨平台性。PyCharm 是由 JetBrains 打造的一款 Python IDE，支持 macOS、Windows、Linux 系统。

PyCharm 功能有：调试、语法高亮、Project 管理、代码跳转、智能提示、自动完成、单元测试、版本控制等。

PyCharm 的下载地址为：http://www.jetbrains.com/pycharm/download/#section=windows 进入该网站后，会看到如图 7-3 所示安装界面。

图 7-3　PyCharm 安装界面

Professional 表示专业版，Community 是社区版，推荐安装社区版，因为是免费使用的。当下载好以后，单击 Install 按钮，修改安装路径，修改好以后，单击 Next 按钮，如图 7-4 所示。

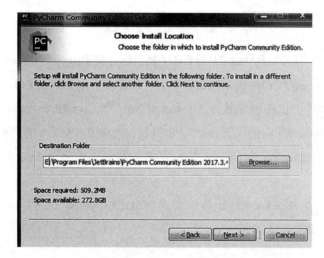

图 7-4　PyCharm 安装路径

接下来选择安装 .py，此时可以根据自己的电脑选择 32 位或 64 位系统，这里选择的是 64 位系统。如图 7-5 所示。

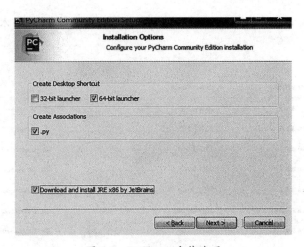

图 7-5　PyCharm 安装选项

选择好后，单击 Next 按钮。进入下一个界面，默认安装 JetBrains，如图 7-6 所示。

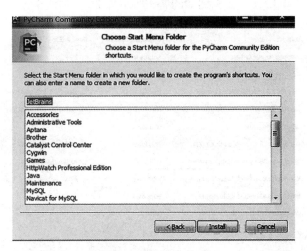

图 7-6　PyCharm 安装

单击 Install 按钮，然后就是静静地等待安装了。如果之前没有下载 Python 解释器的话，在等待安装期间可以去下载 Python 解释器，不然 PyCharm 只是一副没有灵魂的躯壳。

进入 Python 官方网站：//www.python.org/，如图 7-7 所示。

图 7-7　Python 官方网站

单击 Downloads 指令，进入选择下载界面。选择需要的 Python 版本号，单击 Download 指令，如图 7-8 所示。

Release version	Release date	
Python 3.4.8	2018-02-05	⬇ Download
Python 3.5.5	2018-02-05	⬇ Download
Python 3.6.4	2017-12-19	⬇ Download
Python 3.6.3	2017-10-03	⬇ Download
Python 3.3.7	2017-09-19	⬇ Download
Python 2.7.14	2017-09-16	⬇ Download
Python 3.4.7	2017-08-09	⬇ Download

图 7-8　Python 版本号

若选择的是 Python3.5.1，会看到如图 7-9 所示界面。

Version	Operating System	Description
Gzipped source tarball	Source release	
XZ compressed source tarball	Source release	
Mac OS X 32-bit i386/PPC installer	Mac OS X	for Mac OS X 10.5 and later
Mac OS X 64-bit/32-bit installer	Mac OS X	for Mac OS X 10.6 and later
Windows help file	Windows	
Windows x86-64 embeddable zip file	Windows	for AMD64/EM64T/x64
Windows x86-64 executable installer	Windows	for AMD64/EM64T/x64
Windows x86-64 web-based installer	Windows	for AMD64/EM64T/x64
Windows x86 embeddable zip file	Windows	
Windows x86 executable installer	Windows	

图 7-9　Python 版本对应操作系统

因为需要用到 Windows 下的解释器，所以在 Operating System 中可以选择对应的 Windows 版本，有 64 位和 32 位。图 7-9 中画粗线的 executable 版本表示可执行版，需要安装后使用，embeddable 版本表示嵌入版，即解压以后就可以使用的版本。

可执行版的安装比较简单，一直默认就好了。embeddable 版本需要注意，当解压 python-3.5.1-embed-amd64.zip 时，需要解压到同一路径，这里面放着 pip、setuptools 等工具，如果不解压，将无法在 PyCharm 中更新模块，如需要用到 pymysql，就无法下载。如果是 embeddable 嵌入版，记得把解释器所在的路径添加到环境变量里，否则 PyCharm 无法自动获得解释器位置。

详细的安装过程大家可以参考网址：https://www.runoob.com/w3cnote/pycharm-windows-install.html。

7.2.3　运行 Python 程序

安装好 Python 3.9.0 之后，可以用它来运行本书中的 Pythont 程序和自己的 Python 代码。启动 Python　IDLE 开发环境运行 IDLE 程序，如图 7-10 所示。

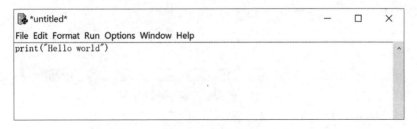

```
Python 3.9.0 Shell                                       —    □    ×
File Edit Shell Debug Options Window Help
Python 3.9.0 (tags/v3.9.0:9cf6752, Oct  5 2020, 15:34:40) [MSC v.1927 6 ^
4 bit (AMD64)] on win32
Type "help", "copyright", "credits" or "license()" for more information
.
>>>
                                                          Ln: 3 Col: 4
```

图 7-10　IDLE 运行环境

运行 Python 程序，通常有以下三种方法：

1）用 Python 自带的交互式解释器执行 Python 表达式或程序。可以一行一行输入命令，然后可以立刻查看结果。这种方式可以很好地结合输入和输出结果。交互式解释器的提示符是 ">>>"，看到 ">>>" 时，说明解释器已处于等待输入状态，输入表达式后按 Enter 键，就可以看到结果，如图 7-11 所示。

```
Python 3.9.0 Shell                                       —    □    ×
File Edit Shell Debug Options Window Help
Python 3.9.0 (tags/v3.9.0:9cf6752, Oct  5 2020, 15:34:40) [MSC v.1927 64 bit (AM ^
D64)] on win32
Type "help", "copyright", "credits" or "license()" for more information.
>>> 2+3
5
>>> print("Hello World")
Hello World
>>>
```

图 7-11　交互式解释器执行

2）选择 Flie 中 New，出现编程界面，输入程序，如图 7-12 所示。

```
*untitled*                                               —    □    ×
File Edit Format Run Options Window Help
print("Hello world")                                                  ^
```

图 7-12　编程界面

选择 Save 菜单，保存程序到文件 hello.py，选择 Run 菜单运行，可看到结果 Hello world。

3）在命令环境运行 Python 程序。如文件 hello.py 在 D 盘的根目录下，执行命令：

```
D:\>python hello.py
```

执行结果：Hello world。

7.3 标识符和变量

7.3.1 标识符和关键字

标识符是指用来标识某个实体的符号，它在不同的应用环境下有不同的含义。在编程语言中，标识符是用户编程时使用的名字，对于变量、常量、函数、语句块而言，也可以有名字，我们把这些统称为标识符。标识符由字母、下画线和数字组成，且不能以数字开头。

下面是正确的标识符：

My_Boolean obj3 myint mike2jack _test

下面是不正确的标识符：

My-Boolean 2obj3 my!int mike(2)jack if jack&rose G.U.I

Python 中的标识符是区分大小的，Andy 和 andy 是两个不同的标识符。

Python 中一些具有特殊功能的标识符，是所谓的关键字，如 if 是关键字。关键字是 Python 语言已经使用的，所以不允许开发者自己定义和使用与关键字相同的标识符。在交互式解释器中输入命令，就可以显示 Python 关键字，如图 7-13 所示。

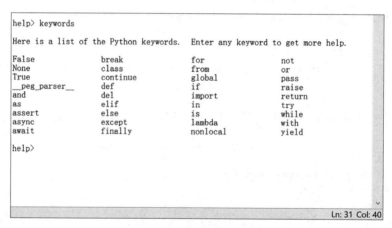

图 7-13　Python 关键字标识符

7.3.2 常量和变量

常量就是不变的量，如常用的数字 3.14159 就是一个常量。编程语言可以定义变量，变量名是程序为了方便引用内存中的值而取的名称。Python 变量名是区分大小写的，如 A 和 a 就是不同的变量名。

7.3.3　赋值语句

赋值语句用于将数据赋值给变量，Python 支持多种格式的赋值语句：简单赋值、序列赋值、多目标赋值和增强赋值等。

在程序编写过程中，需要对一些程序进行注释，除了方便自己阅读外，更是为了别人能更好地理解程序，"#"常被用作单行注释符号。当在代码中使用"#"时，它右边的任何内容都会被忽略，当作是注释。

1. 简单赋值

简单赋值用于给一个变量赋值，示例代码如下：

```
X=100
```

2. 序列赋值

序列赋值可以一次性给多个变量赋值。在序列赋值语句中，等号左侧是用元组或列表表示的多个变量，等号右侧是用元组、列表或字符串等序列表示的数据。示例代码如下：

```
>>> x,y=1,2                          #直接为多个变量赋值
>>> x
执行结果: 1
>>> y
执行结果: 2
>>> (x,y)=10,20                      #为元组中的变量赋值
>>> x
执行结果: 10
>>> y
执行结果: 20
>>> (x,y)=30,'abc'                   #为列表中的变量赋值
>>> x
执行结果: 30
>>> y
执行结果: 'abc'
```

当等号右侧为字符串时，Python 会将字符串分解为单个字符，依次赋值给各个变量。此时，变量的个数与字符的个数必须相等，否则会出错，代码示例如下：

```
>>> (x,y)='ab'
>>> x
```

```
执行结果: 'a'
>>> y
执行结果: 'b'
>>> ((x,y),z)='ab','cd'
>>> x
执行结果: 'a'
>>> y
执行结果: 'b'
>>> z
执行结果: 'cd'
>>> (x,y)='abc'
执行结果: Traceback (most recent call last):
  File "<pyshell#7>", line 1, in <module>
    (x,y)='abc'
ValueError: too many values to unpack (expected 2)
```

序列赋值时，可以在变量名之前使用"*"，不带"*"的变值仅匹配一个值，剩余的值可以作为列表给带"*"的变量，示例代码如下：

```
>>> x,*y='abcd'              #将第一个字符赋值给 x，剩余字符作为列表赋值给 y
>>> x
执行结果: 'a'
>>> y
执行结果: ['b', 'c', 'd']
>>> *x,y='abcd'              #将最后一个字符赋值给 y，剩余字符作为列表赋值给 x
>>> x
执行结果: ['a', 'b', 'c']
>>> y
执行结果: 'd'
>>> x,*y,z='abcde'          #将第一个字符赋值给 x，最后一个字符赋值给 z，其他字符赋值给 y
>>> x
执行结果: 'a'
>>> y
执行结果: ['b', 'c', 'd']
>>> z
执行结果: 'e'
>>> x,*y=[1,2,'abc',' 汉字 ']    #将第一个赋值给 x，其他值作为列表赋值给 y
>>> x
执行结果: 1
>>> y
执行结果: [2, 'abc', ' 汉字 ']
```

3. 多目标赋值

多目标赋值是指用连续的多个等号将同一个数据赋值给多个变量，示例代码如下：

```
>>> a=b=c=10
>>> a,b,c
执行结果: (10, 10, 10)
等价于:
>>> a=10
>>> b=10
>>> c=10
```

4. 增强赋值

增强赋值指将运算符与赋值相结合的赋值语句,示例代码如下:

```
>>> a=5
>>> a+=10
>>> a
执行结果: 15
```

Python 中的增强赋值运算符如表 7-2 所示。

表 7-2　增强赋值运算符

+=	-=	*=	**=
//=	&=	| =	^=
>>=	<<=	/=	%=

7.4　输入及输出函数

Python 中的输入函数是 input(),输出函数是 print()。

7.4.1　输入函数

1)input() 函数格式:input([prompt])。

2)prompt:提示信息。

input() 函数接受从键盘输入一个字符串,返回为 string 类型。'9' 表示是一个字符串。

```
>>>a = input()
执行结果: 9
>>>a
执行结果: '9'
>>>print(type(a))
执行结果: <class 'str'>
```

3）变量名 =input(' 请输入文字说明 ')。

input() 函数具有自动识别输入内容的能力。常用于输入 Number（数字）类型使用，需要强制类型转换。例如：用 int() 函数转换为整型数据。

```
a=int(input("请输入你的年龄:"))
print("你的年龄是 %d"%a)
print(type(a))
执行结果：请输入你的年龄: 23
        你的年龄是 23
        <class 'int'>
```

4）input() 函数的参数"请输入一个数字："是输入的提示符。可用 split() 函数进行输入，不仅可以利用 split() 函数一次性输入多个数，还可以设置分隔符，除了传统的空格形式，也可以用逗号","这种更符合语言习惯的方式分隔输入字符。

```
>>>a,b,c=input("以空格隔开: ").split()
执行结果：以空格隔开: 1 2 3
>>>print(a,b,c)
执行结果：1 2 3
>>>d,e,f=input("以逗号隔开: ").split(",")
执行结果：以逗号隔开: 4,5,6
>>>print(d,e,f)
执行结果：4 5 6
```

5）在 input() 提示性语言中加入了变量的用法如下：

```
>>>name=input("请输入你的名字: ")
执行结果：请输入你的名字: 张三
>>>namber=input("请输入 "+str(name)+"同学的学号: ")
执行结果：请输入张三同学的学号: 123456789
```

7.4.2 输出函数

1）print(*objects, sep=' ', end='\n', file=sys.stdout, flush=False)，print() 是输出函数，参数是输出值。

- objects 复数，表示可以一次输出多个对象。输出多个对象时，需要用","分隔。
- sep 用来间隔多个对象，默认值是一个空格。
- end 用来设定以什么结尾。默认值是换行符"\n"，我们可以换成其他字符串。
- file 为要写入的文件对象。
- flush 输出是否被缓存通常决定于 file，但如果 flush 关键字参数为 True，流会被强制刷新。

2）一般字符输出。

```
>>> print(3)
执行结果: 3
>>> print("Hello World")
执行结果: Hello World
```

3）带有其他字符的输出，可以用转义字符"\"。

```
>>> print("I\'m a student!")
执行结果: I'm a student!
```

4）end 作用：调用 print() 语句，最后输出的字符可以设置为空，一个空字符或者其他，默认换行 (\n)。

```
print("a",end="")
print("b",end="")
print("c")
执行结果: abc
```

5）调用含多个字符参数的 print() 语句，可以使用 sep 参数，以指定的字符隔开。

```
print("一","二","三",sep="*")
执行结果: 一*二*三
print("www","runoob","com",sep=".")
执行结果: www.runoob.com
```

7.5　格式化输出

print() 函数使用以"%"开头的转换说明符对各种类型的数据进行格式化输出，具体如表 7-3 所示。

表 7-3　Python 转换说明符

转换说明符	解释
%d、%i	转换为带符号的十进制整数
%o	转换为带符号的八进制整数
%x、%X	转换为带符号的十六进制整数
%e	转化为科学计数法表示的浮点数（e 小写）
%E	转化为科学计数法表示的浮点数（E 大写）

（续）

转换说明符	解释
%f、%F	转化为十进制浮点数
%g	智能选择使用 %f 或 %e 格式
%G	智能选择使用 %F 或 %E 格式
%c	格式化字符及其 ASCII 码
%r	使用 repr() 函数将表达式转换为字符串
%s	使用 str() 函数将表达式转换为字符串

7.5.1 打印字符串

字符串打印可以采用 print() 函数来完成。例如：

```
age=20
print("你已经 %d 岁了！"%age)
执行结果：你已经 20 岁了！
```

在 print() 函数中，由引号包围的是格式化字符串，它相当于一个字符串模板，可以放置一些转换说明符（如占位符）。本例的格式化字符串中包含一个 "%d" 说明符，它最终会被后面的 age 变量的值所替代。

7.5.2 指定占位符宽度

当使用表 7-3 中的转换说明符时，可以使用下面的格式指定最小输出宽度（至少占用多少个字符的位置），例如：

1）%10d 表示输出的整数宽度至少为 10。

2）%20s 表示输出的字符串宽度至少为 20。

```
n = 1234567
print("n(10):%10d。"%n)
print("n(5):%5d。"%n)
执行结果：
n(10):   1234567。
n(5):   1234567。
```

7.5.3 指定对齐方式

Python 支持的标志如表 7-4 所示。

表 7-4　指定对齐标志

标志	说明
-	指定左对齐
+	表示输出的数字总要带着符号；正数带 + ，负数带 - 。
0	表示宽度不足时补充 0，而不是补充空格。

1）对于整数，指定左对齐时，在右边补 0 是没有效果的，因为这样会改变整数的值。

2）对于小数，以上三个标志可以同时存在。

3）对于字符串，只能使用"-"标志，因为符号对于字符串没有意义，而补 0 会改变字符串的值。

```
n = 1234567
print("n(09):%09d。"%n)
#%09d 表示最小宽度为 9，左边补 0
print("n(+9):%+9d。"%n)
#%+9d 表示最小宽度为 9，带上符号
f=140.5
#-+010f 表示最小宽度为 10，左边对齐，带上符号
print("f(-+0):%-+010f。"%f)
s="Hello"
#%-10s 表示最小宽度为 10，左对齐
print("s(-10):%-10s。"%s)
执行结果：
n(09):001234567。
n(+9):+1234567。
f(-+0):+140.500000。
s(-10):Hello
```

7.5.4　指定小数精度

对于小数（浮点数），print() 允许指定小数点后的数字位数，即指定小数的输出精度。精度值需要放在最小宽度之后，中间用点号"."隔开；也可以不写最小宽度，只写精度。具体格式如下：

1）%m.nf

2）%.nf

其中，m 表示最小宽度；n 表示输出精度；"."是必须存在的。

```
f=3.141592653
# 最小宽度为 8，小数点后保留 3 位
print("%8.3f"%f)
```

```
# 最小宽度为 8，小数点后保留 3 位，左边补 0
print("%08.3f"%f)
# 最小宽度为 8，小数点后保留 3 位，左边补 0，带符号
print("%+08.3f"%f)
执行结果：
   3.142
0003.142
+003.142
```

7.5.5   format 用法

相对基本格式化输出采用"%"的方法，format() 功能更强大，该函数把字符串当成一个模板，通过传入的参数进行格式化，并且使用大括号"{ }"作为特殊字符代替"%"。

1. 位置匹配

1）不带编号，即"{}"。

2）带数字编号，可调换顺序，即"{1}""{2}"。

3）带关键字，即"{a}""{tom}"。

```
print("{}{}".format("hello","world"))      #不带字段
print("{0}{1}".format("hello","world"))     #带数字编号
print("{0}{1}{0}".format("hello","world"))   #打乱顺序
print("{a}{tom}{a}".format(tom="hello",a="world"))    #带关键字
执行结果：
hello world
hello world
hello world hello
world hello world
```

2. 格式转换

b——二进制。将数字以 2 为基数进行输出。

c——字符。在打印之前将整数转换成对应的 Unicode 字符串。

d——十进制。将数字以 10 为基数进行输出。

o——八进制。将数字以 8 为基数进行输出。

x——十六进制。将数字以 16 为基数进行输出，9 以上的位数用小写字母。

e——幂符号。用科学计数法打印数字，用 e 表示幂。

g——一般格式。将数值以 fixed-point 格式输出。当数值特别大时，用幂形式打印。

n——数字。当值为整数时和 d 相同，值为浮点数时和 g 相同。不同的是它会根据区域设置插入数字分隔符。

%——百分数。将数值乘以 100，然后以 fixed-point('f') 格式打印，值后面会有一个

百分号。

```
print("{0:b}".format(3))
print("{:x}".format(20))
执行结果:
11
14
```

3. format 的用法变形

可在字符串前加 f 以达到格式化的目的, 在 "{ }" 里加入对象, 此为 format 的另一种形式:

```
f"xxxx".
a ="hello"
b ="world"
f"{a} {b}"
执行结果: 'hello world'
name='jack'
age=18
print(f'my name is {name}.')
print(f'I am {age} years old.')
执行结果:
my name is jack.
I am 18 years old.
```

综合实例

【例 7-1】输入三角形的三条边的长度, 分别为 3、4、5, 求这个三角形的面积。

程序代码:

```
import math
a=int(input())
b=int(input())
c=int(input())
s=(a+b+c)/2
area=math.sqrt(s*(s-a)*(s-b)*(s-c))          #'*' 表示乘,math.sqrt 表示开根号
print("三角形的边长 ",a,b,c,end='')
print("三角形的面积 ",area)
```

程序输入:

```
3
4
5
```

程序输出：

三角形的边长 3 4 5三角形的面积 6.0

【例 7-2】画三角形。

Python 有很多库，其中 turtle 是一个绘图库，用下面的程序画出三角形。

```
import turtle
turtle.left(180-180/3)
turtle.forward(150)
turtle.left(180-180/3)
turtle.forward(150)
turtle.left(180-180/3)
turtle.forward(150)
turtle.done()
```

程序输出：

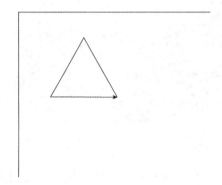

本章小结

本章首先从 Python 的发展历程和语言特点两个方面介绍了 Python；然后介绍了 Python 的用途，以及如何安装 Python 和运行 Python 程序；之后介绍了常用的 Python 开发工具和 PyCharm 的安装；最后介绍了标识符、变量以及输入输出函数用法。通过本章的学习，读者能对 Python 语言有简单的认识，能熟练使用 Python 开发环境，并能完成简单 Python 程序的运行。

习 题

1.（选择题）Python 起源于（　　　）。

A．ABC 语言　　　　B．C 语言　　　　　　C．Java 语言　　　　　D．Modula-3 语言

2.（选择题）下列说法错误的是（　　　）。

A．Python 是免费开源软件

B．Python 是面向对象的程序设计语言

C．与 C 语言类似，Python 中的变量必须先定义再使用

D．Python 具有跨平台特性

3．（选择题）下列关于 Python 2 和 Python 3 的说法错误的是（　　　）。

A．Python 3 不兼容 Python 2

B．在 Python 3 中可使用汉字作为变量名

C．在 Python 2 中使用 print 语句完成输出

D．在 Python 3 和 Python 2 中，str 类型的字符串是相同的

4．（选择题）下列关于 Python 程序运行方式说法错误的是（　　　）。

A．Python 程序在运行时，需要 Python 解释器

B．Python 命令可以在 Python 交互环境中执行

C．Python 冻结的二进制文件是一个可执行文件

D．要运行冻结的二进制文件，也需要提前安装 Python 解释器

5．（选择题）正确的标识符是（　　　）。

A．2you　　　　　　　B．my-name　　　　　　C．_item　　　　　　D．abc*234

6．（编程题）从键盘上输入两个数，求它们的和并输出。

7．（编程题）在屏幕上输出"Python 语言简单易学"。

第8章　Python 的基本数据类型

本章要点

　　在 Python 程序中，每个数据都是对象，每个对象都有自己的一个类型。不同类型有不同的操作方法，使用内置数据类型独有的操作方法，可以更快地完成很多工作。数字类型和字符串是 Python 程序中基本的数据类型，其中数字类型分为整型、浮点型、复数类型、布尔类型，可通过运算符进行各种数学运算。列表和元组是 Python 内置的两种重要的数据类型，它们都是序列类型，可以存放任何类型的数据，并且支持索引、切片、遍历等一系列操作。Python 中的组合类型包括序列类型、集合类型和映射类型，其中序列类型主要包括字符串、元素和列表；集合类型是一个无序组合，它的概念和数学中的集合类似；映射类型是"键-值"数据项的组合，主要以字典体现。

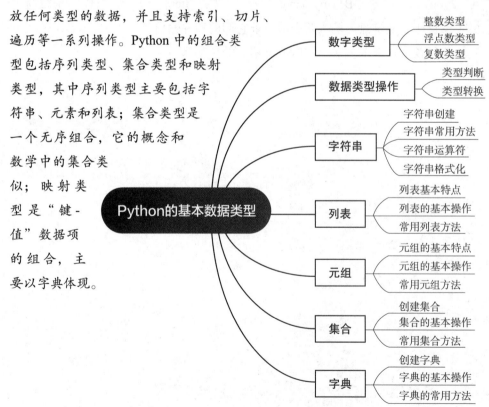

8.1　数字类型

Python 基本数据类型一般分为数字、字符串、列表、元组、字典、集合这六种基本数据类型。对于数字，Python 的数字类型有 int 整型（整型又包括标准整型、长整型）、float 浮点型、complex 复数类型和布尔型（布尔型就是只有两个值）。

8.1.1　整数类型

整数用来表示整数数值，即没有小数部分的数值。在 Python 中，整数包括正整数、负整数和 0，并且它的位数是任意的，如 1234、–1234。

```
>>>a=1234
>>>type(a)
执行结果: <class 'int'>
```

整数类型包括十进制整数、八进制整数、二进制整数和十六进制整数。

1）十进制整数。十进制整数的表现形式是大家比较熟悉的，注意不能以 0 作为十进制数的开头。

2）八进制整数。由 0～7 组成，进位规则是"逢八进一"，并且是以 0o/0O 开头的数，如 0o123（转换为十进制数为 83）。

3）十六进制整数。由 0～9、A～F 组成，进位规则是"逢十六进一"，并且是以 0x/0X 开头的数，如 0x37（转换为十进制数为 55）。

4）二进制整数。只有 0 和 1 两个基数，进位规则是"逢二进一"，如 101（转换为十进制数为 5）。

- 二进制：0b10 相当于 10 进制的 2。
- 八进制：0o10 相当于 10 进制的 8。
- 十六进制：0x10 相当于 10 进制的 16。

8.1.2　浮点数类型

浮点数由整数部分和小数部分组成，小数通常以浮点数的形式存储。浮点数和定点数是相对的：在存储过程中，如果小数点发生移动，就称为浮点数；如果小数点不动，就称为定点数。浮点数用于处理包括小数的数，如 1.414、–0.25 等，也可以使用科学计数法表示，如 2.7e2、–3.14e5 等。

```
>>>a=-0.25
>>>type(a)
执行结果: <class 'float'>
```

8.1.3 复数类型

complex() 函数用于创建一个复数，它不能单独存在。虚数由实部和虚部两个部分构成，实数部分和虚数部分都是浮点数。该函数的语法为：

```
class complex(real,imag)
```

其中，real 可以为 int、long、float 或字符串类型；而 imag 只能为 int、long 或 float 类型。虚数部分必须有 j 或 J。

注意：如果第一个参数为字符串，第二个参数必须省略；若第一个参数为其他类型，则第二个参数可以选择。

```
>>>print(complex(1,2))
执行结果: (1+2j)
>>>a=4.7+0.666j
>>>a
>>>a.real
>>>a.imag
执行结果:
(4.7+0.666j)
4.7
0.666
>>>a,b,c,d=20,55,True,4+3j
>>>type(a),type(b),type(c),type(d)
执行结果:
<class 'int'> <class 'int'> <class 'bool'> <class 'complex'>
```

8.2 数据类型操作

8.2.1 类型判断

1. type()

```
>>>type('foo') == str
执行结果: True
>>>type(2.3) in (int,float)
执行结果: True
```

2. isinstance（参数 1，参数 2）

描述：该函数用来判断一个变量（参数 1）是否是已知的变量类型（参数 2），类似于 type()。

参数 1：变量

参数 2：可以是直接或间接类名、基本类型或者由它们组成的元组。

返回值：如果对象的类型与参数二的类型（classinfo）相同则返回 True，否则返回 False。

isinstance() 与 type() 的区别：

1）type() 不会认为子类是一种父类类型，不考虑继承关系。

2）isinstance() 会认为子类是一种父类类型，考虑继承关系。

3）如果要判断两个类型是否相同，推荐使用 isinstance()。

8.2.2　类型转换

Python 提供了将变量或值从一种类型转换成另一种类型的内置函数。

1）int(x [,base])　将 x 转换为一个整数。

2）long(x [,base])　将 x 转换为一个长整数。

3）float(x)　将 x 转换为一个浮点数。

4）complex(real [,imag])　创建一个复数。

5）str(x)　将对象 x 转换为字符串。

6）repr(x)　将对象 x 转换为表达式字符串。

7）eval(str)　用来计算在字符串中的有效 Python 表达式，并返回一个。

8）tuple(s)　将序列 s 转换为一个元组。

9）list(s)　将序列 s 转换为一个列表。

10）chr(x)　将一个整数转换为一个字符。

11）unichr(x)　将一个整数转换为 Unicode 字符。

12）ord(x)　将一个字符转换为它的整数值。

13）hex(x)　将一个整数转换为一个十六进制字符串。

14）oct(x)　将一个整数转换为一个八进制字符串。

8.3　字符串

字符串是 Python 中最常用的数据类型。Python 中的字符串必须由双引号 " " 或者单引号 ' ' 包围。字符串的内容几乎可以包含任何字符，如字母、标点、特殊符号、中文字符等全世界的所有文字。

8.3.1 字符串创建

Python 不支持单字符类型，单字符在 Python 中也是作为一个字符串使用的。创建字符串很简单，只要为变量分配一个值即可。Python 访问子字符串时，可以使用方括号来截取字符串，如下实例：

```
var1 = 'Hello World!'
var2 = "Python Runoob"
```

当字符串内容中出现引号时，我们需要进行特殊处理，否则 Python 会解析出错，例如：

```
'I'm a great coder!'
```

对于这种情况，可以在引号前面添加反斜杠"\"就可以对引号进行转义，让 Python 把它作为普通文本对待，如：

```
>>>str1 = 'I\'m a great coder!'
>>>str1
执行结果: I'm a great coder!
```

8.3.2 字符串常用方法

Python 字符串的常用操作方法有字符串的替换、删除、截取、复制、连接、比较、查找、分割等。

字符串可以像在 C 语言中那样用下标索引，字符串的第一个字符下标为 0。Python 没有单独的字符数据类型，一个字符就是长度为 1 的字符串。字符串获取意义的最好方法是把下标看成是字符之间的点，左边界的第一个字符号码为 0，右边界的第一个字符号码为 −1。可表示为：

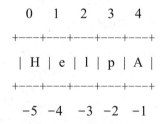

```
>>> word[:2]              # 前两个字符
执行结果: 'He'
>>> word[2:]              # 除前两个字符串外的部分
执行结果: 'lpA'
>>> word[-1]              # 最后一个字符
```

```
执行结果: 'A'
>>> word[-2:]                         # 最后两个字符
执行结果: 'pA'
```

1. 去掉空格和特殊符号

常用的去掉空格和特殊符号的操作符如表 8-1 所示。

表 8-1　去掉空格和特殊符号的操作符

操作符	描述
str.strip()	去掉空格和换行符
str.strip('xx')	去掉某个字符串
str.lstrip()	去掉左边的空格和换行符
str.rstrip()	去掉右边的空格和换行符

2. 字符串的搜索和替换

常用字符串的搜索和替换的操作符如表 8-2 所示。

表 8-2　字符串的搜索和替换操作符

操作符	描述
str.count('x')	查找某个字符在字符串里出现的次数
str.capitalize()	首字母大写
str.center(n,'-')	把字符串放中间，两边用"-"补齐
str.find('x')	找到这个字符返回下标，多个时返回第一个；不存在的字符返回 −1
str.index('x')	找到这个字符返回下标，多个时返回第一个；不存在的字符报错
str.replace(oldstr, newstr)	字符串替换
str.format()	字符串格式化
str.format_map(d)	字符串格式化，传进去的是一个字典

3. 字符串的测试和替换函数

常用的字符串的测试和替换函数的操作符如表 8-3 所示。

表 8-3　字符串的测试和替换函数的操作符

操作符	描述
S.startswith(prefix[,start[,end]])	是否以 prefix 开头
S.endswith(suffix[,start[,end]])	以 suffix 结尾
S.isalnum()	是否全是字母和数字，并至少有一个字符
S.isalpha()	是否全是字母，并至少有一个字符
S.isdigit()	是否全是数字，并至少有一个字符
S.isspace()	是否全是空白字符，并至少有一个字符
S.islower()	S 中的字母是否全是小写
S.isupper()	S 中的字母是否全是大写
S.istitle()	S 是否是首字母大写的

4. 字符串的分割

常用字符串的分割函数的操作符如表 8-4 所示。

表 8-4　字符串的分割函数的操作符

操作符	描述
str.split()	默认是按照空格分割
str.split(',')	按照逗号分割

5. 连接字符串

常用的连接字符串函数的操作符如表 8-5 所示。

表 8-5　连接字符串函数的操作符

操作符	描述
', '.join(slit)	用逗号连接 slit 变成一个字符串，slit 可以是字符、列表、字典（可迭代的对象），int 类型不能被连接

6. 截取字符串（切片）

常用的截取字符串函数的操作符如表 8-6 所示。

表 8-6　截取字符串函数的操作符

操作符	描述
print(str[0:3])	截取第一位到第三位的字符
print(str[:])	截取字符串的全部字符
print(str[6:])	截取第七个字符到结尾
print(str[:-3])	截取从头开始到倒数第三位之间的字符
print(str[2])	截取第三个字符
print(str[-1])	截取倒数第一个字符
print(str[::-1])	创造一个与原字符串顺序相反的字符串
print(str[-3:-1])	截取倒数第三位与倒数第一位之间的字符
print(str[-3:])	截取倒数第三位到结尾的字符
print(str[:-5:-3])	逆序截取

例如：str = '0123456789'。

执行表 8-6 的结果如下所示：

```
————————
012
0123456789
6789
0123456
2
9
```

```
9876543210
78
789
96
```

8.3.3　字符串运算符

Pyhton 提供了方便灵活的字符串运算，以下列出了可以用于字符串运算的运算符，如表 8-7 所示。

表 8-7　字符串运算的运算符

操作符	描述
+	字符串连接
*	重复输出字符串
[]	通过索引获取字符串中字符
[:]	截取字符串中的一部分
in	成员运算符，如果字符串中包含给定的字符，则返回 true
not in	成员运算符，如果字符串中不包含给定的字符，则返回 true
r/R	原始字符串：所有的字符串都是直接按照字面的意思来使用，没有转义特殊或不能打印的字符。原始字符串除在字符串的第一个引号前加上字母 "r"（可以大小写）以外，与普通字符串有着几乎完全相同的语法

执行表 8-7 中操作符的运算符代码如下所示：

```
>>>a="Hello"
>>>b="Python"
>>>print("a+b:",a+b)
执行结果: a+b:HelloPython
>>>print("a*2:",a*2)
执行结果: a*2:HelloHello
>>>print("a[1]:",a[1])
执行结果: a[1]:e
>>>print("a[1:4]:",a[1:4])
执行结果: a[1:4]:ell
>>>print("H"in a)
执行结果: True
>>>print("H"not in a)
执行结果: False
>>>print(r"\n")
执行结果: \n
>>>print(R"\n")
执行结果: \n
```

8.3.4 字符串格式化

Python 支持格式化字符串的输出。其基本用法是将一个值插入到一个有字符串格式符 "%s" 的字符串中。在 Python 中，字符串格式化使用与 C 中 printf 函数一样的语法。Python 字符串格式化符号如图 8-1 所示。

符号	描述
%c	格式化字符及其 ASCII 码
%s	格式化字符串
%d	格式化整数
%u	格式化无符号整型
%o	格式化无符号八进制数
%x	格式化无符号十六进制数
%X	格式化无符号十六进制数（大写）
%f	格式化浮点数字，可指定小数点后的精度
%e	用科学计数法格式化浮点数
%E	作用同 %e，用科学计数法格式化浮点数
%g	%f 和 %e 的简写
%G	%F 和 %E 的简写
%p	用十六进制数格式化变量的地址

图 8-1 字符串格式化符号

```
>>>a=20
>>>print("我已经%d岁了！" %a)
执行结果：我已经20岁了！
```

格式化操作符辅助指令如图 8-2 所示。

符号	功能
*	定义宽度或者小数点精度
–	用作左对齐
+	在正数前面显示加号 (+)
<sp>	在正数前面显示空格
#	在八进制数前面显示零 ("0")，在十六进制数前面显示 "0x" 或者 "0X"（取决于用的是 'x' 还是 'X'）
0	显示的数字前面填充 "0" 而不是默认的空格
%	'%%' 输出一个单一的 '%'
(var)	映射变量（字典参数）
m.n.	m 是显示的最小总宽度，n 是小数点后的位数（如果可用的话）

图 8-2 格式化操作符

```
>>>t="percent %.2f" %99.97623
>>>print(t)
执行结果: percent 99.98
```

Python 中内置的"%"操作符可用于格式化字符串操作，控制字符串的呈现格式。Python 中还有其他格式化字符串的方式，但"%"操作符的使用是最方便的。另外，Python 还有一个更强大的字符串处理函数 str.format()。它通过"{}"和":"来代替"%"。

```
>>>print("{0},{1}".format('abc',18))
执行结果: abc,18
>>>print("{},{}".format('abc',18))
执行结果: abc,18
>>>print("{1},{0},{1}".format('abc',18))
执行结果: 18,abc,18
```

8.4　列表

列表（List）是 Python 中最基本的数据结构，是最常用的 Python 数据类型，列表的数据项不需要具有相同的类型。列表中的每个元素都分配一个数字——它的位置或索引，与字符串的索引一样，列表从左至右的第一个索引是 0，第二个索引是 1，依此类推。

8.4.1　列表基本特点

列表是一系列按特定顺序排列的元素组成，是 Python 内置的可变序列。在形式上，列表的所有元素都放在中括号"[]"里面，两个相邻的元素之间用逗号隔开；在内容上，可以将整数、实数、字符串、列表、元组等任何类型的内容放入列表中，并且同一个列表中，元素的类型可以不同，因为它们之间没有任何关系。

```
>>>List1=[1,2,3,"hello world","3.1415926",[1,2,3]]
>>>List1
>>>type(List1)
执行结果:
[1, 2, 3, 'hello world', '3.1415926', [1, 2, 3]]
<class 'list'>
```

8.4.2 列表的基本操作

1. 向列表里添加元素

向 Python 列表里添加元素的方法主要有三种，如表 8-8 所示。

表 8-8 列表添加元素函数

操作	描述
append()	在特定的列表最后添加一个元素，并且只能一次添加一个元素 m.append(元素 A)
extend()	对于特定列表的扩展和增长，可以一次添加多个元素，不过也只能添加在列表的最后 m.extend([元素 A，元素 B，…])
insert()	在列表的特定位置添加想要添加的特定元素 m.insert(A, 元素 B)

执行表 8-8 函数结果如下所示：

```
>>>m=[1,2,3,4,5,6,7,8,9]
>>>m
执行结果: [1,2,3,4,5,6,7,8,9]
>>>m.append("2021")
>>>m
执行结果: [1,2,3,4,5,6,7,8,9,'2021']
>>>m.extend([23,24,25])
>>>m
执行结果: [1,2,3,4,5,6,7,8,9,'2021',23,24,25]
>>>m.insert(1,2018)
>>>m
执行结果: [1,2018,2,3,4,5,6,7,8,9,'2021',23,24,25]
```

2. 删减列表元素

常用删减列表元素的函数如表 8-9 所示。

表 8-9 删减列表元素的函数

操作	描述
remove()	移除列表 m 里面的特定元素 m.remove（元素 A）
del m[n]	删除列表里面的索引号位置为 n 的元素 del m[n]
pop()	将列表 m 的最后一个元素返回，并且在此基础上进行删除 m.pop()

执行表 8-9 函数结果如下所示：

```
>>>m=[1,2,3,4,5,6,7,8,9]
>>>m
执行结果: [1,2,3,4,5,6,7,8,9]
>>>m.remove(2)
>>>m
执行结果: [1,2,3,4,5,6,7,8,9]
>>>del m[0]
>>>m
执行结果: [3,4,5,6,7,8,9]
>>>temp=m.pop()
>>>temp
执行结果: 9
>>>m
执行结果: [3,4,5,6,7,8]
```

3. 获取列表元素

常用获取列表里特定元素的方法如表 8-10 所示。

表 8-10　获取列表里面的特定元素

操作	描述
Temp=m[n]	% 获取 m 列表第 n+ 位置处的元素

执行表 8-10 函数结果如下所示:

```
>>>m=[1,2,3,4,5,6,7,8,9]
>>>m
执行结果: [1,2,3,4,5,6,7,8,9]
>>>temp=m[5]
>>>temp
执行结果: 6
```

4. 常用的列表操作符

列表对 "+" 和 "*" 的操作符与字符串相似。"+" 号用于组合列表,"*" 号用于重复列表。常用的列表操作符如图 8-3 所示。

Python 表达式	结果	描述
len([1, 2, 3])	3	长度
[1, 2, 3] + [4, 5, 6]	[1, 2, 3, 4, 5, 6]	组合
['Hi!'] * 4	['Hi!', 'Hi!', 'Hi!', 'Hi!']	重复
3 in [1, 2, 3]	True	元素是否存在于列表中
for x in [1, 2, 3]: print x,	1 2 3	迭代

图 8-3　常用的列表操作符

8.4.3 常用列表方法

1. 常用方法

常用的列表方法如表 8-11 所示。

表 8-11　常用的列表方法

操作符	描述
m.count(A)	输出元素 A 在列表 m 里面出现的次数
m.index(A)	输出元素 A 在列表 m 里面的索引位置号
m.index(A,a,b)	当列表 m 里面包含多个元素 A 时，输出在列表 m 索引号 a～b 之间的特定索引号
m.reverse()	将列表 m 进行前后翻转，前变后，后变前
m.sort()	将列表 m 里面的数据进行从小到大的排列
m.sort(reverse=True)	将列表 m 里面的数据进行从大到小的排列，其次对于列表 m 里面的元素进行从大到小的排列

执行表 8-11 函数结果如下所示：

```
>>>m=[1,2,3,4,5,6,7,8,9]
>>>m
执行结果：[1,2,3,4,5,6,7,8,9]
>>>m.count(4)
执行结果：1
>>>m.index(5)
执行结果：4
>>>m.index(4,0,4)
执行结果：3
>>>m.reverse()
>>>m
执行结果：[9,8,7,6,5,4,3,2,1]
>>>m.sort()
>>>m
执行结果：[1,2,3,4,5,6,7,8,9]
```

2. 常用函数

列表中的常用函数如表 8-12 所示。

表 8-12　列表常用函数

操作符	描述
cmp(list1, list2)	比较两个列表的元素
len(list)	列表元素个数

（续）

操作符	描述
max(list)	返回列表元素最大值
min(list)	返回列表元素最小值
list(seq)	将元组转换为列表

注意：Python 3.X 的版本中已没有 cmp 函数，如果需要实现比较功能，可以引入 operator 模块，适合任何对象。

```
>>>import operator
>>>operator.eq("hello","name")
执行结果: False
>>>operator.eq("hello","hello")
执行结果: True
```

8.5　元组

Python 中除了可以用列表储存数据，还可以用元组（Tuple）。元组也可以存储不同类型的数据，使用偏移进行查找以及输出。但是与列表不同的是，元组的元素不能修改操作，元组使用小括号，列表使用方括号。

8.5.1　元组的基本特点

元组（Tuple）是有序元素组成的集合，是一个不可变的对象，用"（ ）"来表示，在括号中添加元素，并使用逗号"，"隔开即可。

创建方法：

```
tuple_table = ()                        # 建立一个空元组
print(type(tuple_table))
执行结果: <class 'tuple'>
tuple_table = (1, 2, 3)
print(tuple_table)
执行结果: (1, 2, 3)
```

注意：当元组中只有一个元素时，必须在元素后面加一个逗号，否则该变量类型将不是元组类型，而是括号中元素本身的类型。

```
tuple_table = (1)
print(type(tuple_table))
```

```
执行结果: <class 'int'>
tuple_table = (1,)
print(type(tuple_table))
执行结果: <class 'tuple'>
```

8.5.2　元组的基本操作

1.　访问元组

可以使用下标索引来访问元组中的值，输入如下代码:

```
tup1 = ('physics', 'chemistry', 1997, 2000);
tup2 = (1, 2, 3, 4, 5, 6, 7);
print "tup1[0]: ", tup1[0]
print "tup2[1:5]: ", tup2[1:5]                # 区间取值为左闭右开
执行结果:
tup1[0]:  physics
tup2[1:5]:  [2, 3, 4, 5]
```

2.　元组连接

元组中的元素值是不允许修改的，但可以对元组进行连接组合，输入如下代码:

```
tup1 = (12, 34.56);
tup2 = ('abc', 'xyz');
# 创建一个新的元组
tup3 = tup1 + tup2;
print tup3;
执行结果:
(12, 34.56, 'abc', 'xyz')
```

3.　删除元组

元组中的元素值是不允许删除的，但可以使用 del 语句来删除整个元组，输入如下代码:

```
tup = ('physics', 'chemistry', 1997, 2000);
del tup;
print tup;
```

4.　元组运算符

与字符串一样，元组之间可以使用"+"号和"*"号进行运算。这就意味着它们可以组合和复制，运算后会生成一个新的元组。常用的元组运算符如图 8-4 所示。

Python 表达式	结果	描述
len((1, 2, 3))	3	计算元素个数
(1, 2, 3) + (4, 5, 6)	(1, 2, 3, 4, 5, 6)	连接
('Hi!',) * 4	('Hi!', 'Hi!', 'Hi!', 'Hi!')	复制
3 in (1, 2, 3)	True	元素是否存在
for x in (1, 2, 3): print x,	1 2 3	迭代

图 8-4　元组运算符

8.5.3　常用元组方法

1. 常用方法

常用的元组方法如表 8-13 所示。

表 8-13　元组方法

操作符	描述
tuple.count(A)	输出元素 A 在元组中出现的次数
tuple.index(A)	输出元素 A 在元组里面的第一个匹配项的索引值

2. 常用函数

常用的元组函数如表 8-14 所示。

表 8-14　元组函数

操作符	描述
cmp(tuple1, tuple2)	比较两个元组的元素
len(tuple)	元组元素个数
max(tuple)	返回元组元素最大值
min(tuple)	返回元组元素最小值
tuple(seq)	将列表转换为元组

8.6　集合

Python 除了 List、Tuple、Dict 等常用数据类型外，还有一种数据类型叫作集合（Set），集合的最大特点是：集合里的元素是不可重复的，并且集合内的元素还是无序的。

8.6.1　创建集合

集合（Set）是一个无序的不重复元素序列。可以使用大括号 " { } " 或者 set() 函数创建集合。

注意：创建一个空集合必须用 set() 而不是 " { } "，因为 " { } " 是用来创建一个空字典。输入如下代码：

```
>>>set1=set("hello")
>>>set1
执行结果:
{'e', 'h', 'l', 'o'}
```

注意：集合中的元素是不可重复的。

8.6.2 集合的基本操作

集合的最基本操作有集合取交集、取并集、取差集、判断一个集合是不是另一个集合的子集或者父集等。集合的基本操作如表 8-15 所示。

表 8-15 集合的基本操作

操作符	描述
s1.intersection(s2)	将两个集合的交集作为一个新集合返回。 也可以使用 "&" 操作符执行交集操作
s1.union(s2)	集合的并集作为一个新集合返回。 也可以使用操作符 "-" 执行差集操作
s1.difference(s2)	将两个或多个集合的差集作为一个新集合返回。 也可以使用 "^" 操作符执行差集操作
s1.issubset(s2)	判断 s2 是否是 s1 的子集，是就返回 True。 也可以使用操作符 "<" 执行子集操作
tuple(seq)	将列表转换为元组

8.6.3 常用集合方法

1. 常用方法

集合的常用方法如表 8-16 所示。

表 8-16 集合的常用方法

操作符	描述
s.add(x)	将元素 x 添加到集合 s 中，如果元素已存在，则不进行任何操作
s.update(x)	添加元素 x，且参数可以是列表、元组、字典等
s.remove(x)	将元素 x 从集合 s 中移除，如果元素不存在，则会发生错误
s.pop()	随机删除集合中的一个元素
s.discard(x)	删除集合中的一个元素 x（如果元素不存在，则不执行任何操作）
s.clear()	清空集合
tuple(seq)	将列表转换为元组

2. 常用函数

集合的常用函数如表 8-17 所示。

表 8-17　集合的常用函数

操作符	描述
all()	如果集合中的所有元素都是 True（或者集合为空），则返回 True
any()	如果集合中的所有元素都是 True，则返回 True；如果集合为空，则返回 False
enumerate()	返回一个枚举对象，其中包含了集合中所有元素的索引和值（配对）
len()	返回集合的长度（元素个数）
max()	返回集合中的最大项
min()	返回集合中的最小项
sorted()	从集合中的元素返回新的排序列表（不排序集合本身）
sum()	返回集合的所有元素之和

8.7　字典

字典（Dict）是另一种可变容器模型，且可存储任意类型对象。字典是 Python 中唯一内建的映射类型。字典中没有特殊的顺序，但都存储在一个特定的键（Key）下，键可以是数字、字符串甚至元组。

8.7.1　创建字典

字典由多个键和其对应的值构成的键 – 值对（key=>value）组成，键和值中间以冒号"："隔开，每个键 – 值对之间用逗号"，"隔开，整个字典由大括号"{}"括起来，如图 8-5 所示。键一般是唯一的，如果重复最后的一个键 – 值对会替换前面的，值不需要唯一。

（1）基本格式：d = {key1 : value1, key2 : value2 }

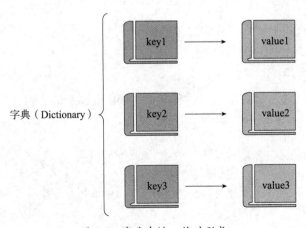

图 8-5　字典中键 – 值对形式

输入如下代码：

```
dict = {'Name': 'Zara', 'Age': 7, 'Class': 'First'}
print ("dict['Name']: ", dict['Name'])
print ("dict['Age']: ", dict['Age'] )
执行结果:
dict['Name']:  Zara
dict['Age']:  7
```

（2）使用 dict() 函数通过关键字参数来创建字典

输入一个简单的字典实例代码：

```
dict = {'name': 'runoob', 'likes': 123, 'url': 'www.runoob.com'}
```

它的每部分对应形式如图 8-6 所示。

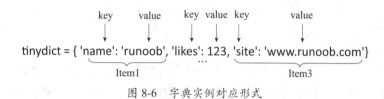

图 8-6　字典实例对应形式

8.7.2　字典的基本操作

常用的字典基本操作如下所示：

1）len (d)：返回 d 中键 – 值对的数量。

2）str(dict)：# 输出字典可打印的字符串表示。

3）d[k]：返回键 k 上的值。

4）d[k] = v：将值 v 关联到键 k 上。

5）del d[k]：删除键为 k 的项。

6）k in d：检查 d 中是否含有键为 k 的项。

8.7.3　字典的常用方法

字典由 dict 类代表，因此可以同样使用 dir(dict) 来查看该类包含哪些方法。执行下面代码：

```
>>> dir(dict)
执行结果:
['clear', 'copy', 'fromkeys', 'get', 'items', 'keys', 'pop', 'popitem',
'setdefault', 'update', 'values']
```

1. clear() 方法

clear() 用于清空字典中所有的 key-value 对，对一个字典执行 clear() 方法之后，该字典就会变成一个空字典，无返回值。输入如下代码：

```
cars={"BMW":8.5,"BENS":8.3,"AUDI":7.9}
print(cars) #{'BMW': 8.5, 'BENS': 8.3, 'AUDI': 7.9}
# 清空 cars 所有 key-value 对
cars.clear()
print(cars) #{}
执行结果: {}
```

2. get() 方法

get() 方法是个更宽松的访问字典项的方法，其实就是根据 key 来获取 value，它相当于方括号语法的增强版。当使用方括号语法访问不存在的 key 时，字典会引发 KeyError 错误；但如果使用 get() 方法访问不存在的 key 时，该方法会简单地返回 None，不会导致错误。输入如下代码：

```
cars={"BMW":8.5,"BENS":8.3,"AUDI":7.9}
# 获取 "BMW" 对应的 value
print(cars.get("BMW") #8.5
print(cars.get("PORSCHE") #None
print(cars["PORSCHE"]) #KeyError
```

3. update() 方法

update() 方法可以利用一个字典项更新另外一个字典。在执行 update() 方法时，如果被更新的字典中已包含对应的 key-value 对，那么原 value 会被覆盖；如果被更新的字典中不包含对应的 key-value 对，则该 key-value 对被添加进去。

Updat() 方法提供的字典中的项会被添加到原字典中，若有相同的项则会进行覆盖。输入如下代码：

```
cars={"BMW":8.5,"BENS":8.3,"AUDI":7.9}
cars.update({"BMW":4.5,"PORSCHE":9.3})
print(cars)
执行结果:
{'BMW': 4.5, 'BENS': 8.3, 'AUDI': 7.9, 'PORSCHE': 9.3}
```

从上面的执行过程可以看出，由于被更新的 dict 中已包含 key 为"AUDI"的 key-value 对，因此更新时该 key-value 对的 value 将被改写；但如果被更新的 dict 中不包含 key 为"PORSCHE"的 key-value 对，那么更新时就会为原字典增加一个 key-value 对。

4. tems()、keys()、values()

items()、keys()、values() 分别用于获取字典中的所有 key-value 对、所有 key、所有 value。这三个方法依次返回 dict_items、dict_keys 和 dict_values 对象，Python 不希望用户直接操作这几个方法，但可通过 list() 函数把它们转换成列表。如下代码示范了这三个方法的用法。

```
cars={"BMW":8.5,"BENS":8.3,"AUDI":7.9}
# 获取字典所有的 key-value 对，返回一个 dict_items 对象
ims=cars.items()
print(type(ims))  #<class 'dict_items'>
# 将 dict_items 转换成列表
print(list(ims)) #[('BMW', 8.5), ('BENS', 8.3), ('AUDI', 7.9)]
# 访问第 2 个 key-value 对
print(list(ims)[1]) #('BENS', 8.3)
# 获取字典所有的 key，返回一个 dict_keys 对象
keys=cars.keys()
print(type(keys))  #<class 'dict_keys'>
# 将 dict_key 转换为列表
print(list(keys)) #['BMW', 'BENS', 'AUDI']
# 访问第 2 个 key
print(list(keys)[1]) #BENS
# 将 dict_values 转换成列表
vals=cars.values()
print(type(vals)) #<class 'dict_values'>
# 访问第 2 个 value
print(list(vals)[1]) #8.3
```

从上面的代码可以看出，程序调用字典的 items()、keys()、values() 方法之后，都需要调用 list() 函数将它们转换为列表，这样就可以把三个方法的返回值转换为列表了。

5. pop() 方法

pop() 方法用于获取指定 key 对应的 value，并从字典中删除这个 key-value 对。如下代码示范了 pop() 方法的用法。

```
cars={"BMW":8.5,"BENS":8.3,"AUDI":7.9}
print(cars.pop("AUDI")) #7.9
print(cars) #{'BMW': 8.5, 'BENS': 8.3}
```

6. popitem() 方法

popitem() 方法由于字典没有顺序，所以 popitem() 会随机弹出字典中的一个 key-value 对进行删除。如下代码示范了 popitem() 方法的用法。

```
cars={"BMW":8.5,"BENS":8.3,"AUDI":7.9}
print(cars)    #{'BMW': 8.5, 'BENS': 8.3, 'AUDI': 7.9}
# 弹出字典底层存储的最后一个 key-value 对
print(cars.popitem())  #('AUDI', 7.9)
print(cars)    #{'BMW': 8.5, 'BENS': 8.3}
```

实际上 popitem() 弹出的就是一个元组，因此程序完全可以通过序列解包的方式用两个变量分别接收 key 和 value。输入如下代码：

```
cars={"BMW":8.5,"BENS":8.3,"AUDI":7.9}
# 将弹出项的 key 赋值给 k、value 赋值给 v
k,v=cars.popitem()
print(k,v)  #AUDI 7.9
```

7. setdefault() 方法

setdefault() 方法与 get() 方法类似，也用于根据 key 来获取对应 value。但该方法有一个额外的功能，即当程序要获取的 key 在字典中不存在时，该方法会先为这个不存在的 key 设置一个默认的 value，然后再返回该 key 对应的 value。如下代码示范了 setdefault() 方法的用法。

```
cars={"BMW":8.5,"BENS":8.3,"AUDI":7.9}
# 设置默认值，该 key 在 dict 中不存在，新增 key-value 对
print(cars.setdefault('PORSCHE',9.2))  #9.2
print(cars)
# 设置默认值，该 key 在 dict 中不存在，不会修改 dict 内容
print(cars.setdefault('BMW',3.4))  #8.5
print(cars)
```

注意：当键不存在时，setdefault() 方法返回默认值并且更新字典，如果键存在，那么就返回其对应的值，但是不改变字典，之前提到的 update() 方法是会覆盖旧的值。

8. fromkeys() 方法

fromkeys() 方法使用给定的多个 key 创建字典，这些 key 对应的 value 都默认是 None；也可以额外传入一个参数作为默认的 value。通常会使用 dict 类直接调用。如下代码示范了 fromkeys() 方法的用法。

```
# 使用列表创建包含 2 个 key 的字典
a_dict=dict.fromkeys(["a","b"])
print(a_dict) #{'a': None, 'b': None}
# 使用元组创建包含 2 个 key 的字典
b_dict=dict.fromkeys((13,17))
```

```
print(b_dict) #{13: None, 17: None}
# 使用元组创建包含 2 个 key 的字典，指定默认的 value
c_dict=dict.fromkeys((13,17),"good")
print(c_dict) #{13: 'good', 17: 'good'}
```

本章小结

本章主要介绍了 Python 的基本数据类型，包括整型、浮点型、布尔类型、字符串、列表、元组、集合、字典等。其中数字类型分为整型、浮点型、复数类型、布尔类型，可通过运算符进行各种数学运算。列表是 Python 中使用最频繁的数据类型，集合中可以放任何数据类型，可对集合进行创建、查找、切片、增加、修改、删除、循环和排序操作。元组和列表一样，也是一种序列，与列表不同的是，元组是不可修改的，元组用"()"标识，内部元素用逗号隔开。字典是一种键 – 值对的集合，是除列表以外 Python 之中最灵活的内置数据结构类型，列表是有序的对象集合，字典是无序的对象集合。集合是一个无序的、不重复的数据组合，它的主要作用有两个，分别是去重和关系测试。

习 题

1.（选择题）字符串是一个连续的字符序列，哪个选项可以实现打印字符信息的换行？（　　）

A. 使用"\n"　　　　　　　　　　　　B. 使用"\ 换行"

C. 使用空格　　　　　　　　　　　　D. 使用转义符"\"

2.（选择题）哪个选项不是 Python 语言的整数类型？（　　）

A. 0B1010　　　　B. 88　　　　C. 0x9a　　　　D. 0E99

3.（选择题）哪个选项是 Python 语言"%"运算符的含义？（　　）

A. x 与 y 的整数商　　　　　　　　　B. x 的 y 次幂

C. x 与 y 之商的余数　　　　　　　　D. x 与 y 之商

4.（选择题）哪个选项是下面代码的执行结果？（　　）

```
s='PYTHON'  print("{0:3}".format(s))
```

A. PYT　　　　　B. PYTHON　　　　C. PYTHON　　　　D. PYTH

5.（选择题）设 str = 'python'，把字符串的第一个字母大写，其他字母还是小写，正确的选项是（　　）。

A. print(str[0].upper()+str[1:])　　　　　　B. print(str[1].upper()+str[-1:1])

C．print(str[0].upper()+str[1:-1])　　　　D．print(str[1].upper()+str[2:])

6．（选择题）以下不能创建一个字典的语句是（　　　）。

A．dict1 = {}

B．dict2 = { 3 : 5 }

C．dict3 = {[1,2,3]: "uestc" }

D．dict4 = {(1,2,3): "uestc" }

7．（编程题）统计重复单词的次数，单词之间以空格为分隔符，并且不包含逗号（，）和点（．），用户输入一个英文句子，打印出每个单词及其重复的次数。

如输入：hello java hello python

　输出：hello 2

　　　　java 1

　　　　python 1

第9章　流程控制及异常处理

本章要点

　　本章主要内容为顺序结构、分支结构、循环结构等几种基本结构的用法、赋值语句及各种流程控制语句的使用方法以及异常的概念、异常处理的几种基本结构。

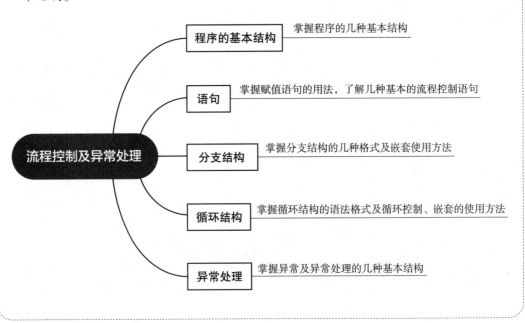

流程控制及异常处理

- 程序的基本结构 —— 掌握程序的几种基本结构
- 语句 —— 掌握赋值语句的用法，了解几种基本的流程控制语句
- 分支结构 —— 掌握分支结构的几种格式及嵌套使用方法
- 循环结构 —— 掌握循环结构的语法格式及循环控制、嵌套的使用方法
- 异常处理 —— 掌握异常及异常处理的几种基本结构

9.1　程序的基本结构

传统的面向过程程序设计的控制结构有三种，即顺序结构、选择结构和循环结构。即使在面向对象程序的设计和事件驱动程序的开发中，也离不开这三种基本结构。

Python 是按照语句的顺序执行的。如果想要改变语句流的执行顺序，必须让程序根据不同的情况来做不同的事情，则需要通过控制流语句来实现。在 Python 中有三种控制流语句：if、for 和 while。

在顺序结构中，语句是从上到下一句一句顺序执行的，就像走路时沿着一条笔直的马路行走一样，不用选择方向。但是很多情况下需要根据不同的情况进行各种选择。如根据天气，下雨了就要带伞，不下雨就不用带；学生如果考试不及格就要进行补考。这些情况下就要使用选择结构，使用 if 语句进行流程控制。

生活中有很多事情是需要重复处理的。如跑 800m，而操场只有 200m 长，就需要重复跑 4 圈；求 1～100 的和时，需要重复进行加法操作；检查全班 50 个同学计算机成绩是否及格时，需要重复地进行判断。这些情况就要用到循环结构，循环结构通过 for、while 等语句来实现。

9.2　语句

9.2.1　赋值语句

Python 中不需要事先声明变量名和类型，可以直接赋值创造各种类型的变量。进行赋值就必须用到赋值语句。对变量进行各种数学运算，然后赋值给变量是比较常见的做法。

1）变量赋值方法如下：

```
>>> a=2
>>> print (a)
执行结果：2
>>> a=a+2
>>> print (a)
执行结果：4
```

a=2 就是把 2 赋值给 a，使用 print (a) 语句可以输出 a 的值。a=a+2 就是把 a 原来的值加上 2 后赋值给 a。

2）可以使用增量赋值运算，如：

```
>>> a=2
>>> a+=2
>>> print (a)
执行结果: 4
```

a+=2 相当于 a=a+2，增量赋值的格式变为：变量 操作符 = 表达式。操作符可以使用常用的算术运算符，如加减乘除、求余与求商等。

3）可以对变量进行链式赋值操作，将一个值赋给多个变量，如：

```
>>> a=b=3
>>> print (a)
执行结果: 3
>>> print (b)
执行结果: 3
```

此时 a 和 b 的值都赋值为 3。

4）多个赋值语句可以同时运行，如：

```
>>> a,b,c=1,2,3
>>> print(a,b,c)
执行结果: 1 2 3
```

9.2.2 if 语句

Python 程序设计中除了顺序结构，还有分支结构和循环结构。分支结构可以采用 if 语句来完成。

if 语句首先要进行条件判断，根据判断结果的真假来选择执行哪一个语句。这种结构称为选择结构，或者分支结构。如果条件为真，运行一块语句（称为 if- 块），否则处理另外一块语句（称为 else- 块）。可以根据需要选择是否有 else 子句。

【例 9-1】从键盘输入 a、b，求 a、b 的最大值。

程序代码：

```
a=int(input('a='))
b=int(input('b='))
if a>b:
    max=a
else:
```

```
    max=b
print (max)
```

程序输入：

```
a=3
b=5
执行结果：
5
```

程序分析：此例求 a、b 的最大值，对 a、b 进行比较，当 a 的值比较大时，把 a 的值赋值给 max；否则，把 b 的值赋值给 max。

9.2.3　for 语句

Python 提供两种基本的循环结构：while 循环和 for 循环。

当条件为真时，while 语句允许重复执行一块语句。while 语句一般用于循环次数未确定的情况，当然循环次数已经确定的情况也可以使用。while 语句可以选择是否有 else 子句。

【例 9-2】求 1+2+3+…+100 的和。

程序代码：

```
x,sum=1,0
while x<=100:
    sum+=x
    x+=1
print (sum)
执行结果：
5050
```

程序分析：此例进行 1～100 的整数求和，通过循环进行累加，和为 5050。

for 循环一般用于循环次数已经确定的情况，如枚举或遍历序列等。各种不同循环之间可以进行嵌套。

【例 9-3】打印序列 [1,2,3,4] 中的值。

程序代码：

```
for i in [1,2,3,4]:
    print (i)
else :
    print ('溢出')
执行结果：
1
2
```

```
3
4
溢出
```

程序分析：此例通过 for...in... 把序列中的每个数赋值给 i，每次一个，然后根据 i 的不同值来执行后续程序。else 部分是可以选择的，它在 for 循环结束后执行一次（除非遇到 break 语句）。

9.2.4　列表推导式

列表推导式是 Python 程序开发时应用较多的技术，可以使用简洁的方式快速生成满足要求的列表。列表推导式的工作方式类似于 for 循环。

列表推导式的格式为：

变量 =[表达式 for ...　in ...　if ...　]

列表推导式的结构是一个中括号里有一个表达式，后面接着是一个 for 语句，再接着是可以选择的 0 个或多个 for 或者 if 语句。表达式可以是任意表达式，可以在列表中放入任意类型的对象。返回结果将生成一个新的列表，这个列表在以 if 和 for 语句为上下文的表达式运行完成之后产生。

1）下面举一个列表推导式的例子，如：

```
>>> [x+x for x in range(5)]
执行结果: [0, 2, 4, 6, 8]
```

2）可以增加一个 if 语句作为条件，如：

```
>>> [x for x in range(20) if x % 4 == 0]
执行结果: [0, 4, 8, 12, 16]
```

3）在列表推导式中使用多个循环（循环中也可以通过 if 语句进行筛选），如：

```
>>> [(x,y) for x in range(2) for y in range(3)]
执行结果: [(0, 0), (0, 1), (0, 2), (1, 0), (1, 1), (1, 2)]
>>> [(x,y) for x in range(2) for y in range(3) if y<2]
执行结果: [(0, 0), (0, 1), (1, 0), (1, 1)]
```

9.3　分支结构

在分支结构和循环结构中，经常通过使用条件表达式来确定下一步要执行什么操作。表达式中经常使用的运算符包括算术运算符、关系运算符、测试运算、逻辑运算符和位运算符等，要注意运算符的优先级及结合性。条件表达式的值只要不是 False、所有类型的 0（包括整型、浮点型、复数型等）、None、空列表、空元组、空集体、空字典、空字符串或者其他的空序列，均可以认为与 True 等价。

9.3.1　单分支结构

单分支结构是最简单的一种分支结构，语法如下：

```
if  条件表达式：
    语句块
```

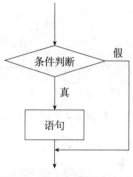

图 9-1　单分支结构流程图

注意：条件判断表达式后面的冒号不能少。当表达式的值等价于 True 时，执行语句块，否则语句块不执行。单分支结构的流程图如图 9-1 所示。

【例 9-4】输入 a、b 的值，并从大到小进行输出。

程序代码：

```
a=int(input('a='))
b=int(input('b='))
if a<b:
    t=a
    a=b
    b=t
print(a,b)
```

程序输入：

```
a=3
b=5
执行结果：
5 3
```

程序分析：当 a<b 时，把 a 和 b 的值进行交换，使用 t 作为中转变量来交换 a 和 b。也可以不用中转变量，改为 a,b=b,a 也可以实现两个数的交换。

9.3.2　双分支结构

双分支结构的语法为：

```
if 判断条件：
    代码块 1
else：
    代码段 2
```

当表达式的值等价于 True 时，执行语句块 1，否则执行语句块 2。

双分支结构的流程图如图 9-2 所示。

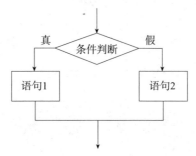

图 9-2　双分支结构流程图

【例 9-5】输入某个学生的某门课成绩，判断这门课成绩是否及格。

程序代码：

```
score=int(input('score='))
if score>=60:
        print('这门课及格')
else:
        print('这门课不及格')
```

程序输入：

```
score=85
执行结果：
这门课及格
```

程序分析：通过输入学生的成绩与 60 分进行比较来判断是否及格并输出。

9.3.3　多分支结构

多分支选择结构可以实现更多的选择，通过选择结构的嵌套，能处理更复杂的问题。

多分支选择结构的语法为：

```
if 判断条件 1:
        代码段 1
elif 判断条件 2:
        代码段 2
elif 判断条件 3:
        代码段 3
...
else:
        代码段 n
```

其中 elif 为 else if 的缩写。

【例 9-6】输入 x 的值，求相应符号函数的值 y。

程序代码：

```
x=float(input('x='))
if x<0:
    y=-1
elif x==0:
    y=0
else:
    y=1
print(y)
```

程序输入：

```
x=5
执行结果:
1
```

程序分析：当 x>0 时 y 值为 1，x=0 时 y 值为 0，x<0 时 y 值为 -1。此题使用多分支结构来实现嵌套。根据判断条件 1 和判断条件 2 的不同，可以用多种方式来实现本程序。

9.3.4 if-else 三元表达式

可以使用简化的三元表达式来实现 if-else 语句。

原结构为：

```
if 判断条件:
    代码块 1
else:
    代码段 2
```

使用三元表达式格式后为：

```
代码块 1 if 判断条件 else 代码段 2
```

【例 9-7】把如下代码通过三元表达式来实现。

```
a=int(input('a='))
b=int(input('b='))
if a>b:
    max=a
else:
    max=b
```

```
print(max)
```

程序代码：

```
a=int(input('a='))
b=int(input('b='))
max=a if a>b else b
print(max)
```

程序输入：

```
a=3
b=5
执行结果：
5
```

程序分析：掌握三元表达式的用法以及如何与普通 if-else 语句进行相互转换。

9.3.5 if 嵌套

if 嵌套指的是在 if 子句或者 else 子句里面包含 if 或者 if-else 语句。语法为：

```
if 判断条件1:
    if 判断条件2:
        代码块1
    else:
        代码块2
else:
    if 判断条件3:
        代码段3
    else:
        代码块4
```

使用 if 嵌套时一定要控制好不同级别代码的缩进量。

【例 9-8】输入一个学生的数学课成绩 score，判断该学生数学课成绩是 A、B、C、D 中哪一个等级。A 等为 80 分以上，B 等为 70～79 分，C 等为 60～69 分，D 等为 60 分以下。用 if-else 嵌套语句来实现。

程序代码：

```
score=int(input('score='))
if score>=70:
    if score>=80:
        print('这门课成绩为 A 等! ')
```

```
        else:
            print('这门课成绩为 B 等！')
else:
    if score>=60:
        print('这门课成绩为 C 等！')
    else:
        print('这门课成绩为 D 等！')
```

程序输入：

```
score=85
执行结果：
这门课成绩为 A 等！
```

程序分析：首先根据要求通过 if 嵌套用 70 分把成绩分成两段，在 70 以上分数段中再用 80 分把成绩分成 70～79 和 80 以上两段。70 以下分数段中再用 60 分把成绩分成 60～69 和 60 以下两段。

9.4　循环结构

9.4.1　for 循环

for 循环是 Python 提供的两种循环结构之一，编程时优先考虑使用这种格式。

1）for 循环基本格式为：

```
for  变量  in  序列或其他迭代对象:
    循环体
```

在一序列的对象上迭代，即逐一使用序列中的每个项目。for 循环结构的流程图如图 9-3 所示。

【例 9-9】古典问题：有一对兔子，从出生后第 3 个月起每个月都生一对兔子，小兔子长到第三个月后每个月又生一对兔子，假如兔子都不死，问每个月的兔子总数为多少？

程序代码：

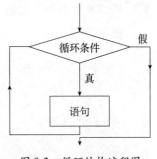

图 9-3　循环结构流程图

```
f1=1
f2=1
for i in range(1,21):
```

```
print('%12d%12d'%(f1,f2))
f1=f1+f2
f2=f1+f2
```

执行结果：

```
        1            1
        2            3
        5            8
       13           21
       34           55
       89          144
      233          377
      610          987
     1597         2584
     4181         6765
    10946        17711
    28657        46368
    75025       121393
   196418       317811
   514229       832040
  1346269      2178309
  3524578      5702887
  9227465     14930352
 24157817     39088169
 63245986    102334155
```

程序分析：兔子的对数为数列 1、1、2、3、5、8、13、21，使用 f1、f2 两个变量来进行存储并进行交替改变其值。

【例 9-10】打印出所有的"水仙花数"，所谓"水仙花数"是指一个三位数，其各位数字的三次方和等于该数本身。如 153 是一个"水仙花数"，因为 $153=1^3+5^3+3^3$。

程序代码：

```
for n in range(100,1000):
    i=n//100
    j=n//10%10
    k=n%10
    if(i*100+j*10+k==i**3+j**3+k**3):
        print('%-5d'%n)
执行结果：
153
370
371
407
```

程序分析：利用 for 循环控制在 100～999 中寻找水仙花数，通过"//"和"%"运算符计算出个位、十位、百位，再根据题目要求将各位数字三次方和等于该数本身的打印输出。

【例 9-11】有一分数序列：2/1，3/2，5/3，8/5，13/8，21/13，…求出这个数列的前 20 项之和。

程序代码：

```
a=2
b=1
s=0
for n in range(1,21):
    s+=a/b
    t=a
    a=a+b
    b=t
print ('%.2f'%s)
执行结果：
32.66
```

程序分析：抓住分子与分母的变化规律，新的分母是原来的分子，新的分子是原来的分子分母之和，使用 t 保存原来的分子。

【例 9-12】求 1!+2!+3!+…+20! 的和。

程序代码：

```
m,s,t=0,0,1
for n in range(1,21):
    t*=n
    s+=t
print('1!+2!+3!+…+20!=%d'%s) 程序输入：
执行结果：
1!+2!+3!+…+20!=2561327494111820313
```

程序分析：此程序在循环时同时进行求阶乘的累乘操作和求和的累加操作。

2）for 循环还可以带 else 子句，在不使用 break 退出循环而是循环条件不成立导致循环结束的情况下会执行 else 子句。

语法为：

```
for  变量 in   序列或其他迭代对象:
     循环体
else:
     else 子句
```

在例 9-3 中已经使用过这种结构，下面再看一个例子。

【例9-13】要求输出国际象棋棋盘。

程序代码：

```
for i in range(8):
    for j in range(8):
        if (i+j)%2!=0:
            print(chr(219)*2,end='')
        else:
        print('  ',end='')
    print('')
执行结果:
  ██ ██ ██ ██
██ ██ ██ ██
  ██ ██ ██ ██
██ ██ ██ ██
  ██ ██ ██ ██
██ ██ ██ ██
  ██ ██ ██ ██
██ ██ ██ ██
```

程序分析：用 i 控制行，j 来控制列，根据 i+j 的和的变化来控制是输出黑方格、还是白方格。

9.4.2 while 循环

while 循环是 Python 提供的另一种循环结构。同样可以选择是否带 else 子句，在不使用 break 退出循环而是循环条件不成立导致循环结束的情况下会执行 else 子句。

while 循环的语法为：

```
while 表达式:
    循环体
[else:
    else 子句]
```

使用 while 循环时注意在循环前定义循环变量初值，在循环体内进行循环变量的增值。

【例9-14】用 while 循环实现求 1!+2!+3!+…+20! 的和。

程序代码：

```
m,s,t,n=0,0,1,1
while n<=20:
```

```
        t*=n
        s+=t
        n+=1
print('1!+2!+3!+…+20!=%d'%s)
执行结果:
1!+2!+3!+…+20!=2561327494111820313
```

程序分析: for 循环比 while 循环的使用更广泛一些, 但 while 循环也能实现很多循环程序。本例改编自例 9-12, 注意对比两个程序的区别。

9.4.3　循环控制——break 和 continue

break 语句是在循环中跳出一层循环, 一般和 if 语句配合使用, 在达到一定条件时跳出循环。continue 语句的作用是跳出本次循环并结束 continue 语句之后的所有语句的执行, 然后继续下一次循环。

【例 9-15】输入一个数, 判断是不是素数。

程序代码:

```
from math import sqrt
m=int(input('m='))
for i in range(2,m+1):
    if m%i==0:
        break
if(i>=m):
    print('%-4d是素数 '%m)
else:
    print('%-4d不是素数 '%m)
```

程序输入:

```
m=17
执行结果:
17   是素数
```

程序分析: 判断素数的方法是用一个数分别去除 2 到这个数, 如果能被整除则表明此数不是素数, 反之是素数。本例用从 2 到 m 的数去除, 如果有小于 m 的数能除尽, 则说明此数不是素数, 此时用 break 退出且 i 的值小于 m, 否则是素数且 i 的值等于 m。通过 if 语句对 i 的值进行判断来输出是否是素数。

【例 9-16】以每行十个数的方式输出 100 以内不能被 3 整除的整数。

程序代码:

```
h=0
for i in range(1,101):
    if i%3==0:
        continue
    print('%-5d'%i,end='')
    h+=1
    if(h%10==0):
        print(' ')
执行结果:
1     2     4     5     7     8     10    11    13    14
16    17    19    20    22    23    25    26    28    29
31    32    34    35    37    38    40    41    43    44
46    47    49    50    52    53    55    56    58    59
61    62    64    65    67    68    70    71    73    74
76    77    79    80    82    83    85    86    88    89
91    92    94    95    97    98    100
```

程序分析:当 i 能被 3 整除时,使用 continue 语句跳出循环,不进行计数,也不输出。

9.4.4 嵌套循环

循环的嵌套就是在一个循环中嵌套另外一个循环。下面给出一些嵌套的例子。

【例 9-17】有 1、2、3、4 四个数字,能组成多少个互不相同且无重复数字的三位数?都是多少?

程序代码:

```
sum=0
for i in range(2,5):
    for j in range(1,5):
        for k in range(1,5):
            if(i!=k)and(i!=j)and(j!=k):
                sum=sum+1
                print (i,j,k)
print (sum)
执行结果:
2 1 3
2 1 4
2 3 1
2 3 4
2 4 1
2 4 3
3 1 2
3 1 4
3 2 1
3 2 4
```

```
3 4 1
3 4 2
4 1 2
4 1 3
4 2 1
4 2 3
4 3 1
4 3 2
18
```

程序分析：可以填在百位、十位、个位的数字都是 1、2、3、4。在所有可能的排列中去掉不满足条件的排列。

【例 9-18】输出九九乘法口诀表。

程序代码：

```
for i in range(1,10):
        for j in range(1,i+1):
                print("%d*%d=%-3d"%(j,i,i*j),end="")
        print()
执行结果如下：
1*1=1
1*2=2    2*2=4
1*3=3    2*3=6    3*3=9
1*4=4    2*4=8    3*4=12   4*4=16
1*5=5    2*5=10   3*5=15   4*5=20   5*5=25
1*6=6    2*6=12   3*6=18   4*6=24   5*6=30   6*6=36
1*7=7    2*7=14   3*7=21   4*7=28   5*7=35   6*7=42   7*7=49
1*8=8    2*8=16   3*8=24   4*8=32   5*8=40   6*8=48   7*8=56   8*8=64
1*9=9    2*9=18   3*9=27   4*9=36   5*9=45   6*9=54   7*9=63   8*9=72   9*9=81
```

程序分析：分行与列考虑，共 9 行 9 列，使用 i 来控制行，j 来控制列，外循环使用 i，内循环使用 j。

9.5　异常处理

9.5.1　异常处理基本结构

在编写程序时可能会产生一些错误，如除以零、使用的变量未定义、文件不存在等。异常就是程序运行时引发的错误，程序如果不能正确处理会导致程序终止。为了解决这些异常事件，可以增加 if 语句，但是没效率且不灵活。合理使用异常处理结构能使程序更加健壮，提高容错性。

1）先看一个异常处理的小例子：

```
>>> x=3/0
运行结果:
Traceback (most recent call last):
  File "<pyshell#10>", line 1, in <module>
    x=3/0
ZeroDivisionError: division by zero
```

可以观察到有一个 ZeroDivisionError 被引发，表示用零作除数的错误，并且检测到的错误位置也被打印了出来。

2）下面尝试读取用户键盘输入：

```
>>> s = input('请输入')
```

程序输入：

```
请输入 Ctrl+d
```

在要求输入时按 Ctrl+d 快捷键会出现异常。

```
执行结果:
Traceback (most recent call last):
  File "<pyshell#12>", line 1, in <module>
    s = input('请输入')
EOFError: EOF when reading a line
```

Python 引发了一个称为 EOFError 的错误，这个错误表明发现了一个不期望的文件尾。

当产生异常后，需要对异常进行处理。最基本的结构是 try-except 结构，把可能出现异常的语句放在 try 子句中，用 except 子句捕捉相应异常并把错误处理语句放在 except 子句中。另一种常用的结构是 try-except-else 结构，增加了 else 子句，当未抛出异常时，执行 else 子句。还可以使用 try-except-finally 结构，无论是否抛出异常，finally 子句都会执行。

9.5.2 捕捉异常——try-except

try-except 结构是最基本的一种结构，把可能出现异常的语句放在 try 子句中，用 except 子句捕捉相应异常并把错误处理语句放在 except 子句中。如果 try 子句没有出现异常，则继续往下执行后续语句。如果发生异常且用 except 捕获，则执行相应子句中对应的异常处理的执行代码。如果没有被 except 捕获，就往外层抛出；如果直到最外层都没有被捕获，程序则终止。

1）下面看一个捕捉异常的例子：

```
try:
     file = open('test.txt', 'rb')
except IOError:
     print('An IOError occurred. ')
执行结果：
RESTART: C:/Users/Administrator/AppData/Local/Programs/Python/Python37-32/test.py
An IOError occurred.
```

因为文件 test.txt 不存在，打不开文件导致发生异常。except 检测到 IOError 错误，会执行 print 语句进行输出打印。

2）except 子句可以有多句，捕捉各种不同的异常，如：

```
try:
     x=int(input(' 输入 x '))
     y=int(input(' 输入 y '))
     print (x/y)
except ZeroDivisionError:
     print(' 不能用零来作除数 ')
except ValueError:
     print(' 输入值错误 ')
```

当 X，Y 是正常实数时，不会发生异常，当输入除数为零时，发生 ZeroDivisionError 异常，输出给出提示"不能用零来作除数"，当输入非数值型的初始条件时，会发生 ValueError，无法进行数值的整型转化，给出提示"输入值错误"。

9.5.3　异常终止——try-finally

在 try-finally 结构中，无论是否抛出异常，finally 子句都会执行，用来做一些清理工作，进行资源的释放。可以同时使用 except 子句和 finally 子句，如：

```
try:
     2/0
except:
     print(1)
finally:
     print(2)
执行结果：
RESTART: C:/Users/Administrator/AppData/Local/Programs/Python/Python37-32/test.py
1
2
```

此时 1、2 都会输出。

9.5.4 抛出异常——raise 语句

1）可以使用 raise 语句引发异常，用一个类或者实例参数调用，如：

```
>>> raise Exception
执行结果：
Traceback (most recent call last):
  File "<pyshell#1>", line 1, in <module>
    raise Exception
  Exception
```

raise 引发一个没有任何有关错误信息的普通异常。

2）可以自定义异常类型并引发，如：

```
class ShortInputException(Exception):
    def __init__(self, length,atleast):
        Exception.__init__(self)
        self.length = length
        self.atleast = atleast
try:
    text = input('请输入 ')
    if len(text) < 5:
        raise ShortInputException(len(text),5)
except ShortInputException as ex:
print('输入是 {0} 个字符长度，最少 {1} 个字符长度 '.format(ex.length, ex.atleast))
```

程序输入：

```
请输入 abc
执行结果：
输入是 3 个字符长度，最少 5 个字符长度
```

当输入长度少于 5 个字符时会提示错误，创建一个新的异常类型 ShortInputException 类，它有两个域，其中 length 是给定输入的长度，atleast 则是程序期望的最小长度。

9.5.5 assert 异常

断言（assert）是一种特殊的异常处理方式，在形式上更简单一些，能进行简单的异常处理和确认，并可以与标准的异常处理方式结合使用。断言可以在条件不满足程序运行的情况下直接返回错误，而不必等待程序运行后出现崩溃的情况。

断言的语法为：

```
assert　表达式 [,参数 ]
```

当判断表达式的值为真时，什么都不用做。当判断表达式的值为假时，抛出异常。一般用于对运行条件进行验证，仅当 _debug_ 为真时有效。当 Python 脚本以 -O 选项编译成为字节码文件时，assert 语句将被移除，如：

```
>>> assert 1==2, '1 不等于 2'
执行结果:
Traceback (most recent call last):
  File "<pyshell#0>", line 1, in <module>
    assert 1==2, '1 不等于 2'
AssertionError: 1 不等于 2
```

9.5.6　没有捕捉到异常——else

如果想在没有触发异常时执行一些代码，可以通过一个 else 子句来完成，else 子句的异常将不会被捕获，如：

```
try:
    text = input(' 请输入 ')
except EOFError:
    print(' 不正常的结束 ')
except KeyboardInterrupt:
    print(' 你取消了操作 ')
else:
    print(' 你输入了 {0}'.format(text))
```

当没有产生异常时，可以使用 else 子句正常输出从键盘输入的内容，当输入 Ctrl+d 结束时会产生 EOFError 错误，当输入 Ctrl+c 时会产生 KeyboardInterrupt 错误。

本章小结

本章先介绍了顺序结构、分支结构和循环结构这三种基本的程序结构。然后介绍了赋值语句的使用，对 if 语句、for 语句、while 语句、列表推导式进行了简单介绍。接着对分支结构中单分支结构、二分支结构、多分支机构、if-else 三元表达式、if 嵌套等进行了详细解析。对 for 循环和 while 循环进行了介绍，并对循环中中断或者退出的循环控制语句 break 和 continue 的用法进行了详细说明，接着使用一些例子说明循环是如何进行嵌套的。最后对异常进行了解析，包括异常处理基本结构，如何捕捉异常（try-except）、异常如何终止（try-finally）及抛出异常方法（raise)、断言（assert）的使用及没有捕捉到异常时的处理方法（else）。

习 题

1.（编程题）输入三个整数 x，y，z，请把这三个数由小到大输出。

2.（编程题）企业发放的奖金提成由利润决定。利润低于或等于 10 万元时，奖金可提 10%；利润高于 10 万元、低于 20 万元时，低于 10 万元的部分按 10% 提成，高于 10 万元的部分可提成 7.5%；20 万～40 万元之间时，高于 20 万元的部分可提成 5%；40 万～60 万元之间时，高于 40 万元的部分可提成 3%；60 万～100 万元之间时，高于 60 万元的部分可提成 1.5%，高于 100 万元时，超过 100 万元的部分按 1% 提成，从键盘输入当月利润，求应发放奖金总数？

3.（编程题）一个整数，它加上 100 后是一个完全平方数，再加上 268 又是一个完全平方数，请问该数是多少？

4.（编程题）输入某年某月某日，判断这一天是这一年的第几天？

5.（编程题）将一个正整数分解质因数。如输入 90，打印出 90=2*3*3*5。

6.（编程题）输入一行字符，分别统计出其中英文字母、空格、数字和其他字符的个数。

7.（编程题）求 a+aa+aaa+aaaa+…+aa…a 的值，其中 a 是一个数字，如 2+22+222+2222+22222（此共有 5 个数相加），具体几个数相加由键盘输入值来控制。

8.（编程题）一个数如果恰好等于它的因子之和，这个数就称为"完数"。如 6=1+2+3，编程找出 1000 以内的所有完数。

9.（编程题）判断 201～300 之间有多少个素数，并输出所有素数。

第 10 章　函数

本章要点

    在前面的章节中，编写的大部分代码都是从上到下依次执行的，如果某段代码需要被多次使用，那么需要将该段代码复制多次，这种做法势必会影响开发效率，在实际项目开发中是不可取的。Python 提供了函数，我们可以把实现某一功能的代码定义为一个函数，然后在需要使用时，随时调用即可，十分方便。对于函数，简单地理解就是可以完成某项工作的代码块，有点类似积木块，可以被反复地使用。

    在本章将学习如何编写函数。函数是带名字的代码块，用于完成具体的工作。当要执行函数定义的特定任务时，可调用该函数。当需要在程序中多次执行同一项任务时，无须反复编写完成该任务的代码，只需要调用执行该任务的函数，让 Python 运行其中的代码即可。因此，通过使用函数，程序的编写、阅读、测试和修复都更加容易。此外，还将学习向函数传递信息的方式，学习如何编写主要任务是显示信息的函数，以及旨在处理数据并返回一个或一组值的函数。

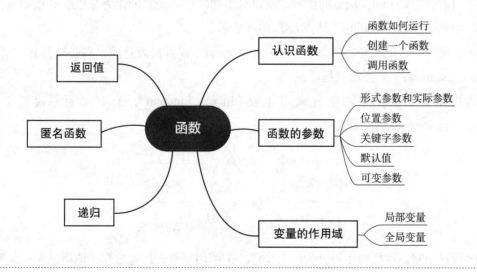

10.1　认识函数

大家一定使用过闹钟吧！它的功能就是定时呼叫。只要定时功能没有被取消，它会随着时间的循环，不断地重复响铃。若从程序设计的角度来看，闹钟的定时呼叫，就是所谓的"函数"（Function）或"方法"（Method）。两者之间的区别在于，在结构化程序设计中，称之为"函数"；而在面向对象的程序设计中，应用在对象内部，称之为"方法"。

提到函数，大家可能会想到数学函数，函数是数学中最重要的一个模块，贯穿整个数学。在 Python 中，函数的应用非常广泛。在前面我们已经多次接触过函数。例如，用于输出的 print() 函数、用于输入的 input() 函数，以及用于生成一系列整数的 range() 函数。但这些都是 Python 内置的标准函数，可以直接使用。除了可以直接使用的标准函数之外，Python 还支持自定义函数，即通过将一段有规律的、重复的代码定义为函数，以达到一次编写可以多次调用的目的。使用函数可以提高代码的重复利用率。

10.1.1　函数如何运行

在学习自定义函数之前，先来学习内置函数的使用。如：

```
number=78,145,64   # 建立一个 Tuple 对象
sum(number)        # 调用内置函数 sum() 进行求和
```

调用 sum() 函数，并将"实参"（Tuple 的元素）进行传递，完成运算后再进行输出。此处我们不会看到 sum() 函数的细节，所以对于初次接触函数的读者来说，必须知道，定义函数和调用函数是不同的，具体如图 10-1 所示。

定义函数：可能是单行或多行语句（Statement）或者是表达式，它必须要有"形参"（Formal parameter）来接收数据。

调用函数：从程序的位置调用函数（Invoke function），有时必须通过"实参"（Actual arguments）来传输数据。

图 10-1　定义函数和调用函数数据的传送

运行程序时，函数的运行分为两大步骤：①调用函数，传递数据，取得结果；②定义

函数，接收、处理数据。下面展示自定义函数 total() 的过程，这个函数可以用来计算某个区间数值的和。定义函数要以关键字"def"定义 total() 函数及函数主体，它提供函数运行的依据。调用函数从程序语句中"调用函数"total()。调用函数后，"实参"(Actual argument) 将相关的数据传给已定义好的 total() 函数进行计算，控制权会传递给 total() 函数。如果有"返回值"则传递给 return 语句，输出后赋值给"调用函数"的变量"number"进行保存。此时程序代码的控制权便由定义函数 total() 回到"调用函数"，继续运行下一个语句。函数运行的参数传递如图 10-2 所示。

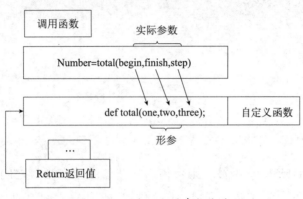

图 10-2　函数运行的参数传递

10.1.2　创建一个函数

创建函数也称为定义函数，可以理解为创建一个具有某种用途的工具，使用"def"关键字实现，具体的语法格式如下：

```
def functionname([parameterlist]);
["comments"]
[functionbody]
```

参数说明如下。

functionname：函数名称，在调用函数时使用。

Parameterlist：可选参数，用于指定向函数中传递的参数。如果有多个参数，则各个参数间使用","分隔：如果不指定，则表示该函数没有参数，在调用时，也不指定参数。

"comments"：可选参数，表示为函数指定注释，称为文档字符串（Docstrings），其内容通常是说明该函数的功能、要传递的参数的作用等，可以为用户提供友好提示和帮助的内容。

下面通过简单的例子，来了解自定义函数。

【例10-1】自定义函数输出语句。

自定义函数 msg()，没有参数列表，只以 print() 函数输出字符串。程序中只要调用这个函数，就会输出 "We love Python!!" 字符串。我们通过 Python Shell 互动模式，来了解自定义函数的过程。自定义输出字符串程序运行如下所示：

```
>>> def msg():
    print('We love Python!!')
执行结果：
>>> msg()
We love Python!!
```

【例10-2】定义接收参数的函数：

```
def hello(name):
    print('hello'+name)
hello('Wuhan')
hello('Huangshi')
```

如果调用 print() 或 len() 函数，则会传入一些值并放在括号之间，在这里成为"参数"；也可以自己定义接收参数的函数。在文件编辑器中输入例 10-2 的程序代码，将它保存为 helloFunc1.py。在这个程序的 hello() 函数定义中，有一个名为 name 的变元。变元是一个变量，当函数被调用时，参数就存放在其中。定义接收参数的函数的运行结果如下所示：

```
hello  Wuhan
hello  Huangshi
```

10.1.3　调用函数

函数在定义完成后不会立刻执行，直到被程序调用时才会执行。调用函数的方式非常简单，其语法格式如下所示：

```
函数名（[参数列表]）
```

如定义一个 add() 与 add_modify() 函数。

add() 函数的代码如下：

```
def add():
    result=11+22
    print(result)
```

add_modify() 函数的代码如下：

```
def add_modify(a,b):
    result=a+b
    print(result)
```

如果调用定义的 add() 与 add_modify() 函数，代码如下：

```
add()
add_modify(10,20)
```

调用 add() 与 add_modify() 函数运行代码，运行结果如下所示：

```
33
30
```

实际上，程序在执行 add_modify(10,20) 时经历了以下 4 个步骤：

1）程序在调用函数的位置暂停执行。

2）将数据 (10,20) 传递给函数参数。

3）执行函数体中的语句。

4）程序回到暂停处继续执行。

执行 add_modify(10,20) 的整个过程如图 10-3 所示。

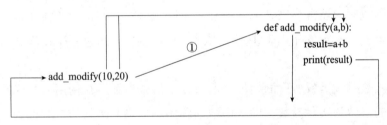

图 10-3　执行 add_modify(10,20) 的过程图

函数内部也可以调用其他函数，称为函数的嵌套调用。例如，在 add_modify() 函数内部增加调用 add() 的代码，修改后的函数代码如下所示：

```
def add_modify(a,b):
    result=a+b
    add()
    print(result)
```

运行函数调用代码 add_modify(10,20)，结果如下所示：

```
33
30
```

我们来分析这种嵌套调用的过程，如图 10-4 所示。

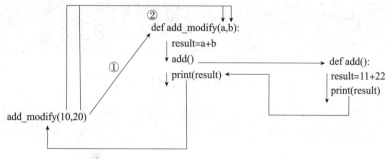

图 10-4 嵌套 add_modify(10,20) 的执行过程

10.2 函数的参数

通常将定义函数时设置的参数称为形式参数（简称为形参），将调用函数时传人的参数称为实际参数（简称为实参）。函数的参数传递是指将实际参数传递给形式参数的过程。函数参数的传递可以分为位置参数的传递、关键字参数的传递、默认参数的传递、可变参数的传递。

10.2.1 形式参数和实际参数

在使用函数时，经常会用到形式参数和实际参数，它们都被叫作参数。下面将先通过形式参数与实际参数的作用来讲解二者之间的区别，再通过一个比喻和例子予以深入的理解。

在定义函数时，函数名后面括号中的参数为形式参数。在调用一个函数时，函数名后面括号中的参数为实际参数。即将函数的调用者提供给函数的参数称为实际参数。形式参数和实际参数的表达形式如图 10-5 所示。

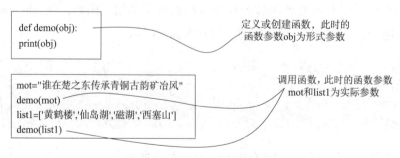

图 10-5 形式参数和实际参数

根据实际参数的类型不同，可以分为两种情况：一种是将实际参数的值传递给形式

参数；另一种是将实际参数的引用传递给形式参数。其中，当实际参数为不可变对象时，进行的是值传递；当实际参数为可变对象时，进行的是引用传递。实际上，值传递和引用传递的基本区别是：进行值传递后，改变形式参数的值，实际参数的值不变；而进行引用传递后，改变形式参数的值，实际参数的值也一同改变。

【例 10-3】定义一个名称为 demo 的函数，然后为 demo() 函数传递一个字符串类型的变量作为参数（代表值传递），并在函数调用前后分别输出该字符串变量，再为 demo() 函数传递一个列表类型的变量作为参数（代表引用传递），并在函数调用前后分别输出该列表。代码如下所示：

```
# 定义函数
def demo(obj):
    print(" 原值 :",obj)
    obj+=obj
# 调用函数
print("================= 值传递 =================")
mot=" 谁在楚之东传承青铜古韵矿冶风 "
print(" 函数调用前 :",mot)
demo(mot)  # 采用不可变对象字符串
print(" 函数调用后 :",mot)
print("================= 引用传递 =================")
list1=[' 黄鹤楼 ',' 仙岛湖 ',' 磁湖 ',' 西塞山 ']
print(" 函数调用前 :",list1)
demo(list1)  # 采用可变对象列表
print(" 函数调用后 :",list1)
```

上述代码的执行结果如下所示：

```
================= 值传递 =================
函数调用前：谁在楚之东传承青铜古韵矿冶风
原值：谁在楚之东传承青铜古韵矿冶风
函数调用后：谁在楚之东传承青铜古韵矿冶风
================= 引用传递 =================
函数调用前: [' 黄鹤楼 ', ' 仙岛湖 ', ' 磁湖 ', ' 西塞山 ']
原值: [' 黄鹤楼 ', ' 仙岛湖 ', ' 磁湖 ', ' 西塞山 ']
函数调用后: [' 黄鹤楼 ', ' 仙岛湖 ', ' 磁湖 ', ' 西塞山 ', ' 黄鹤楼 ', ' 仙岛湖 ', ' 磁湖 ', ' 西塞山 ']
```

从上述执行结果可以看出，在进行值传递时，在改变形式参数的值后，实际参数的值不变；在进行引用传递时，改变形式参数的值后，实际参数的值也发生改变。

10.2.2　位置参数

函数在被调用时会将实参按照相应的位置依次传递给形参，即将第 1 个实参传递给第 1 个形参，将第 2 个实参传递给第 2 个形参，以此类推。

【例 10-4】 定义一个获取 2 个数之间最大值的 get_max() 函数，并调用 get_max() 函数，代码如下所示：

```python
def get_max(a,b):
    if a>b:
        print(a,"是较大的值！")
    else:
        print(b,"是较大的值！")
get_max(8,5)
```

以上函数执行后会将第 1 个实参 8 传递给第 1 个形参 a，将第 2 个实参 5 传递给第 2 个形参 b。运行代码，结果如下所示：

```
8 是较大的值！
```

为了更加明白其中的工作原理，来看一个显示宠物信息的函数 pets.py。这个函数指出宠物属于什么动物以及名字是什么，程序如下所示：

```python
def discribe_pet(animal_type,pet_name):
    """显示宠物的信息。"""
    print(f"\nI have a {animal_type}.")
    print(f"My {animal_type}'s name is {pet_name}.")
discribe_pet('teddydog','mini')
```

这个函数的定义表明，它需要一种动物类型和一个名字。调用 discribe_pet 时，需要按顺序提供一种动物类型和一个名字。如在上述程序中，实参 'teddydog' 被赋值给形参 animal_type，实参 'mini' 被赋值给形参 pet_name。在函数体中，使用这两个形参来显示宠物的信息。输出一只名叫 mini 的泰迪犬，其执行结果如下所示：

```
I have a teddydog.
My teddydog's name is mini.
```

10.2.3 关键字参数

关键字实参是传递给函数的名称值对。因为直接在实参中将名称和值关联起来，所以向函数传递实参时不会混淆（不会得到名为 mini 的 teddydog 这样的结果）。关键字实参无须考虑函数调用中的实参顺序，并清楚地指出了函数调用中各个值的用途。下面重新编写 pets.py，在其中使用关键字实参来调用 describe pet()。程序如下所示：

```python
def discribe_pet(animal_type,pet_name):
```

```
    """显示宠物的信息。"""
    print(f"\nI have a {animal_type}.")
    print(f"My {animal_type}'s name is {pet_name}.")
discribe_pet(animal_type='teddydog',pet_name='mini')
```

函数 discribe_pet() 还和之前一样，但调用这个函数时，向 Python 明确指出了各个实参对应的形参。看到这个函数调用时，Python 知道应该将实参 'mini' 和 'teddydog' 分别赋给形参 animal_type 和 pet_name。输出正确无误，指出有一只名为 mini 的泰迪犬。关键字实参的顺序无关紧要，因为 Python 知道各个值该赋给哪个形参。下面两个函数调用时是等效的：

```
discribe_pet(animal_type='teddydog',pet_name='mini')
discribe_pet(pet_name='mini',animal_type='teddydog')
```

10.2.4　默认值

编写函数时，可给每个形参指定默认值。在调用函数中为形参提供实参时，Python 将使用指定的实参值；否则，将使用形参的默认值。因此，给形参指定默认值后，可在函数调用中省略相应的实参。使用默认值可简化函数调用，还可清楚地指出函数的典型用法。

如发现调用 discribe_pet() 时，描述的大多是小猫，就可将形参 animal_type 的默认值设置为 'cat'。这样，调用 discribe_pet() 来描述小猫时，就可不提供这个信息。具体程序如下所示：

```
def discribe_pet(pet_name,animal_type='cat'):
    """显示宠物的信息。"""
    print(f"\nI have a {animal_type}.")
    print(f"My {animal_type}'s name is {pet_name}.")
discribe_pet(pet_name='maomi')
```

这里修改了 discribe_pet() 的定义，为形参 animal_type 指定了默认值 'cat'。调用这个函数时，如果没有给 animal_type 指定值，Python 就将这个形参设置为 'cat'。执行结果如下所示：

```
I have a cat.
My cat's name is maomi.
```

在这个函数的定义中，修改了形参的排列顺序。因为给 animal_type 指定了默认值，无须通过实参来指定动物类型，所以在函数调用中只包含一个实参——宠物的名字。然而，Python 依然将这个实参视为位置实参，因此，如果函数调用中只包含宠物的名字，这个实参将关联到函数定义中的第一个形参。这就是需要将 pet_name 放在形参列表开头的原因。现在，使用这个函数的最简单方式是在函数调用中只提供小猫的名字。程序如下所示：

```
describe_pet('maomi')
```

这个函数调用的输出与前一个示例相同，只提供了一个实参 'maomi'，这个实参将关联到函数定义中的第一个形参 pet_name。由于没有给 animal_type 提供实参，Python 将使用默认值 'cat'。

如果描述的动物不是小猫，可使用类似于下面的函数调用：

```
discribe_pet(pet_name='mini',animal_type='teddydog')
```

由于显式地给 animal_type 提供了实参，Python 将忽略这个形参的默认值。

10.2.5 可变参数

在 Python 中，参数还可以定义为可变参数，可变参数也可称为不定长参数。所谓的不定长参数，就是传入函数的实际参数可以是若干个，其中包括零个、一个、两个到任意个。

定义可变参数时，主要有两种形式：一种是 *parameter，另一种是 **parameter。下面分别对 *parameter 和 **parameter 进行介绍。

1）*parameter 形式表示接收任意多个实际参数并将其放到一个元组中。如定义一个函数，让其可以接收任意多个实际参数，代码如下所示：

```
def printmilkytea(*milkyteaname):       #定义我喜欢的奶茶名称的函数
    print('我喜欢的奶茶有: ')
    for item in milkyteaname:
        print(item)                     #输出奶茶名称
```

调用了三次 printmilkytea() 函数，分别指定不同的多个实际参数，代码如下所示：

```
printmilkytea('大全套奶茶')
printmilkytea('大全套奶茶','杨枝甘露','招牌咖啡','红豆奶茶','茉香奶绿')
printmilkytea('大全套奶茶','杨枝甘露','大口多肉葡萄','红果维C','荔枝泡泡')
```

执行结果如下所示：

```
我喜欢的奶茶有:
大全套奶茶
我喜欢的奶茶有:
大全套奶茶
杨枝甘露
招牌咖啡
红豆奶茶
```

```
茉香奶绿
我喜欢的奶茶有：
大全套奶茶
杨枝甘露
大口多肉葡萄
红果维 C
荔枝泡泡
```

如果想要使用一个已经存在的列表作为函数的可变参数，可在列表名称前加 "*"，以下就是这种表示方式。

```
param=['蓝莓苏打','鲜金桔柠檬','鲜橙粒满满','奇兰岩茶']
printmilkytea(*param)
```

上述代码调用了 printmilkytea() 函数后，将显示以下运行结果。

```
我喜欢的奶茶有：
蓝莓苏打
鲜金桔柠檬
鲜橙粒满满
奇兰岩茶
```

2）**parameter 形式表示接收任意多个类似关键字参数一样显示赋值的实际参数，并将其放到一个字典中。例如，定义一个函数，让其可以接收任意多个显示赋值的实际参数，代码如下所示：

```
def printsign(**sign):                          # 定义输出姓名和爱好的函数
    print()                                     # 输出一个空行
    for key,value in sign.items():              # 遍历字典
        print("["+key+ "]的爱好是："+value)      # 输出组合后的信息


printsign(周星星='拍电影',杨丽丽='爱跳舞')
printsign(张学有='爱唱歌',唐伯虎='爱诗画',林允儿='爱美食')
```

执行结果如下所示：

```
[周星星]的爱好是：拍电影
[杨丽丽]的爱好是：爱跳舞
[张学有]的爱好是：爱唱歌
[唐伯虎]的爱好是：爱诗画
[林允儿]的爱好是：爱美食
```

如果想要使用一个已经存在的字典作为函数的可变参数，可以在字典的名称前加

"**"。代码如下所示：

```
dict1={'周星星':'拍电影','杨丽丽':'爱跳舞','张学有':'爱唱歌'}
printsign(**dict1)
```

上述代码调用了 printsign() 函数后，显示的运行结果如下所示：

```
[周星星]的爱好是：拍电影
[杨丽丽]的爱好是：爱跳舞
[张学有]的爱好是：爱唱歌
```

10.3　返回值

目前创建的函数都只是为了完成任务，任务完成就会结束。实际上有时还需要对事情的结果进行获取。这类似于主管向下级职员下达命令，职员去做，最后需要将结果报告给主管。为函数设置返回值的作用是将函数的处理结果返回给调用它的函数。在Python 中，可以在函数体内使用 return 语句为函数指定返回值。该返回值可以是任意类型，并且无论 return 语句出现在函数的什么位置，执行后函数的执行过程就结束了。

return 语句的语法格式为：

```
return[value]
```

参数的具体作用：① return：为函数指定返回值后，在调用函数时可以把它赋给一个变量（如 result），用于保存函数的返回结果。如果返回一个值，那么 result 中保存的就是返回的一个值，这个值可以是任意类型；如果返回多个值，那么 result 中保存的是一个元组。② value：可选参数，用于指定要返回的值，可以返回一个值，也可以返回多个值。

说明：当函数中没有 return 语句，或者省略了 return 语句的参数时，该函数将返回None，即空值。

【例 10-5】通过实例来说明 return 语句的使用方法，模拟顾客结账功能，计算优惠后的实付金额。

在 IDLE 中创建一个名称为 checkout.py 的文件，然后在该文件中定义一个名称为 fun_checkout 的函数，该函数中包括一个列表类型的参数，用于保存输入的金额，在该函数中计算合计金额和相应的折扣，并将计算结果返回，最后在函数体外通过循环输入多个金额保存到列表中，并且将该列表作为 fun_checkout() 函数的参数调用，代码如下所示：

```
def fun_checkout(money):
    '''功能：计算商品合计金额并进行折扣处理
```

```
        money：保存商品金额的列表
        返回商品的合计金额和折扣后的金额
    '''
    money_old = sum(money)                              # 计算合计金额
    money_new = money_old
    if money_old >= 500 and money_old <1000 :          # 满 500 可享受 9 折优惠
        money_new = '{:.2f}'.format(money_old*0.9)
    elif money_old >=1000 and money_old <= 2000:       # 满 1000 可享受 8 折优惠
        money_new = '{:.2f}'.format(money_old*0.8)
    elif money_old >=2000 and money_old <= 3000:       # 满 2000 可享受 7 折优惠
        money_new = '{:.2f}'.format(money_old*0.7)
    elif money_old >=3000 :                            # 满 3000 可享受 6 折优惠
        money_new = '{:.2f}'.format(money_old*0.6)
    return money_old,money_new                          # 返回总金额和折扣后的金额
#*************************** 调用函数 ***************************#
print("\n 开始结算……\n")
list_money = []                                        # 定义保存商品金额的列表
while True:
    # 请不要输入非法的金额，否则将抛出异常
    inmoney = float(input(" 输入商品金额（输入 0 表示输入完毕）: "))
    if int(inmoney)==0:
        break                                         # 退出循环
    else:
        list_money.append(inmoney)                    # 将金额添加到金额列表中
    money = fun_checkout(list_money)                   # 调用函数
    print(" 合计金额: ",money[0]," 应付金额: ",money[1])    # 显示应付金额
```

运行结果如下所示：

```
开始结算……

输入商品金额（输入 0 表示输入完毕）: 88
输入商品金额（输入 0 表示输入完毕）: 22
输入商品金额（输入 0 表示输入完毕）: 156
输入商品金额（输入 0 表示输入完毕）: 12
输入商品金额（输入 0 表示输入完毕）: 23
输入商品金额（输入 0 表示输入完毕）: 0
合计金额: 301.0 应付金额: 301.0
```

10.4　匿名函数

　　匿名函数 (Lambda) 是指没有名字的函数，应用在需要一个函数但是又不想为这个函数命名的场合。通常情况下，这样的函数只使用一次。在 Python 中，使用 lambda 表达式创建匿名函数，其语法格式如下所示：

```
result=lambda[arg 1[,arg 2,..., argn] ]:expression
```

result 用于调用 lambda 表达式。[arg 1[,arg 2,..., argn]]: 是可选参数，用于指定要传递的参数列表，多个参数间使用逗号 "," 分隔。Expression 是必选参数，用于指定一个实现具体功能的表达式。如果有参数，那么在表达式中将应用这些参数。使用 lambda 表达式时，可以有多个参数，参数之间用 "," 分隔，但是表达式只能有一个，即只能返回一个值，而且不能出现其他非表达式语句（如 for 或 while）。

【例 10-6】要定义一个计算圆面积的函数，常规的代码如下所示：

```
import math                       # 导入 math 模块
def circlearea(r):                # 计算圆面积的函数
    result=math.pi*r*r            # 计算圆的面积
    return result                 # 返回圆的面积
r=10                              # 半径
print(' 半径为 ',r,' 的圆面积为: ',circlearea(r))
```

执行上述代码后，显示内容如下所示：

```
半径为 10 的圆面积为: 314.1592653589793
```

使用 lambda 表达式的代码如下所示：

```
import math                       # 导入 math 模块
r=10                              # 半径
result=lambda r:math.pi*r*r       # 计算圆的面积的 lambda 表达式
print(' 半径为 ',r,' 的圆面积为: ',result(r)))
```

执行上述代码后，显示内容如下所示：

```
半径为 10 的圆面积为: 314.1592653589793
```

从上述示例中可以看出，虽然使用 lambda 表达式比使用自定义函数的代码减少了一些，但是在使用 lambda 表达式时，需要定义一个变量，用于调用该 lambda 表达式，否则将输出类似的结果。具体调用方法如下所示：

```
<function<lambda>at0x0000000002FDD510>
```

实际上，lambda 的首要用途是指定短小的回调函数，下面通过一个具体例子进行演示。假设使用爬虫技术获得某商城的秒杀商品信息，并保存在列表中，现需要对这些信息进行排序，排序规则是按照秒杀金额升序排序，如果有重复的，再按照折扣比例降序排序。代码如下所示：

```
bookinfo = [(' 不一样的卡梅拉（全套）',22.50,120),(' 零基础学 Python',65.10,79.80),
```

```
                ('摆渡人',23.40,36.00),('福尔摩斯探案全集8册',22.50,128)]
print(' 爬取到的商品信息: \n',bookinfo,'\n')
bookinfo.sort(key=lambda x:(x[1],x[1]/x[2]))       # 按指定规则进行排序
print(' 排序后的商品信息: \n',bookinfo)
```

爬取到信息的运行结果如下所示:

```
爬取到的商品信息:
[(' 不一样的卡梅拉(全套)', 22.5, 120), (' 零基础学 Python', 65.1, 79.8), (' 摆渡人 ',
23.4, 36.0), (' 福尔摩斯探案全集 8 册 ', 22.5, 128)]

排序后的商品信息:
[(' 福尔摩斯探案全集 8 册 ', 22.5, 128), (' 不一样的卡梅拉(全套)', 22.5, 120), (' 摆渡人 ',
23.4, 36.0), (' 零基础学 Python', 65.1, 79.8)]
```

10.5　递归

　　函数在定义时可以直接或间接地调用其他函数。若函数内部调用了自身,则这个函数被称为递归函数。递归函数通常用于解决结构相似的问题,它采用递归的方式,将一个复杂的大型问题转化为与原问题结构相似的、规模较小的若干子问题,最后对最小化的子问题求解,从而得到原问题的解。

　　递归函数在定义时需要满足两个基本条件:一个是递归公式,另一个是边界条件。其中,递归公式是求解原问题或相似的子问题的结构;边界条件是最小化的子问题,也是递归终止的条件。

　　递归函数的执行可以分为以下两个阶段:①递推:递归本次的执行都是基于上一次的运算结果;②回溯:遇到终止条件时,则沿着递推往回一级一级地把值返回来。递归函数的一般定义格式如下所示:

```
def 函数名([参数列表])
    if 边界条件:
        return 结果
    else:
        return 递归公式
```

　　递归最经典的应用便是阶乘。在数学中,求正整数 n!(n 的阶乘)问题,根据 n 的取值可以分为以下两种情况:

　　1)当 n=1 时,所得的结果为 1。

　　2)当 n>1 时,所得的结果为 n*(n-1)!。

那么利用递归求解阶乘时，n=1 是边界条件，n*(n-1)! 是递归公式。

编写代码实现 n! 求解，示例代码如下所示：

```
def func(num):
    if num==1:
        return 1
    else:
        return num*func(num-1)
num=int(input("请输入一个整数："))
result=func(num)
print(f"(num)!=%d"%result)
```

运行代码，按提示输入整数 5，结果如下所示：

```
请输入一个整数：5
(num)!=120
```

func(5) 的求解过程如图 10-6 所示。

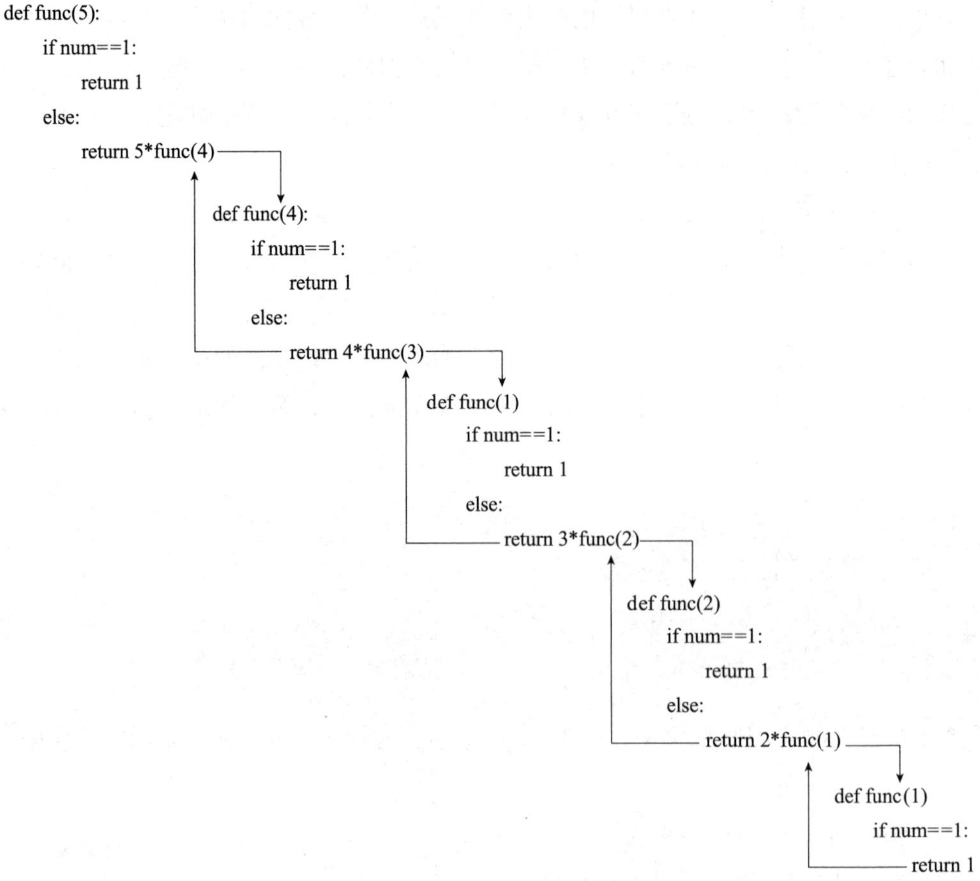

```
def func(5):
    if num==1:
        return 1
    else:
        return 5*func(4)
            def func(4):
                if num==1:
                    return 1
                else:
                    return 4*func(3)
                        def func(1):
                            if num==1:
                                return 1
                            else:
                                return 3*func(2)
                                    def func(2):
                                        if num==1:
                                            return 1
                                        else:
                                            return 2*func(1)
                                                def func(1):
                                                    if num==1:
                                                        return 1
```

图 10-6　func(5) 的求解过程

结合图 10-6 分析 func(5) 的求解过程可知：程序将求解 func(5) 转化为求解 5*func(4)，想要得到 func(5) 的结果，必须先得到 func(4) 的结果；func(4) 求解又会被转换为 4*func(3)，同样想要得到 func(4) 的结果，必须先得到 func(3) 的结果。以此类推，直到程序开始求解 2*func(1)，此时触发临界条件，func(1) 的值可以直接计算之后结果开始向上层层传递，直到最终返回 func(5) 的位置，求得 5!。

10.6　变量的作用域

变量的作用域是指程序代码能够访问该变量的区域，如果超出该区域，则访问时就会出现错误。在程序中，一般会根据变量的"有效范围"将变量分为"局部变量"和"全局变量"。下面分别对这两个变量进行介绍。

10.6.1　局部变量

局部变量是指在函数内部定义并使用的变量，它只在函数内部有效。也就是说，函数内部的名字只在函数运行时才会创建，在函数运行之前或者运行完毕之后，所有名字都将不存在。如果在函数外部使用函数内部定义的变量，就会抛出 NameError 异常。例如，定义一个名称为 f_demo() 的函数，在该函数内部定义一个变量 message（称为局部变量），并为其赋值，然后输出该变量，最后在函数外部再次输出 message 变量，代码如下所示：

```python
def f_demo():
    message='海上生明月 天涯共此时'
    print('局部变量message=',message)     # 输出局部变量的值
f_demo()                                  # 调用函数
print('局部变量message=',message)         # 在函数外部输出局部变量的值
```

运行上述代码将显示异常，显示结果如下所示：

```
局部变量message= 海上生明月 天涯共此时
Traceback (most recent call last):
  File "C:/Users/Administrator/Desktop/123.py", line 5, in <module>
    print('局部变量message=',message)        # 在函数外部输出局部变量的值
NameError: name 'message' is not defined
```

10.6.2　全局变量

与局部变量对应，全局变量是指能作用于函数内部和外部的变量。全局变量主要有

两种情况：在函数的外部定义和内部定义添加 global 关键词变成全局变量。如果一个变量在函数外部被定义，那么它不仅可以在函数外部被访问，而且也可以在函数内部被访问。如果一个变量在函数内部定义，添加关键词 global 后，该变量就变成了全局变量，在函数的外部也可以访问到该变量，同时还可以在函数的内部进行修改。例如，定义一个全局变量 message，然后定义一个函数，最后在该函数内部输出全局变量 message 的值，代码如下所示：

```
age="人的一生总要经历一些风风雨雨，才能见彩虹，才能成长！"#全局变量
def f_demo():
    print('函数内部：全局变量message=',message)          #在函数内部输出全局变量的值 f_demo()
print('函数外部：全局变量message=',message)
```

运行上述代码，将显示以下内容：

```
函数内部：全局变量message= 人的一生总要经历一些风风雨雨，才能见彩虹，才能成长！
函数外部：全局变量message= 人的一生总要经历一些风风雨雨，才能见彩虹，才能成长！
```

说明：当局部变量和全局变量重名时，对函数内部的变量进行赋值后，不影响函数外部的变量。

本章小结

本章用通俗的语言和实例介绍了函数，通过认识函数讲解了如何运行函数、定义函数和调用函数，还讲解了函数的运算规则，如参数传递、返回值、匿名函数、递归等，最后讲解了两种变量的作用域——局部变量和全局变量，让我们更加深入地学习了函数。使用函数让程序更容易测试和阅读，而良好的函数名概括了程序各个部分的作用，函数还可以使代码更容易测试和调试。

习 题

1.（单选题）定义函数时，使用（   ）关键词，来作为函数子块的开头。

A. def   B. main   C. void   D. func

2.（单选题）变量的作用域是（   ）和局部变量。

A. 常量   B. 全局变量   C. 匿名变量   D. 函数

3.（单选题）可变参数又称为（   ）。

A. 匿名参数   B. 不定长参数   C. 元组   D. 数组

4.（单选题）在函数体内使用（　　）语句为函数指定返回值。

A．VALUE　　　　　B．return　　　　　　C．func　　　　　　D．**

5.（单选题）请阅读下面的代码：

```
num_one=12
def sum(num_two):
    global num_one
    num_one=90
    return num_one+ num_two
print(sum(10))
```

运行代码，输出结果为（　　　）。

A．102　　　　　　B．100　　　　　　C．22　　　　　　D．12

6.（编程题）使用可变参数 **parameter 形式接收任意多个类似关键字参数一样显示赋值的实际参数，并将其放到一个字典中。

7.（编程题）编写函数，判断用户输入的 3 个数字是否能构成三角形的三条边。

第 11 章　模块

本章要点

    Python 提供了强大的模块支持，不仅在 Python 标准库中包含了大量的模块（称为标准模块），而且还有很多第三方模块，另外开发者自己也可以开发自定义模块。这些强大的模块支持将极大地提高开发效率。本章将首先对如何开发模块进行详细介绍，然后介绍如何自定义模块等。

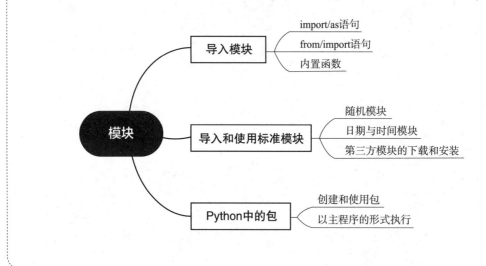

11.1 导入模块

可以将模块（Module）想象是一盒（箱）主题积木，通过模块可以拼出各种主题的模型。这与上一章介绍的函数不同，一个函数相当于一块积木，而一个模块可以包括很多函数，也就是很多积木，所以也可以说模块相当于一盒积木。在 Python 中，一个扩展名为 .py 的文件就被称为一个模块。通常情况下，我们把能够实现某一特定功能的代码放置在一个文件中作为一个模块，从而方便被其他程序和脚本导入并使用。另外，使用模块也可以避免函数名和变量名的冲突。通过前面的学习，我们知道可以将 Python 代码写在一个文件中。但是随着程序不断变大，为了便于维护，需要将其分为多个文件，这样可以提高代码的可维护性。另外，使用模块还可以提高代码的可重用性，即编写好一个模块后，只要是实现该功能的程序，都可以通过导入这个模块来实现。

11.1.1 import/as 语句

简单地说，模块就是一个 Python 文件。模块包含运算、函数和类。我们学过比较多的运算模块是 math 模块，导入模块除了可以用 import 语句以外，还可以用其他方式导入，如配合 as 的语句为导入模块取别名，加入 from 语句指定可以导入模块的对象。

模块（Module）其实就是一个 *.py 文件，怎样区分 Python 文件和作为模块的文件？简单的区分方法是，解释器能运行的一般是 .py 文件；而模块需要通过 import 语句将文件导入才能使用，其语法如下所示：

```
import 模块名称 1, 模块名称 2, …, 模块名称 N
import 模块名称 as 别名
```

利用 import 语句也可以导入多个模块，不同的模块之间可以用逗号隔开。当模块的名称比较长时，允许使用 as 语句给模块起个别名，语法如下所示：

```
import math,random          # 同时导入两个模块
import fractionas as frac   # 给有理数模块起一个别名 frac
```

import 语句一般放在 *.py 文件的开头。由于模块的本身就是一个类，所以使用其拥有的函数或者方法时可以加上类名称，再加上 "."（半角）来调用，分别调用 math 模块中的圆周率 pi 属性和求幂函数 pow 的语法如下所示：

```
import math                          # 导入数学模块
math.pow(5,3)                        # 相当于 5³=125
math.pi                              # 圆周率
```

11.1.2　from/import 语句

导入某个模块时，这个模块的方法和属性也会被加载。如果只想使用某些特定的属性和方法，可以用 from 语句开头，用 import 语句指定对象名，语法如下所示：

```
from 模块名称 import 对象名
from 模块名称 import 对象名 1, 对象名 2,…, 对象名 N
from 模块名称 import *
```

* 字符表示全部。所以会导入指定模块的所有属性和方法。这样在使用时可以省略类名称，直接调用其属性和方法。语法如下所示：

```
# 一般使用 "类 . 方法"
import math                          # 导入数学模块
math.fmod(15,4)                      # 取得余数 , 返回 3.0
#math 模块只导入 fmod() 方法 , 直接求两数的余数
from math import fmod
fmod(395,12)
# 指定导入 math 模块的 factorial() 和 ceil() 方法 , 其中 factorial() 求参数的阶乘 , ceil() 是参
数的天花板函数
from math import factorial,ceil
ceil(33.2122)
factorial(6)
```

from/import 语句仅限于指定方法，如果要使用其他方法，则没有导入也会出现错误，如图 11-1 所示。

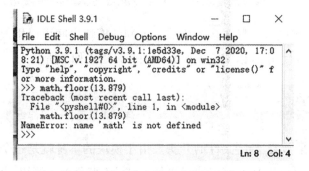

图 11-1　没有导入方法时出现的错误

11.1.3　内置函数

使用模块时，要先学习命名空间（Namespace）。定义函数时学习过"适用范围"（Scope），在 Python 运行环境中，Scope 可以看成是容器，容器收集的名称会随着使用模块的不同有所增减，如果想进一步查看，则可以使用内置函数 dir() 配合参数来了解。

如果内置函数 dir() 没有加参数，那么会列出目前已定义的变量、类、属性和方法。就是 shell 中最上层的命名空间，用 List 对象表示，代码如下所示：

```
>>>dir()
['__annotations__', '__builtins__', '__doc__', '__loader__', '__name__', '__package__', '__spec__']
```

导入模块 sys，会显示字符串 word，如果通过函数 dir() 进行查看，List 元素的最后两项就是刚才加入的"sys"和"Word"，这说明 Scope 会随变量的显示和模块的导入而变化。代码如下所示：

```
>>> import sys
>>>word='Python'
>>>dir()
['__annotations__', '__builtins__', '__doc__', '__loader__', '__name__', '__package__', '__spec__', 'sys', 'word']
```

内置函数 dir() 以某个模块名称为参数，会显示该模块的属性和方法。代码如下所示：

```
>>>dir(sys)
['__breakpointhook__', '__displayhook__', '__doc__', '__excepthook__', '__interactivehook__', '__loader__', '__name__', '__package__', '__spec__', '__stderr__', '__stdin__', '__stdout__', '__unraisablehook__', '_base_executable', '_clear_type_cache', '_current_frames', '_debugmallocstats', '_enablelegacywindowsfsencoding', '_framework', '_getframe', '_git', '_home', '_xoptions', 'addaudithook', 'api_version', 'argv', 'audit', 'base_exec_prefix', 'base_prefix', 'breakpointhook', 'builtin_module_names', 'byteorder', 'call_tracing', 'copyright', 'displayhook', 'dllhandle', 'dont_write_bytecode', 'exc_info', 'excepthook', 'exec_prefix', 'executable', 'exit', 'flags', 'float_info', 'float_repr_style', 'get_asyncgen_hooks', 'get_coroutine_origin_tracking_depth', 'getallocatedblocks', 'getdefaultencoding', 'getfilesystemcodeerrors', 'getfilesystemencoding', 'getprofile', 'getrecursionlimit', 'getrefcount', 'getsizeof', 'getswitchinterval', 'gettrace', 'getwindowsversion', 'hash_info', 'hexversion', 'implementation', 'int_info', 'intern', 'is_finalizing', 'maxsize', 'maxunicode', 'meta_path', 'modules', 'path', 'path_hooks', 'path_importer_cache', 'platform', 'platlibdir', 'prefix', 'pycache_prefix', 'set_asyncgen
```

```
hooks', 'set_coroutine_origin_tracking_depth', 'setprofile', 'setrecursionlimit',
'setswitchinterval', 'settrace', 'stderr', 'stdin', 'stdout', 'thread_info',
'unraisablehook', 'version', 'version_info', 'warnoptions', 'winver']
```

11.2 导入和使用标准模块

在 Python 中，除了可以自定义模块，还可以引用其他模块，主要包括标准模块和第三方模块。在 Python 中自带了很多实用的模块，称为标准模块（也可以叫作标准库），对于标准模块和标准库，可以直接使用 import 语句将其导入 Python 文件中使用，如我们可以导入 random 模块、时间模块，还可以进行第三方模块的下载和安装。

11.2.1 随机模块

导入标准模块 random 用于生成随机数，可以使用如下代码：

```
import random                           # 导入标准模块 random
```

在导入标准模块时，可以使用 as 为其指定别名。通常情况下，如果模块名称比较长，则可以为其设置别名。导入标准模块后，可以通过模块名调用其提供的函数。例如，导入 random 模块后，就可以调用其 randint() 函数生成一个指定范围的随机数。生成一个 0~100（包括 0 和 1000）随机整数的代码如下所示：

```
import random
print(random.randint(0,1000))
```

下面通过一个小例子来学习如何使用 random 实现随机数的产生，如要实现一个用户的登录界面，为了防止恶意的破解，可以通过添加验证码，即需要设置一个由小写字母、大写字母、数字组成的 4 位验证码。在 IDLE 中创建一个文件来生成由字母、数字组成的 4 位验证码，在这个文件中可以导入 Python 标准模块的 random 模块用于生成随机数，接着定义一个可以保存验证码的变量，用 for 语句来实现一个 4 次的循环，在这个循环中通过调用 random 模块提供的 randint() 方法和 randrange() 方法来生成符合要求的验证码，最后输出生成的验证码，代码如下所示：

```
import random                           # 导入标准模块中的 random
if __name__=='__main__':
checkcode = ""                          # 保存验证码的变量
for i in range(4):                      # 循环 4 次
```

```
                index =random.randrange(0,4)  # 生成 0~3 中的一个数
                if index != i and index+1 != i:
                    checkcode += chr(random.randint(97,122))
                                            # 生成 a~z 中的一个小写字母
                elif index+1 == i:
                    checkcode += chr(random.randint(65,90))
                                            # 生成 A~Z 中的一个大写字母
                else:
                    checkcode += str(random.randint(1,9))
                                            # 生成 1~9 中的一个数字
        print("验证码: ",checkcode)          # 输出生成的验证码
```

执行这个程序得到下面所示的结果，结果显示如下所示：

```
验证码: 4X3E
>>>
```

除了 random 模块以外，Python 还提供了 200 多个内置的标准模块，涵盖了 Python 运行时的服务、文字模式匹配、操作系统接口、数学运算、对象永久保存、网络和 Internet 脚本和 GUI 构建等，常见的内置标准模块及其描述如表 11-1 所示。

表 11-1　Python 常见的内置标准模块及其描述

模块名	描述
sys	与 Python 解释器及其环境操作相关的标准库
time	提供与时间相关的各种函数的标准库
os	提供了访问操作系统服务功能的标准库
calendar	提供与日期相关的各种函数的标准库
urllib	用于读取来自网上（服务器上）的数据的标准库
json	用于使用 JSON 序列化和反序列化对象
re	用于在字符串中执行正则表达式匹配和替换
math	提供标准算术运算函数的标准库
decimal	用于进行精确控制运算精度、有效数位和四舍五入操作的十进制运算结果
shutil	用于进行高级文件操作，如复制、移动和重命名等
logging	提供了灵活的记录事件、错误、警告和调试信息等日志信息的功能
rkinte	使用 Python 进行 GUI 编程的标准库

除了表 11-1 列出的标准模块外，Python 还提供了许多其他标准模块，读者可以在 Python 的标准文档下查看。打开的具体方法是寻找 Python 安装路径下的 Doc 目录，在目录下找到一个扩展名为 .chm 的文件，打开 .chm 帮助文档，找到相应的位置并查看，如图 11-2 所示。

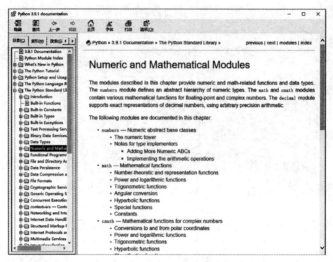

图 11-2 帮助文档查看具体模块链接

11.2.2 日期与时间模块

对于日期和时间数据，Python 标准函数库提供了下列模块：time 模块用于取得时间戳（Timestamp）；显示日历模块，如显示整个年份或某个月历的月份用 calendar 模块。

1. 取得时间戳 time 模块

time 模块表示一个绝对时间。由于它来自 UNIX 系统，所以计算时间从 1970 年 1 月 1 日零时开始，以秒为单位，这个值称为 "epoch"。此外，time 模块取得的时间以世界标准时间（UTC 或 GMT）为准，辅助以夏令时间。time 模块常用方法及说明如表 11-2 所示。

表 11-2 time 模块方法及说明

方法	说明
time()	以浮点数返回自 1970/1/1 零时之后的秒数值
Sleep（secs）	让线程暂时停止运行的秒数
Asctime([t])	用字符串返回目前的日期和时间，由 struct_time 转换
Ctime（[secs]）	用字符串返回目前的日期和时间，由 epoch 转换
Gmtime()	取得 UTC 日期和时间，可用 list () 函数转成数字
localtime	取得本地的日期和时间，可用 list() 函数转成数字
strftime ()	将时间格式化
Strptime()	以指定格式返回时间值

现在用 time() 方法取得当前时间，方法如下所示：

```
import time # 导入 time 模块
# 用秒数储存 epoch 值，用浮点数输出
```

```
seconds=time.time()
print('epich:',seconds)
# 取得本地的日期和时间，采用 struct_time 类型 Tuple 对象输出
current=time.localtime(seconds)
print(' 当前时间 :')
print(current[0],' 年 ',end='')
print(format(current[1],'2d'),' 月 ',end='')
print(format(current[2],'2d'),' 日 ',end='')
print(format(current[3],'3d'),' 时 ',end='')
print(format(current[4],'3d'),' 分 ',end='')
print(format(current[5],'3d'),' 秒 ',end='')
# 取得当前的日期和时间，用字符串输出
current2=time.ctime(seconds)
print(' 目前时间: ',current2)
```

保存文件，运行后结果如下所示：

```
epich: 1636874027.275906
当前时间 :
2021 年 11 月 14 日 15 时 13 分 47 秒目前时间: Sun Nov 14 15:13:47 2021
```

2. 显示日历 calendar 模块

calendar 模块提供日历功能，首先介绍 calendar() 方法，可以输出整年的日历，语法如下所示：

```
calendar(year,w=2,l=1,c=6,m=3)
prcal(year,w=0,l=0,c=6,m=3)
```

其中，year 指定公元年份；w 表示显示日期的列宽；1 表示行高；c 表示两个月份之间的宽度；m 则表示每行要输出的月份，默认值为 3。

使用 calendar() 方法要加上 print() 函数才可以输出正常的日历。而 prcal() 方法结合 calendar() 方法和 print() 函数，可以直接输出日历。

下面用一个简单的例子来说明 calendar() 和 prcal() 方法显示的年历有何不同。调用 calendar() 方法，默认每行输出 3 个月的日历，如图 11-3 所示。

图 11-3　每行输出 3 个月的日历

如果调用 prcal() 方法，变更参数 "m=2"，每行只输出两个月，如图 11-4 所示。

```
                        2021
        January                    February
Mo Tu We Th Fr Sa Su       Mo Tu We Th Fr Sa Su
             1  2  3                       1  2  3  4  5  6  7
 4  5  6  7  8  9 10        8  9 10 11 12 13 14
11 12 13 14 15 16 17       15 16 17 18 19 20 21
18 19 20 21 22 23 24       22 23 24 25 26 27 28
25 26 27 28 29 30 31
```

图 11-4　每行输出两个月的日历

输出日历时，通常将星期一作为一周的开始，要想变更从周几开始，可以使用 setfirstweekday()，其语法如下所示：

```
setfirstweekday(weekday)
```

调用 setfirstweekday() 方法，指定日历的第一天是周日，再用 prcal() 输出年历，语法如下：

```
import calendar    # 导入 calendar 模块
calendar.setfirstweekday(calendar.SUNDAY)
calendar.prcal(2021,c=3,m=2)
```

调用上述方法将星期日作为每个月的第一天，显示结果如图 11-5 所示。

```
import calendar    # 导入 calendar 模块
print(calendar.calendar(2021))
```

```
                        2021
        January                    February
Su Mo Tu We Th Fr Sa       Su Mo Tu We Th Fr Sa
                1  2                    1  2  3  4  5  6
 3  4  5  6  7  8  9        7  8  9 10 11 12 13
10 11 12 13 14 15 16       14 15 16 17 18 19 20
17 18 19 20 21 22 23       21 22 23 24 25 26 27
24 25 26 27 28 29 30       28
31
```

图 11-5　将星期天作为每个月第一天显示

如果只想输出某个月份，可以使用 month() 方法和 prmonth() 方法，month() 方法语法如下所示：

```
>>>print(calendar.month(2021,2))
```

执行结果如下所示：

```
    February 2021
Su Mo Tu We Th Fr Sa
    1  2  3  4  5  6
```

```
 7  8  9 10 11 12 13
14 15 16 17 18 19 20
21 22 23 24 25 26 27
28
```

prmonth() 方法语法如下所示：

```
>>>print(calendar.month(2021,2))
```

执行结果如下所示：

```
    February 2021
Su Mo Tu We Th Fr Sa
 1  2  3  4  5  6
 7  8  9 10 11 12 13
14 15 16 17 18 19 20
21 22 23 24 25 26 27
28
```

theyear：指定公元年份。themonth：指定月份。w 设置列宽，1 设置行高。month() 和 prmonth() 方法的显示日历如下所示：

```
month(theyear,themonth,w=0,l=0)
prmonth(theyear,themonth,w=0,l=0)
```

calendar 还提供了处理闰年问题的两个方法，语法如下所示：

```
isleap(year)          # 判断 year 是否是闰年，如果是返回值是 true
leapdays(y1,y2)       # 判断两个年份之间有几个闰年
```

判断闰年的小例子如下所示：

```
>>> import calendar
>>>calendar.isleap(2020)
True
>>>calendar.leapdays(2000,2020)
5
```

11.2.3　第三方模块的下载和安装

Python 除了有内置标准模块外，还有很多的第三方模块，Python 的第三方模块可以在 Python 官方推荐的 http://pypi.python.org/pypi 中找到。

如果想要查看安装的 Python 中有哪些模块（包括第三方模块和标准模块），可以在

IDLE 或者 dos 下输入下列命令：

```
help('modules')
```

执行命令后可在 help 下查看模块，如图 11-6 所示。

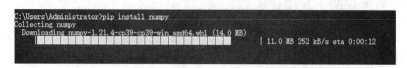

```
>>> help('modules')

Please wait a moment while I gather a list of all available modules...

C:\Users\Administrator\AppData\Local\Programs\Python\Python39\lib\site-packages
d may exhibit undesirable behaviors or errors. Please use Setuptools' objects d
  warnings.warn(
123                 _thread             getopt              sched
__future__          _threading_local    getpass             secrets
_abc                _tkinter            gettext             select
_aix_support        _tracemalloc        glob                selectors
_ast                _uuid               graphlib            setuptools
_asyncio            _warnings           gzip                shelve
_bisect             _weakref            hashlib             shlex
_blake2             _weakrefset         heapq               shutil
_bootlocale         _winapi             hmac                signal
_bootsubprocess     _xxsubinterpreters  html                site
_bz2                _zoneinfo           http                smtpd
_codecs             abc                 idlelib             smtplib
_codecs_cn          aifc                imaplib             sndhdr
_codecs_hk          antigravity         imghdr              socket
_codecs_iso2022     argparse            imp                 socketserver
_codecs_jp          array               importlib           sqlite3
_codecs_kr          ast                 inspect             sre_compile
_codecs_tw          asynchat            io                  sre_constants
_collections        asyncio             ipaddress           sre_parse
_collections_abc    asyncore            itertools           ssl
_compat_pickle      atexit              json                stat
_compression        audioop             keyword             statistics
_contextvars        base64              lib2to3             string
_csv                bdb                 linecache           stringprep
_ctypes             binascii            locale              struct
_ctypes_test        binhex              logging             subprocess
_datetime           bisect              lzma                sunau
_decimal            builtins            mailbox             symbol
_elementtree        bz2                 mailcap             symtable
_functools          cProfile            marshal             sys
_hashlib            calendar            math                sysconfig
_heapq              cgi                 mimetypes           tabnanny
```

图 11-6　help 下查看模块

使用第三方模块时，需要先安装，然后可以和标准模块一样将其导入并使用。当安装第三方模块时，可以使用 Python 提供的 pipe 命令实现，pipe 命令的语法格式如下所示：

```
pipe<command>[modulename]
```

command: 用于指定要执行的命令。常用的参数有 uninstall、install、list 等。

modulename：可选参数，用于指定要安装和卸载的模块名，当 command 为 install 和 uninstall 时，modulename 参数不能省略。如指令 pipe install numpy，在线安装 numpy 模块的过程，其安装进度如图 11-7 所示。

```
C:\Users\Administrator>pip install numpy
Collecting numpy
  Downloading numpy-1.21.4-cp39-cp39-win_amd64.whl (14.0 MB)
     |████████████████████████████████        | 11.0 MB 252 kB/s eta 0:00:12
```

图 11-7　安装第三方模块 numpy 的安装进度

如果想要查看已经安装的第三方模块，可以在"命令提示符"窗口输入如下命令：

```
pip list
```

11.3　Python 中的包

使用模块可以避免函数名和变量名重名引发的冲突。但是如果模块名重复，那么应该怎么解决呢？在 Python 中提出了包（Package）的概念。包是一个可以分层次的目录结构，它将一组相近功能的模块组织在一个目录下。这样，既可以起到规范代码的作用，又能避免模块名重名引起的冲突。包可简单理解为一个"文件夹"，只是在该文件夹下必须存在一个名称为 _ init_.py 的文件。在实际项目的开发过程中，需要创建多个包来存储不同类的文件。

11.3.1　创建和使用包

下面介绍如何创建和使用包。

1.　创建包

创建包的过程就是创建一个文件夹，在文件夹的内部创建一个名称为 _init_.py 的文件，在文件 _init_.py 中，可以不编写任何代码，也可以编写 Python 代码，且文件 _init_.py 中编写的代码在导入包时可以自动执行。模块名就是创建包的包名，如创建一个叫作 setting 的包，模块名就是 setting，在 setting 中创建的 _init_.py 文件就是模块文件。

如在 E 盘根目录下，创建一个名为 setting 的包，可以按照以下步骤进行操作。

1）在电脑桌面上，双击"此电脑"图标，进入资源管理器，然后进入 E 盘（也可以进入其他盘符）根目录，选择"主页"选项卡，在显示的工具栏中单击"新建文件夹"按钮，如图 11-8 所示。

图 11-8　选择主页的新建文件夹

2）将新建的文件夹命名为 setting，在 IDLE 中创建一个 _init_.py 文件，在这个文件中不写任何内容，保存在 E 盘刚才建立的 setting 文件夹中，效果如图 11-9 所示。

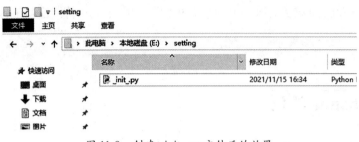

图 11-9 创建 _init_.py 文件后的效果

2. 使用包

创建好包以后，就可以在包里面创建相应的模块，然后使用 import 语句从包中加载模块。从包里面加载模块的方法有：通过"import+ 完整包名 + 模块名"的形式加载指定模块。如有一个名为 setting 的包，并且在包里面有一个 size 模块，这时需要导入 size 模块，size 模块的内容如下所示：

```
width=800                              # 宽度
height=600                             # 高度
```

导入包的模块可以使用以下三种代码：

```
import setting.size                    # 第一种代码形式
from setting import size               # 第二种形式
from setting.size import width,height  # 第三种形式
```

【例 11-1】学习如何使用语句获取包 setting 下的 size 模块设置高度和宽度信息，并且进行修改后输出。

1）首先在 setting 包里面创建一个 size 模块，定义两个保护类型的全局变量，分别代表宽度和高度，定义一个 change() 函数用来修改两个全局变量的值，再定义两个变量分别获取宽度和高度。代码如下所示：

```
_width = 800                           # 定义保护类型的全局变量（宽度）
_height = 600                          # 定义保护类型的全局变量（高度）
def change(w,h):
    global _width                      # 全局变量（宽度）
    width = w                          # 重新给宽度赋值
    global _height                     # 全局变量（高度）
    _height = h                        # 重新给高度赋值
def getWidth():                        # 获取宽度的函数
    global _width
    return _width
def getHeight():                       # 获取高度的函数
    global _height
```

```
        return _height
if __name__ == '__main__':                    # 测试代码
    change(1024,768)                          # 调用 change() 函数
    print('宽度: ',getWidth())                 # 输出宽度
    print('高度: ',getHeight())                # 输出高度
```

2）在 setting 包的上一层创建一个 main.py 文件，导入包 setting 的 size 模块的全部定义，定义且调用 change() 函数重新设置宽度和高度，再分别调用 getWidth() 和 getHeight() 函数获取修改后的宽度和高度，具体代码如下所示。

```
from settings.size import *                   # 导入 size 模块下的全部定义
if __name__ =='__main__':
    change(1024,768)                          # 调用 change() 函数改变尺寸
    print('宽度: ',getWidth())                 # 输出宽度
    print('高度: ',getHeight())                # 输出高度
```

程序运行结果如下所示：

```
宽度: 1024
高度: 768
>>>
```

11.3.2 以主程序的形式执行

创建一个名称为 helloeveryday 的模块，首先定义一个全局变量，然后创建一个 happy_helloeveryday() 的函数，最后通过 print() 函数输出内容。编写的代码如下所示：

```
rose = '我是一棵玫瑰'                           # 定义一个全局变量（玫瑰）
def happy_helloeveryday():                    # 定义函数
    '''功能：一个梦
    无返回值
    '''
    rose = '美丽的玫瑰，爱情的玫瑰，浪漫的色彩，幸运的生活 @^.^@ \n'  # 定义局部变量赋值
    print(rose)                               # 输出局部变量的值
#************************** 函数体外 **************************#
print('\n 天亮了......\n')
print('=============== 开始仰望天空...... ===============\n')
happy_helloeveryday()                         # 调用函数
print('=============== 感觉累了...... ===============\n')
rose = '我身上落满露珠,'+rose + ' -_- '          # 为全局变量赋值
print(rose)                                   # 输出全局变量的值
```

在与 happyeveryday 模块的同级目录下创建一个 main.py 文件，在这个文件中导入 helloeveryday 模块，代码如下：

```
import happyeveryday
print(" 全局变量的值为: ",happyeveryday.rose)
```

导入模块输出模块中定义的全局变量的值如下所示：

```
天亮了……

=============== 开始仰望天空…… ==============

美丽的玫瑰，爱情的玫瑰，浪漫的色彩，幸运的生活 @^.^@

=============== 感觉累了…… ===============

我身上落满露珠，我是一朵玫瑰 -_-
全局变量的值为：我身上落满露珠，我是一朵玫瑰 -_-
>>>
```

本章小结

本章用通俗的语言和实例介绍了模块，通过认识导入模块和导入模块的相关语句，以及一些内置代码了解模块的相关内容，查看 Python 中内置的模块种类，学习使用 random 和常用的时间模块，学习第三方模块的使用和下载。学习在 Python 中如何创建包以及包的模块，如何使用包和以主程序的形式执行包。

习 题

1.（单选题）模块的后缀名是（   ）。

A. sys   B. py   C. void   D. func

2.（单选题）用（   ）语句导入模块。

A. import   B. return   C. print   D. as

3.（单选题）在包的文件夹下必须要创建（   ）文件。

A. _init_.py   B. main.py   C. import   D. import from

4.（单选题）calendar 模块的（   ）方法结合了 calendar() 方法和 print() 函数，可以直接输出日历。

A. prcal   B. import   C. isocalendar   D. date

5.（编程题）编写一个抽奖程序，从 1～10 中产生 3 个随机整数，若包含 7 点数加倍。

6.（编程题）通过 calendar 模块显示 2019 年日历，每行显示四个月，行高设置为 2，两个月份之间宽度设置为 3。

第 12 章　文件操作

本章要点

　　在变量、序列和对象中存储的数据是暂时的，程序结束后就会丢失。如果数据不能持久保存，信息技术也就失去了意义。为了能够永久地存储程序中的数据，需要将程序中的数据保存到磁盘文件中。Python 提供了内置的文件对象。另外，它还提供了对文件和目录进行操作的内置模块。通过这些技术可以方便地将数据保存到文件（如文本文件等）中，以达到永久存储数据的目的。

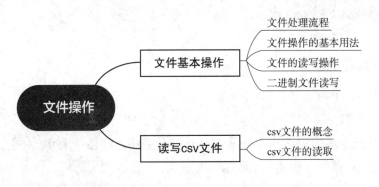

12.1 文件基本操作

Python 中提供的函数和方法可进行默认情况下的文件基本操作。也可以使用 file 对象进行文件操作。在使用文件对象时，首先需要通过内置的 open() 方法创建一个文件对象，然后通过该对象提供的方法进行一些基本的文件操作。

12.1.1 文件处理流程

1）打开文件，得到文件句柄并赋值给一个变量。

2）通过句柄对文件进行操作。

3）关闭文件。

文件处理基本流程代码如下所示：

```
f = open('filename.txt')              # 打开文件
first_line = f.readline()             # 读文件内容的一行
print('first line:',first_line)       # 打印第一行
data = f.read()                       # 读取剩下的所有内容，文件大时不要用
print(data)                           # 打印读取内容
f.close()                             # 关闭文件
```

12.1.2 文件操作的基本用法

文件操作的基本用法有：

1. open() 函数

必须先用 Python 内置的 open() 函数打开一个文件，创建一个 file 对象，相关的方法才可以调用它进行读写。语法如下所示：

```
file_object = open(file_name, [,access_mode = 'r'][, buffering = -1])
```

1）file_name：是一个包含了要访问的文件名的字符串值。

2）access_mode：可选参数，用于指定打开文件的模式——只读、写入、追加等。所有可取值如表 12-1 所示，默认文件访问模式为只读 (r)，access_mode 的参数值及其说明如表 12-1 所示。

3）buffering：可选参数，用于设置读写文件的缓冲策略。如果值为 0，表示不寄存；如果值为 1，表示访问文件时会寄存行；如果值为大于 1 的整数，表示该值为缓冲的大小；如果取负值，则表示缓冲大小为系统默认。

表 12-1　access_mode 的参数值及其说明

参数值	描述	注意
r	以只读方式打开文件。文件的指针将会放在文件的开头。这是默认模式	文件必须存在
rb	以二进制格式打开一个文件用于只读。文件指针将会放在文件的开头。这是默认模式	
r+	打开一个文件用于读写。文件指针将会放在文件的开头	
rb+	以二进制格式打开一个文件用于读写。文件指针将会放在文件的开头	
w	打开一个文件只用于写入。如果该文件已存在，则将其覆盖。如果该文件不存在，创建新文件	如果文件存在，则将其覆盖；否则，创建新文件
wb	以二进制格式打开一个文件只用于写入。如果该文件已存在，则将其覆盖。如果该文件不存在，创建新文件	
w+	打开一个文件用于读写。如果该文件已存在，则将其覆盖。如果该文件不存在，创建新文件	
wb+	以二进制格式打开一个文件用于读写。如果该文件已存在，则将其覆盖。如果该文件不存在，创建新文件	
a	打开一个文件用于追加。如果该文件已存在，文件指针将会放在文件的结尾。也就是说，新的内容将会被写入到已有内容之后。如果该文件不存在，创建新文件进行写入	
ab	以二进制格式打开一个文件用于追加。如果该文件已存在，文件指针将会放在文件的结尾。也就是说，新的内容将会被写入到已有内容之后。如果该文件不存在，创建新文件进行写入	
a+	打开一个文件用于读写。如果该文件已存在，文件指针将会放在文件的结尾。文件打开时是追加模式。如果该文件不存在，创建新文件用于读写	如果想要读取文件内容，需要将文件指针移动到文件开头
ab+	以二进制格式打开一个文件用于追加。如果该文件已存在，文件指针将会放在文件的结尾。如果该文件不存在，创建新文件用于读写	

2. File 对象的属性

一个文件被打开后，会得到一个 file 对象，然后可以得到有关该文件的各种信息。如表 12-2 所示是 file 对象相关的所有属性的列表。

表 12-2　file 对象相关的所有属性

属性	描述
file.closed	如果文件已被关闭，返回 true 否则返回 false
file.mode	返回被打开文件的访问模式
file.name	返回文件的名称

```
# 打开一个文件
fo=open("foo.txt","wb")
print("文件名: ",fo.name)
print("是否已关闭: ",fo.closed)
print("访问模式: ",fo.mode)
执行结果:
```

```
文件名: foo.txt
是否已关闭: False
访问模式: wb
```

3. close() 函数

File 对象的 close() 方法刷新缓冲区里任何还没写入的信息，并关闭该文件，之后便不能再进行写入。当一个文件对象的引用被重新指定给另一个文件时，Python 会关闭之前的文件。用 close() 方法关闭文件是一个很好的习惯。其语法如下所示：

```
fileObject.close();
# 打开一个文件
fo=open("foo.txt","wb")
print("文件名: ",fo.name)
# 关闭打开的文件
fo.close()
执行结果:
文件名: foo.txt
```

12.1.3 文件的读写操作

file 对象提供了一系列方法，能让文件的访问更轻松。常用的方法为用 read() 和 write() 读取和写入文件。

1. write() 方法

write() 方法可将任何字符串写入一个打开的文件。需要重点注意的是，Python 字符串可以是二进制数据，而不是仅仅是文字。write() 方法不会在字符串的结尾添加换行符('\n')，语法如下所示：

```
fileObject.write(string)          # 向文件中写入字符串 ( 文本或二进制 )
file.writelines(seq)              # 写入多行 , 向文件中写入一个字符串列表
```

注意：要自己加入每行的换行符。例如，被传递的参数是要写入到已打开文件的内容。

```
# 打开一个文件
f=open("foo.txt","w+",encoding='utf-8')
f.write(" 可以 , 你做的很好! \n 666\n ")
# 关闭打开的文件
f.close()
```

上述方法会创建 foo.txt 文件，并将收到的内容写入该文件，最终关闭文件。打开这个文件，将看到以下内容：

```
可以，你做的很好!
  6666
```

2．read() 方法

read() 方法从一个打开的文件中读取一个字符串。需要重点注意的是，Python 字符串可以是二进制数据，而不仅仅是文字。语法如下所示：

```
fileObject.read([count]);
```

在这里，被传递的参数是要从已打开文件中读取的字节计数。该方法从文件的开头开始读入，如果没有传入 count，它会尝试尽可能多地读取更多的内容，很可能是直到文件的末尾。

这里用到以上创建的 foo.txt 文件。

```
# 打开一个文件
f=open("foo.txt","r+",encoding='utf-8')
str=f.read()
print("读取的字符串是: ",str)
# 关闭打开的文件
f.close()
执行结果:
读取的字符串是: 可以，你做的很好!
  6666
```

3．readline() 方法

f.readline() 会从文件中读取单独的一行。换行符为 '\n'。f.readline() 如果返回一个空字符串，说明已经读取到最后一行。

```
# 打开一个文件
f=open("foo.txt","r",encoding='utf-8')
str=f.readline() ·
print("读取的字符串是: ",str)
# 关闭打开的文件
f.close()
执行结果:
读取的字符串是: 可以，你做的很好!
```

4．readlines() 方法

f.readlines() 将以列表的形式返回该文件中包含的所有行，列表中的一项表示文件的一行。如果设置可选参数 sizehint，则读取指定长度的字节，并且将这些字节按行分割。

```
# 打开一个文件
```

```
f=open(" foo.txt"," r",encoding='utf-8')
str=f.readlines()
print("读取的字符串是: ",str)
# 关闭打开的文件
f.close()
执行结果:
读取的字符串是: ['可以，你做得很好! \ n','6666\n']
```

另一种方式是迭代一个文件对象，然后读取每行。

```
# 打开一个文件
f=open("foo.txt","r",encoding='utf-8')
for line in f:
    print(line,end=")
# 关闭打开的文件
f.close()
执行结果:
可以，你做得很好!
  6666
```

还可以通过 print(f.readable()) 来判断文件是否是 r 模式打开的，通过 print(f.closed) 来判断文件是否是关闭状态。

12.1.4　二进制文件读写

有些信息不是以文本的形式存储，如图片、音乐等。这些都是有规则的二进制文件，需要用到二进制读取文件。二进制文件中都是一个一个的字节数据，因此读和写，都是针对字节数据的。

1. 读取二进制文件

在 Python 中，处理二进制文件，需要设置成 rb 或 wb 方式，使读写的数据流是二进制。

```
f=open("test1.txt","w")
f.write(b'hello world')
f.close()
执行结果:
代码报错,TypeError: write() argument must be str,not bytes,不能完成二进制文件的写操作。
```

使用 open() 函数打开文件对二进制写入时采用 wb 的方式。

```
f=open('test 1 .txt','wb')                    #二进制写模式
f.write(b'hello world')                        #二进制写
f.close()
```

使用 open() 函数打开文件对二进制读取时采用 rb 的方式。

```
f=open('testl .txt','rb')                       # 二进制读
print(f.read())                                 # b'hello world'
f.close()
```

2. 对于较大的二进制文件（视频文件）的复制，可以采用缓冲区依次复制

```
# 打开源文件
f1_mp4=open(r"E:\python\test\IMG_8075.MP4",mode='rb')
# 打开目标文件：如果不存在，就创建
f2_mp4=open("01_001.mp4",mode="wb")
# 声明一个缓冲区
buff=1024*1024
# 循环读取数据
while True:
    #一次读取的内容 [buff 规定的数量 ]
    content=f1_mp4.read(buff)
    # 判断是否读取完成
    if content==b'''':
        print("文件读取完成")
        break
    # 写入数据
    f2_mp4.write(content)
# 关闭文件
f2_mp4.close()
f1_mp4.close()
执行结果：
文件读取完成
```

12.2 读写 csv 文件

csv（Comma-Separated Values）是一种以逗号分隔数值的文件类型，在数据库或电子表格中，常见的导入导出文件格式就是 csv 格式，csv 格式通常以纯文本的方式存储数据表。

12.2.1 csv 文件的概念

csv 是用文本文件的形式储存的表格数据（数字和文本）。首先创建一个 csv 文件，如图 12-1 所示创建表格。

	A	B	C	D
1	No.	Name	Age	Score
2	1	mayi	18	99
3	2	jack	21	89
4	3	tom	25	95
5	4	rain	19	80

图 12-1 创建表格

创建好后，可存储为 CSV 文件，文件名为 "test.csv"。

12.2.2　csv 文件的读取

1. 读文件

Python 自带的 csv 模块，有两种方法可以实现像操作 Excel 一样提取其中的一列，即一个字段。

第一种方法使用 reader() 函数，接收一个可迭代的对象（如 csv 文件），能返回一个生成器，就可以从其中解析出 csv 的内容：如下面的代码可以读取 csv 的全部内容，以行为单位。

```
import csv
#读取文件
with open("test.csv", "r", encoding = "utf-8") as f:
    reader = csv.reader(f)
    rows = [row for row in reader]
print(rows)
执行结果：
[['No.', 'Name', 'Age', 'Score'],
 ['1', 'mayi', '18', '99'],
 ['2', 'jack', '21', '89'],
 ['3', 'tom', '25', '95'],
 ['4', 'rain', '19', '80']]
```

要提取其中某一列，可以用下面的代码。

```
import csv
#读取第二列的内容
with open("test.csv", "r", encoding = "utf-8") as f:
    reader = csv.reader(f)
    column = [row[1] for row in reader]
print(column)
执行结果：
['Name', 'mayi', 'jack', 'tom', 'rain']
```

注意，从 csv 读出的都是 str 类型。这种方法要事先知道列的序号，如 Name 在第 2 列，而不能根据 'Name' 这个标题查询。若要根据列的标题查询，则此时可以采用第二种方法：

第二种方法是使用 DictReader() 和 reader() 函数类似，接收一个可迭代的对象，能返回一个生成器，但是返回的每一个单元格都放在一个字典的值内，而这个字典的键是这个单元格的标题（即列头）。用下面的代码可以看到 DictReader() 的结构。

```
import csv
# 读取文件
with open("test.csv", "r", encoding = "utf-8") as f:
    reader = csv.DictReader(f)
    column = [row for row in reader]
print(column)
执行结果:
[{'No.': '1', 'Age': '18', 'Score': '99', 'Name': 'mayi'},
 {'No.': '2', 'Age': '21', 'Score': '89', 'Name': 'jack'},
 {'No.': '3', 'Age': '25', 'Score': '95', 'Name': 'tom'},
 {'No.': '4', 'Age': '19', 'Score': '80', 'Name': 'rain'}]
```

如果使用 DictReader 读取 csv 的某一列，就可以用列的标题查询。

```
import csv
# 读取 Name 列的内容
with open("test.csv", "r", encoding = "utf-8") as f:
    reader = csv.DictReader(f)
    column = [row['Name'] for row in reader]print(column)
执行结果:
['mayi', 'jack', 'tom', 'rain']
```

2. 写文件

同文件读取一样，文件的写入也有两种方法——writer() 和 DictWriter()，其含义和 reader()/DictReader() 相类似，writer() 用于列表数据写入，而 DictWriter() 用于字典数据写入。二者使用方法也比较简单，但需要注意的是，由于是写入文件，需要指明文件的编码方式（特别是需要写入中文字符时），具体的用法如下所示。

（1）列表写入 writer()

```
import csv
with open('1.csv', 'w', encoding='utf-8',newline='') as f:
  head = ['标题列 1', '标题列 2']
  rows = [
       ['张三', 80],
       ['李四', 90]
    ]
  writer = csv.writer(f)
  # 写入一行数据
  writer.writerow(head)
  # 写入多行数据
  writer.writerows(rows)
```

执行结果如图 12-2 所示。

	A	B
	标题列1	标题列2
	张三	80
	李四	90

图 12-2　写入数据

（2）字典写入 DictWriter()

可以设置记录标题（列表）和记录值（一个嵌套字典集的列表）。

```
import csv
# 字典写入
headers = ['标题列 1', '标题列 2']
values = [
      {'标题 1':'张三','标题 2':'80'},
   {'标题 1':'李四','标题 2':'90'}
]
with open('2.csv', 'w', encoding='utf-8', newline='') as f:
writer = csv.DictWriter(f,headers)
writer.writeheader()                        # 写入记录标题
    writer.writerows(values)
```

读文件时，把 csv 文件读入列表中，写文件时会把列表中的元素写入到 csv 文件中。执行结果如图 12-3 所示。

	A	B	C	D
1	No.	Name	Age	Score
2	1	mayi	18	99
3	2	jack	21	89
4	3	tom	25	95
5	4	rain	19	80
6	5	hanmeimei	23	81

图 12-3　字典写入

本章小结

本章主要介绍了文件操作的基本用法，详细介绍了文件的常用读写操作，分别对两种常用类型的文件操作——二进制文件的读写操作和 csv 文件的读写操作进行了详细介绍。

习　题

1.（编程题）创建文件 data.txt，文件共 100000 行，每行存放一个 1～100 之间的整数。

第 13 章　正则表达式

本章要点

正则表达式（Regular Expression，常简写为 regex、regexp 或 RE）又称规则表达式，是计算机科学的一个概念，通常被用来检索、替换那些符合某个模式（规则）的文本。正则表达式是一个特殊的字符序列，能方便地检查一个字符串是否与某种模式匹配。当前，正则表达式已经在各种计算机语言（如 Java、C# 和 Python 等）中得到了广泛的应用与发展。

在 Python 中，可以使用正则表达式对一些字符串进行处理。本章将重点介绍如何在 Python 中使用正则表达式。

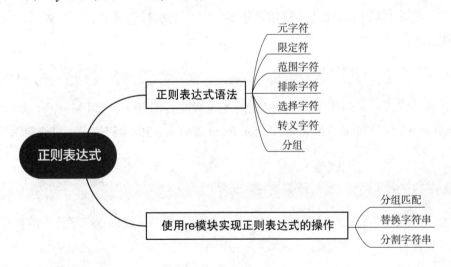

13.1 正则表达式语法

在处理字符串时，经常会涉及查找符合某些规则的字符串。正则表达式就是用于描述这些规则的工具，换言之，正则表达式就是记录文本规则的代码。如可能使用"?"和"*"通配符来查找硬盘上的文件。"?"通配符匹配文件名中的 0 个或 1 个字符，如可以通过 abc？.exe 来查找当前文件夹中文件名为 abc.exe、abcd.exe、abc1.exe 等一系列的文件。而"*"通配符匹配 0 个或多个字符，可以通过 *.txt 来查找当前文件夹中所有的文本文件。这里的 abc？.exe、*.txt 可以理解为简单的正则表达式。

普通字符包括没有显式指定为元字符的所有可打印和不可打印字符，包括所有大写和小写字母、所有数字、所有标点符号和一些其他符号。

13.1.1 元字符

元字符是一种用于描述其他字符的特殊字符，它由基本元字符和普通字符两部分组成。基本元字符是构成元字符的元素之一。普通字符包括没有显式指定为元字符的所有可打印和不可打印字符，还包括所有大写和小写字母、所有数字、所有标点符号和一些其他符号。

其中，行定位符用来描述字符串的边界。"^"表示行的开始，"$"表示行的结尾。如下面表达式所示：

```
^PM
```

上述表达式表示要匹配字符串 PM 的开始位置是行的开头，如 PM is the abbreviation for afternoon 可以匹配，而 The abbreviation for afternoon is PM 则不匹配。但如果使用下列表达式：

```
PM$
```

则后者可以匹配，而前者不能匹配。如果要匹配的字符串可以出现在字符串的任意部分，那么可以直接写成下列表达式：

```
PM
```

这样，两个字符串中的 PM 都可以被匹配。更多常用元字符及其举例说明如表 13-1 所示。

表 13-1　常用元字符及其举例说明

字符	匹配的模式	正则表达式	匹配的字符串
.	除 '\n' 外的任意一个字符，包括汉字（多行匹配方式下也能匹配 '\n'）	'a.b'	'ab'、'acb'、'a(b'、…
\d	一个数字字符，等价于 [0-9]	'a\db'	'a2b'、'a3b'、…
\D	一个非数字的字符，等价于 [^\d],[^0-9]	'a\Db'	'acb'、…
\s	一个空白字符，如空格、\t、\r、\n 等	'a\sb'	'a b'、'a\nb'、…
\S	一个非空白字符	'a\Sb'	'akb'、…
\w	一个单词字符：包括汉字或大小写英文字母、数字、下划线或其他语言的文字	'a\wb'	'a_b'、'a 中 b'、…
\W	一个不是单词字符的字符	'a\Wb'	'a?b'、…
		A|B 表示匹配 A 或匹配 B 均表示能匹配	'ab|c'	'ab' 'c'

13.1.2　限定符

限定符用来指定正则表达式的一个给定组件必须要出现多少次才能满足匹配。有 *、+、?、{m}、{m,} 和 {m,n} 6 种。限定符及其举例说明如表 13-2 所示。

表 13-2　限定符及其举例说明

限定符	匹配的模式	正则表达式	匹配的字符串
*	表示左边的字符可出现 0 次或任意多次	'a*b'	'b'、'ab'、'aaaab'、…
?	表示左边的字符必须出现 0 次或 1 次	'ka?b'	'kb'、'kab'、…
+	表示左边的字符必须出现 1 次或更多次	'ka+b'	'kab'、'kaaab'、…
{m}	m 是正整数。表示左边的字符必须且只能出现 m 次	'ka{3}a'	'kaaaa'
{m,}	m 是正整数，表示最少出现 m 次，没有上限	'ka{1,}b'	'kab'、'kaab'、'kaaab'
{m,n}	m、n 都是正整数。表示左边的字符必须至少出现 m 次，最多 n 次	'ka{1,3}b'	'kab'、'kaab'、'kaaab'

13.1.3　范围字符

使用正则表达式查找数字和字母是很简单的，因为已经有了对应这些字符集合的元字符（如 \d、\w），但是，如果要匹配没有预定义元字符的字符集合（如元音字母 a、e、i、o、u），那么应该怎么办呢？很简单，只需要在方括号里列出它们即可。例如，[aeiou] 即匹配任何一个英文元音字母，而 [.?!] 即匹配标点符号"."、"?"或"!"。也可以轻松制定一个字符范围，如 [0-9] 代表的含义与 \d 是完全一致的，即代表一位数字；同理，如果只考虑英文的话，[a-z0-9A-Z] 也完全等同于 \w。如果想匹配给定字符串中任意一个汉字，可以使用 [\u4e00-\u9fa5]；如果想匹配连续多个汉字，可以使用 [\u4e00-\u9fa5]+。

13.1.4 排除字符

在符号范围 [ ] 列出的是匹配符合指定字符集合的字符串。相反，匹配不符合指定字符集合的字符串如何表示呢？正则表达式提供了 "^" 字符。这个元字符在 13.1.1 节中出现过，表示行的开始，而这里将会放到方括号中，表示排除的意思。例如，[^0-9] 用于匹配一个非数字的字符。

13.1.5 选择字符

试想一下，如何匹配手机号码？目前手机号都为 11 位，且以 1 开头，第二位一般为 3、5、6、7、8、9，剩下八位为任意数字。第二位数字包含着条件选择的逻辑，这就需要使用选择符 (|) 来实现。该字符可以理解为 "或"，匹配手机号的表达式可以写成如下方式：

```
1(3|4|5|6|7|8|9)\d{9}$
```

国内固定电话区号 3~4 位，号码 7~8 位。如 0511-1234567、021-87654321，可以用如下表达式来匹配：

```
\d{3}-\d{8}|\d{4}-\d{7}$
```

13.1.6 转义字符

Python 中字符串前面加上 r 表示原生字符串（Raw String），与大多数编程语言相同，正则表达式里使用 "\" 作为转义字符，这就可能造成反斜杠的困惑。

假如需要匹配文本中的字符 "\"，那么使用编程语言表示的正则表达式里将需要 4 个反斜杠 "\\\\"：前两个和后两个分别用于在编程语言里转义成反斜杠，转换成两个反斜杠后再在正则表达式里转义成一个反斜杠。Python 里的原生字符串能很好地解决这个问题，上述表达式的正则表达式可以使用 r"\\" 表示。

同理，匹配一个数字的 "\\d" 可以写成 r"\d"。有了原生字符串，再也不用担心是不是漏写了反斜杠，写出来的表达式也更直观。

正则表达式中常见的特殊字符有以下几个："." "+" "?" "*" "$" "[ ]" "( )" "^" "{ }" "\"。如果要在正则表达式中表示这几个字符本身，就应该在其前面加 "\"。如正则表达式 'a\$b' 匹配的字符串是 'a$b'，'a\[\]b' 匹配的字符串是 'a[]b'。

若用正则表达式匹配如 172.1.2.3 这样格式的 IP 地址，如果直接使用点字符，则格式如下：

```
[1-9]{1,3}.[0-9] {1,3}.[0-9] {1,3}.[0-9]{1,3}
```

这样显然不对，因为"."可以匹配任意一个字符。不仅172.1.2.3这样的IP，连172113253这样的字符串也会被匹配出来。所以在使用"."时，需要用转义字符（\）。因此，可将上述正则表达式修改为：

```
[1-9]{1,3}\.[0-9] {1,3}\.[0-9] {1,3}\.[0-9]{1,3}
```

13.1.7　分组

通过13.1.5节中的例子，大家对小括号的作用有了一定的了解。小括号字符的第一个作用就是可以改变限定符的作用范围，如"|""*""^"等。例如：

```
(Fri|Thurs)day
```

这个表达式是匹配Friday或Thursday，如果不使用小括号，那么就变成了匹配单词Fri或Thursday了。

小括号的第二个作用是分组，也就是子表达式。如 (\.[0-9]{1,3}){3} 就是对分组 (\.[0-9]{1,3}) 进行重复3次操作。

13.2　使用 re 模块实现正则表达式的操作

正则表达式是一个特殊的字符序列，能方便地检查一个字符串是否与某种模式匹配。学会使用 Python 自带的 re 模块编程非常有用，因为它可以帮我们快速检查一个用户输入的 email 或电话号码的格式是否有效，也可以帮我们快速从文本中提取需要的字符串。本节我们就来学习如何编写 Python 正则表达式，并利用 re 模块自带的方法来判断字符串的匹配并从目标字符串中提取想要的内容。在使用 re 模块时，需要先应用 import 语句将其引入，具体代码如下：

```
import re
```

re 模块主要包含如下 6 种方法：

re.compile：编译一个正则表达式模式 (pattern)。

re.match：从头开始匹配，使用 group() 方法可以获取第一个匹配值。

re.search：用包含方式匹配，使用 group() 方法可以获取第一个匹配值。

re.findall：用包含方式匹配，把所有匹配到的字符（多个匹配值）放到列表中返回。

re.sub：匹配字符并替换。

re.split：以匹配到的字符当作列表分隔符，返回列表。

13.2.1 分组匹配

1. re.compile 方法

compile() 函数用于编译正则表达式，生成一个正则表达式（pattern）对象，供 match() 和 search() 这两个函数使用。其函数包含两个参数：一个是 pattern，另一个是可选参数 flags。

```
re.compile(pattern[, flags])
```

pattern：一个字符串形式的正则表达式。

flags：可选参数，表示匹配模式，如忽略大小写、多行模式等。常用的标志及其说明如表 13-3 所示。

表 13-3　常用的标志及其说明

标志	说明
A 或 ASCII	对于 \w、\W、\b、\B、\d、\D、\s 和 \S 只进行 ASCII 匹配（仅适用于 Python 3.x）
I 或 IGNORECASE	执行不区分字母大小写的匹配
M 或 MULTILINE	将 "^" 和 "$" 用于包括整个字符串的开始和结尾的每一行（默认情况下，仅适用于整个字符串的开始和结尾）
S 或 DOTALL	使用 "." 字符匹配所有字符，包括换行符
X 或 VERBOSS	忽略模式字符串中未转义的空格和注释

上述 flags re.I 和 re.M 是非常常用的。如果要同时使用两个 flags，可以使用 re.I | re.M。

```
import re
string = "现在是北京时间20点10分"
pattern = r'\D*(\d{1,2})\D*(\d{1,2})\D*'
com = re.compile(pattern)
result = com.match(string)
print(result.groups())
```

分组是用圆括号 "()" 括起来的正则表达式，匹配出的内容表示一个分组。使用分组，可以从目标字符串中提取出与圆括号内正则表达式相匹配的内容。

\D 是非数字字符，正则表达式里有两个分组，可以从目标字符串中提取出小时和分钟，程序输出结果为：

```
('20', '10')
```

注意：定义分组有 3 种形式：

1）(exp)：把括号内的正则作为一个分组，系统自动分配组号，可以通过分组号引用该分组。

2）(?P<name>exp)：定义一个命名分组，分组的正则是 exp，系统为该分组分配分组号，可以通过分组名或分组号引用该分组。

3）(?:exp)：定义一个不捕获分组，该分组只在当前位置匹配文本，在该分组之后，无法引用该分组，因为该分组没有分组名，没有分组号，也不会占用分组编号。

在上一个例子展示了第一种分组的形式，现在来看一个命名分组的例子。

```
import re
string = "现在是北京时间20点10分"
pattern = r'\D*(?P<hour>\d{1,2})\D*(?P<minute>\d{1,2})\D*'
com=re.compile(pattern)
result = com.match(string)
print(result.groupdict())
```

命名分组也使用圆括号，在正则表达式前面添加一个命名的步骤，以 ?P 开头，在 <> 内填入分组的名称。使用了命名分组，就可以使用 groupdict 方法来获得 match 的结果，是一个字典。程序输出结果：

```
{'hour': '20', 'minute': '10'}
```

再看一个不捕获分组的例子。

```
import re
string = "现在是北京时间20点10分"
pattern = r'\D*(?:\d{1,2})\D*(?:\d{1,2})\D*'
com=re.compile(pattern)
result = com.match(string)
print(result.group())
print(result.groups())
print(result.groupdict())
```

使用不捕获分组，括号内的内容不会被捕获到。程序输出结果：

```
现在是北京时间20点10分
()
{}
```

正则表达式的确在目标字符串中找到了模式，因此 group() 返回的是匹配到的内容，尽管两个分组也匹配到了内容，但由于使用的是不捕获分组，因此圆括号里的内容不会被捕获，groups() 返回的是空元组。表 13-4 给出了反应分组形式与获取结果方法之间的关系。

表 13-4　反应分组形式与获取结果方法之间的关系

	普通分组 (exp)	命名分组 (?Pexp)	不捕获分组 (?:exp)
group	返回匹配的内容	返回匹配的内容	返回匹配的内容
groups	以元组形式返回匹配到的分组内容	以元组形式返回匹配到的分组内容	空元组
groupdict	空字典	以字典形式返回匹配到的分组内容	空字典

2. re.match 和 re.search 方法

re.match 和 re.search 方法类似，唯一不同的是 re.match 从头匹配，re.search 可以从字符串中任意位置匹配。如果有匹配对象，则 match 返回，可以使用 match.group() 提取匹配字符串。

```
re.match(pattern, string[, flags])
re.search(pattern, string[, flags])
```

patter：表示模式字符串，由要匹配的正则表达式转换而来。

string：表示要匹配的字符串。

flags：可选参数，表示标志位，用于控制匹配方式，常用的标志及其说明如表 13-3 所示。

我们来看实际案例。下例通过编写一个年份的正则表达式，试图用它从 " 闰年 2000 和非闰年 2001 年 " 中提取年份信息。'\d{4}' 代表一个正整数重复 4 次，即四位整数。可以看到 re.match 没有任何匹配，而 re.search 也只是匹配到 2000 年，没有匹配到 2001 年。这是为什么呢？ re.match 是从头匹配的，从头没有符合的正则表达式，所以返回 None。re.search 方法虽然可以从字符串任何位置开始搜索匹配，但一旦找到第一个匹配对象，就停止工作了。如果想从一个字符串中提取符合正则表达式模式的所有字符串，则需要使用 re.findall 方法。

【例 13-1】 提取年份信息。

```
import re
pattern1 = r'\d{4}' # 四位整数，匹配年份
string1 = ' 闰年 2000 和非闰年 2001 年 '
match1 = re.match(pattern1, string1)
print(match1)
match2 = re.search(pattern1, string1)
print(match2)
print(match2.group())
```

程序输出结果：

```
None
<_sre.SRE_Match object>
2000
```

re.match 和 re.search 方法虽然一次最多只能返回一个匹配对象，但我们可以通过在 pattern 里加括号构造匹配组，返回多个字符串。下例展示了如何从 "Elephants are bigger than rats" 里提取 Elephants 和 bigger 两个单词。正则表达式 r'(.*) are (.*?) .*' 括号中的表达式是一个分组。多个分组按左括号从左到右从 1 开始依次编号，而不是像列表一样从 0 开始。

(.*)　第一个匹配分组，.* 代表匹配除换行符之外的所有字符。
(.*?)　第二个匹配分组，.*? 后面多个问号，代表非贪婪模式，也就是说只匹配符合条件的最少字符。

最后的一个 .* 没有括号包围，所以不是分组，匹配效果和第一个一样，但是不计入匹配结果中。

注意，一个括号对应一个 group，而 match3.group 的编号是从 1 开始的。

【例 13-2】分组匹配。

```
import re
pattern2= r'(.*) are (.*?) .*'
string2 = "Elephants are bigger than rats"
match3 = re.search(pattern2, string2, re.I)
print(match3.group())
print(match3.group(1))
print(match3.group(2))
```

程序输出结果：

```
Elephants are bigger than rats
Elephants
Bigger
```

为何结果是这样的呢？首先，这是一个字符串，前面的一个 r 表示字符串为非转义的原始字符串，让编译器忽略反斜杠，即忽略转义字符。但是这个字符串里没有反斜杠，所以这个 r 可有可无。

Match3.group() 等同于 match3.group(0)，表示匹配到的完整文本字符。

Match3.group(1) 得到第一组匹配结果，也就是 (.*) 匹配到的。

Match3.group(2) 得到第二组匹配结果，也就是 (.*?) 匹配到的。

因为匹配结果中只有两组，所以如果填 3 时会报错。

有的符号如 ", ',) 本身就有特殊的含义，在正则表达式中使用时必须先对它们进行转义，方法就是在其符号前加反斜杠"\"。下例展示了如何从"总共楼层（共 7 层）"中提取共 7 层三个字，即需要给括号转义。在 pattern3 和 pattern4 中都对括号加了反斜杠"\"，表明这是括号符号本身。在 pattern4 中还使用了一对没加反斜杠的括号，表明这是一个 match group。

【例 13-3】分组匹配。

```
import re
string3 = "总共楼层（共 7 层）"
pattern3 = re.compile(r'\（.*\）')
match4 = re.search(pattern3, string3)
print(match4.group())
pattern4 = re.compile(r'\（(.*)\）')
match5 = re.search(pattern4, string3)
print(match5.group())
print(match5.group(1))
```

程序输出结果：

```
（共 7 层）
（共 7 层）
共 7 层
```

那你肯会问了，如果我们有"总共楼层（共 7 层）干扰）楼层"这样的字符串，加了个干扰括号，那我们该如何匹配（共 7 层）呢？ Python 中量词 +、*、? 、{m,n} 默认匹配尽可能长的子串，即正则匹配默认是贪婪的，总是尝试匹配尽可能多的字符。非贪婪模式则相反，总是尝试匹配尽可能少的字符。如果要使用非贪婪模式，我们需要在量词 +、*、? 、{m,n} 后面再加个问号"?"即可。如正则表达式 "ab*"，如果用于查找 "abbbc"，将找到 "abbb"，而如果使用非贪婪的数量词 "ab*?"，将找到 "a"。

【例 13-4】贪婪模式和非贪婪模式。

```
import re
string4 = "总共楼层（共 7 层）干扰）楼层"
pattern5 = r'\（.*\）'                        # 默认贪婪模式
pattern6 = r'\（.*?\）'                       # 加问号？变非贪婪模式
print(re.search(pattern5, string4).group())
print(re.search(pattern6, string4).group())
```

程序输出结果：

```
（共 7 层）干扰）
（共 7 层）
```

3. re.findall 方法

前面已经提到过，当试图从一个字符串中提取所有符合正则表达式的字符串列表时，需要使用 re.findall 方法。findall 的使用方法有两种，一种是 pattern.findall(string)，另一种是 re.findall(pattern, string)。re.findall 方法经常用于从爬虫软件爬来的文本中提取有用信息。findall 函数返回的总是正则表达式在字符串中所有匹配结果的列表。

pattern：匹配模式，由 re.compile 获得。

string：需要匹配的字符串。

【例 13-5】提取日期列表。

常见日期格式：yyyyMMdd、yyyy-MM-dd、yyyy/MM/dd、yyyy.MM.dd。

表达式：\d{4}(?:-|\/|.)\d{1,2}(?:-|\/|.)\d{1,2}。

代码：

```
import re
pattern = re.compile(r"\d{4}(?:-|\/|.)\d{1,2}(?:-|\/|.)\d{1,2}")
strs = '今天是 2021/10/20, 去年的今天是 2020.10.20, 明年的今天是 2022-10-20'
result = pattern.findall(strs)
print(result)
```

程序输出结果：

```
['2021/10/20', '2020.10.20', '2022-10-20']
```

【例 13-6】提取邮箱地址。

邮箱地址包含大小写字母、下划线、阿拉伯数字、点号和中画线。

表达式：

```
[a-zA-Z0-9_-]+@[a-zA-Z0-9_-]+(?:\.[a-zA-Z0-9_-]+)
```

代码：

```
import re
pattern = re.compile(r"[a-zA-Z0-9_-]+@[a-zA-Z0-9_-]+(?:\.[a-zA-Z0-9_-]+)")
strs = '我的私人邮箱是 tangwan@outlook.com, 公司邮箱是 12345678@qq.com, 请登记一下'
result =re.findall(pattern ,strs)
print(result)
```

程序输出结果：

```
['tangwan@outlook.com', '12345678@qq.com']
```

【例 13-7】分组。

```
import re
```

```
string="abcd efg hijk lmn"
regex1=re.compile("((\w+)\s+\w+)")
print(regex1.findall(string))
regex2=re.compile("(\w+)\s+\w+")
print(regex2.findall(string))
regex3=re.compile("\w+\s+\w+")
print(regex3.findall(string))
```

程序输出结果：

```
[('abcd efg', 'abcd'), ('hijk lmn', 'hijk')]
['abcd', 'hijk']
['abcd efg', 'hijk lmn']
```

为何输出结果是这样呢？

1）多个分组时，将结果作为元组，一并存入到列表中。即当给出的正则表达式中带有多个括号时，列表的元素为多个字符串组成的 tuple，tuple 中字符串个数与括号对数相同，字符串内容与每个括号内的正则表达式相对应，且排放顺序是按括号出现的顺序。第一个 regex 中带有 2 个括号，其输出 list 中包含 2 个 tuple。

2）有一个分组返回的是分组的匹配。即当给出的正则表达式中带有一个括号时，列表的元素为字符串，此字符串的内容与括号中的正则表达式相对应。第二个 regex 中带有 1 个括号，其输出内容是括号匹配到的内容，而不是整个表达式所匹配到的结果。

3）当正则表达式没有分组，返回就是正则匹配。即当给出的正则表达式中不带括号时，列表的元素为字符串，此字符串为整个正则表达式匹配的内容。第三个 regex 中不带括号，其输出的内容就是整个表达式所匹配到的内容。

实际上这并不是 Python 特有的，而是正则表达式所特有的，任何一门高级语言使用正则表达式都满足这个特点：有括号时只能匹配到括号中的内容，没有括号（相当于在最外层增加了一个括号）。在正则表达式中"()"代表的是分组的意思，一个括号代表一个分组，所以只能匹配到"()"中的内容。

13.2.2 替换字符串

re.sub 方法用于替换字符串中的匹配项。其语法格式如下：

```
re.sub(pattern, repl, string, count=0, flags=0)
```

参数说明如下：

pattern：表示模式字符串，由要匹配的正则表达式转换而来。

repl：表示替换的字符串，也可为一个函数。

string：表示要被查找替换的原始字符串。

count：可选参数，表示模式匹配后替换的最大次数，默认 0 表示替换所有的匹配。

flags：可选参数，表示标志位，用于控制匹配的方式，如是否区分字母大小写。常用的标志及其说明如表 13-3 所示。

【例 13-8】隐藏手机号。

本例展示了如何把手机号替换为 1**********。该方法经常用于去除空格、无关字符或隐藏敏感字符。

国内手机号码都为 11 位，且以 1 开头，第二位一般为 3、5、6、7、8、9，剩下八位为任意数字。

代码：

```
import re
pattern = r'1[356789]\d{9}'
strs = '小明的手机号是13501234567,你明天打给他'
result = re.sub(pattern,'1**********',strs)
print(result)
```

输出结果：

```
小明的手机号是1**********,你明天打给他。
```

【例 13-9】隐藏身份证号。

身份证号：xxxxxx yyyy MM dd xxxx，共十八位。

- 地区：[1-9]\d{5}
- 年的前两位：(18|19|([23]\d)) 1800-2399
- 年的后两位：\d{2}
- 月份：((0[1-9])|(10|11|12))
- 天数：(([0-2][1-9])|10|20|30|31) 闰年不能禁止 29+
- 三位顺序码：\d{3}
- 两位顺序码：\d{2}
- 校验码：[0-9Xx]

表达式：

```
[1-9]\d{5}(18|19|([23]\d))\d{2}((0[1-9])|(10|11|12))(([0-2][1-9])|10|20|30|31)\
d{3}[0-9Xx]
```

代码：

```
import re
```

```
pattern= r'[1-9]\d{5}(?:18|19|(?:[23]\d))\d{2}(?:(?:0[1-9])|(?:10|11|12))
(?:(?:[0-2][1-9])|10|20|30|31)\d{3}[0-9Xx]'
strs = '小明的身份证号码是342623190010235163, 不是1234567891012345678,
请注意核实。'
result = re.sub(pattern,'******************',strs)
print(result)
```

输出结果：

小明的身份证号码是******************, 不是1234567891012345678,请注意核实。

虽然第二组数据也是18位数字，但因为不是身份证号，所以并没有被替换。

13.2.3 使用正则表达式分割字符串

re.split方法可根据正则表达式来实现字符串的分割，并返回分割后的字符串列表。其语法格式如下：

```
re.split(pattern, string,[maxsplit],[flags])
```

参数说明如下：

pattern：相当于str.split()中的sep，分隔符的意思，不仅可以是字符串，也可以是正则表达式。

string：表示要匹配的字符串。

maxsplit：可选参数，这个参数和str.split()中有点不一样：默认值为0，表示分割次数无限制，能分几次分几次；取负数，表示不分割；若大于0，表示最多分割maxsplit次。

flags：可选参数，表示标志位，用于控制匹配的方式，如是否区分字母大小写。常用的标志及其说明如表13-3所示。

【例13-10】分割字符串。

```
import re
pattern=r'[A-Za-z]+[、\.]'
strs='星期一Monday、星期二Tuesday、星期三Wednesday、星期四Thursday、星期五Friday、星期六Saturday、星期日Sunday.'
result=re.split(pattern,strs)
print(result)
```

输出结果：

['星期一', '星期二', '星期三', '星期四', '星期五', '星期六', '星期日', '']

re.split方法并不完美，如上例分割后的字符串列表尾部多了空格，需要手动去除。

如果仅是在中文和英文的表单里将中文和英文筛开，可以不用 re.split。使用如下代码，用 unicode 代码来提取文字。

```
import re
text= ' 星期一 Monday、星期二 Tuesday、星期三 Wednesday、星期四 Thursday、星期五 Friday、星
期六 Saturday、星期日 Sunday.'
list1=re.findall('[\u4e00-\u9fa5]',text)
list2=re.findall('[\u0000-\u007F]',text)
result1=''.join(list1)
result2=''.join(list2)
print(result1)
print(result2)
```

输出结果：

```
星期一星期二星期三星期四星期五星期六星期日
MondayTuesdayWednesdayThursdayFridaySaturdaySunday.
```

本章小结

本章首先介绍了正则表达式语法，然后用实例讲解了如何利用 re 模块实现正则表达式的操作。通过本章的学习，读者能对正则表达式语法有一定的认识，能熟练使用 re 模块中的 re.compile、re.match、re.search、re.findall、re.sub、re.split 等方法进行分组匹配、替换字符串和分割字符串。

习　题

1.（编程题）IP 地址的长度为 32 位（共有 2^{32} 个 IP 地址），分为 4 段，每段 8 位，用十进制数字表示，每段数字范围为 0～255，段与段之间用句点隔开。编程实现从一段文字中提取 IP 地址。

参考代码：

```
import re
pattern= re.compile(r"((?:(?:25[0-5]|2[0-4]\d|[01]?\d?\d)\.){3}
(?:25[0-5]|2[0-4]\d|[01]?\d?\d))")
strs = '''请输入合法 IP 地址，非法 IP 地址和其他文字将被过滤！请注意 IP 地址的正确格式。
123.168.8.84
192.168.8.85
292.168.8.86
0.0.0.1
156.1.1.1
```

```
292.256.256.258
192.258.257.256
192.255.255.255
aa.bb.cc.dd'''
result = pattern.findall(strs)
print(result)
```

输出结果：

```
['123.168.8.84', '192.168.8.85', '92.168.8.86', '0.0.0.1', '156.1.1.1',
'192.255.255.255']
```

2.（编程题）替换出现的违禁词。在广告中禁止出现"国家级、世界级、最高级、最佳、第一、唯一"等绝对性用语。本练习要求实现将一段文字中出现的违禁词用 * 替换。

参考代码：

```
import re
pattern= r'[国家级|世界级|最高级|最佳|第一|唯一]'
strs = '这是世界级的最高级的唯一获得世界大奖的床垫，走过路过，千万别错过！'
result = re.sub(pattern,'*',strs)
print(result)
```

输出结果：

```
这是 *** 的 *** 的 ** 获得 ** 大奖的床垫，走过路过，千万别错过！
```

第 14 章 树莓派开发与应用

本章要点

　　本章主要讲解树莓派的基本应用，从树莓派的基本构件出发，逐步讲解树莓派的使用方法和使用过程，最后基于树莓派开发简易的摄像头。

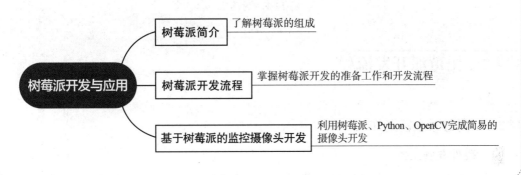

14.1 树莓派简介

　　树莓派（Raspberry Pi）是由树莓派基金会研发的一种只有信用卡大小的单板机电脑。2012 年 3 月，英国剑桥大学的埃本·阿普顿（Eben Upton）正式发售世界上最小的台式机，又称卡片式电脑，外形只有信用卡大小，其操作系统基于 Linux，具有电脑的所有基本功能，这就是 Raspberry Pi 电脑板，中文译名"树莓派"。

　　树莓派最初的设计目标是用较为廉价的硬件和开源软件为儿童提供一个计算机教育平台。但其优秀的扩展性和易于开发的特性，使其不仅仅用于儿童教育，更是成为了极客们的玩具。

　　树莓派是一款基于 ARM 的微型电脑主板，以 SD/MicroSD 卡为内存硬盘，卡片主板周围有 1/2/4 个 USB 接口和一个 10/100 以太网接口（A 型没有网口），如图 14-1 所示。

自问世以来，树莓派受到众多计算机发烧友和创客的追捧，曾经一"派"难求。别看其外表"娇小"，内"心"却很强大，视频、音频等功能通通皆有，可谓是"麻雀虽小，五脏俱全"。和现在的平板电脑不一样的是，树莓派的底层是一个完整的 Linux 操作系统，而 Android 的底层是一个精简过的 Linux 嵌入式版本。

图 14-1　树莓派

14.2　树莓派开发流程

14.2.1　树莓派准备工作

1. 硬件准备工作

树莓派需要的配件在设计时就考虑了广泛的兼容性，并不是能插上就一定合适，下面介绍需要注意的地方。

（1）1 台 PC

台式机、笔记本都满足条件，需要联网用于下载软件，需要有一个 TF 卡读卡器，用于读写 TF 卡。如果没有，可以外接 1 个 USB 读卡器。

PC 操作系统也是随意的，这里以使用最广泛的 Windows 为例（XP、7、8、10 都可以）。

（2）1 个树莓派

各版本的树莓派系统安装过程和基本操作都差不多，这里以 Raspberry Pi 3 Model B 为例。

（3）1 张 TF 卡

TF 卡就是 Micro SD 卡，即手机上可使用的、能扩展容量的卡。容量 8GB 或者以上，另外速度也要考虑，建议买速度快一点、质量好一点的卡，毕竟这相当于 Raspberry Pi 的系统盘。

（4）1 个电源

电源接口是 Micro USB，但并不是所有的手机充电器都能使用，官方要求 5V/2A。由于没有过多的外设接入，本书使用 5V/2A 的电源，如果打算给 Pi 接上很多外设，则需要考虑耗电，建议选择一个更大功率输出的电源。注意不要使用山寨劣质的电源，一方面，电压不稳，另一方面，劣质的产品通常会虚标功率。如果使用树莓派时遇到不规律的死机，就要怀疑电源的稳定性了。

（5）1 台显示器（不是必须）

树莓派上有标准尺寸的 HDMI 接口，稍微新一点的显示器和电视机上都有此接口，用 HDMI 线插上就行。

如果遇到老式显示器仅支持 VGA 输入的情况，则需要一个 HDMI 转 VGA 转接线。这个线必须是有外部供电的。

2. 软件准备工作

（1）Raspbian 镜像

官方下载地址：https://www.raspberrypi.org/downloads/raspbian/。

（2）镜像写入工具

Win32 DiskImager 0.9.5

下载地址：

http://nchc.dl.sourceforge.net/project/win32diskimager/Archive/Win32DiskImager-0.9.5-install.exe。

14.2.2　树莓派程序植入

1. 第一次开机初始化设置

初次进入会有一个欢迎界面，单击 next 进入初始化配置

第一步：选择国家。选中国，将下方 "Use US Keyboard" 选上，建议同时选上使用英语。

第二步：修改树莓派的密码，默认密码是 raspberry。

第三步：Set up Screen，单击 next。

第四步：连接 wifi。

第五步：update，跳过。

第六步：重启。

2. raspi-config 配置

1）输入命令 sudo raspi-config，进入图形化配置界面，如图 14-2 所示。

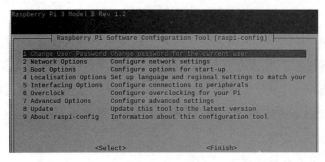

图 14-2　配置图 1

2）选择第 5 项 Interfacing Options，如图 14-3 所示。

3）全部设置为 Enable，主要是为了方便后续使用。选择第 7 项 Advanced Options，如图 14-4 所示。

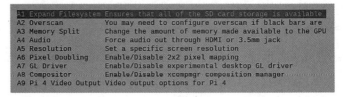

图 14-3　配置图 2　　　　　　　　　　图 14-4　配置图 3

4）执行 A1 Expand Filesystem。

扩展 TF 卡容量，烧录完的 TF 卡分成了 3 个区：boot、系统以及空闲空间，大部分容量都未分配，执行该过程可以将所有的容量都分配给系统，被用户使用。可以通过 df-1 命令来查看当前占用的空间。

5）执行 A3 Memory Split。

分配显存，默认分配 128MB。对于用到摄像头、opencv、图形化界面、家庭影院等的用户，显存可以改成 256MB，有助于提高流畅性（性能限制，只能稍微快一点），如果用作不需要界面的下载机、文件服务器等，则可以保持默认或者改成 64MB 都是可以的。树莓派 3 的内存只有 1G，为方便后续使用，在此分配 256MB 给显存。

3. **更改 apt 源**

用 ping 命令测试发现，连接阿里云镜像服务器时间最短（具体情况具体讨论），平均只有 10ms 左右，其他的源平均为 40～50ms，国外的源 100ms 起步，因此选择使用阿里云镜像服务器。

（1）备份 apt 源

```
sudo cp /etc/apt/sources.list /etc/apt/sources.list.bak
sudo cp /etc/apt/sources.list.d/raspi.list /etc/apt/sources.list.d/raspi.list.bak
```

（2）修改 apt 源（buster 版）

```
sudo nano /etc/apt/sources.list
```

4. 修改 pip 源

```
mkdir ~/.pip
sudo nano ~/.pip/pip.conf
[global]
trusted-host=mirrors.aliyun.com
index-url=https://mirrors.aliyun.com/pypi/simple/
```

5. 使用 SSH 连接

SSH 连接的软件种类很多，常用的有 putty、xshell、MobaXterm，根据个人需求来选择。putty 小巧，xshell 专业，MobaXterm 集成度高，都有很多安装方法与绿色软件。连接之前可以用 ifconfig 命令查看 IP 地址。以 MobaXterm 为例，SSH 连接过程如下：

1）新建一个 Session。

2）选择 SSH。

3）填上地址：192.168.114.134。

4）勾选用户名。

5）填入 pi。

6）单击 OK。

7）在终端输入密码，即可连接。

8）以后树莓派开机后，只需双击左方的 session 就能连上（基本上使用路由器，设备列表没满情况下，IP 地址是不会变化的，与 MAC 相关联），如图 14-5 所示。

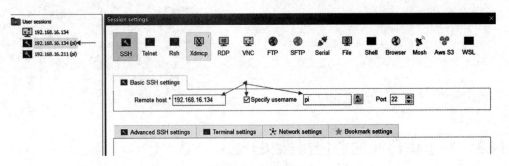

图 14-5　配置图 4

6. 启动 VNC 服务

接下来要开启 VNC 服务，开启命令是 vncserver，VNC 开启服务时，用哪个账号开启，就只能登陆哪个，否则会出现拒绝访问的错误。输入完正确命令后，出现下面的信息，如图 14-6 所示。

```
1  pi@raspberrypi:~ $ sudo vncserver
2  VNC(R) Server 6.4.1 (r40826) ARMv6 (Mar 13 2019 16:35:06)
3  Copyright (C) 2002-2019 RealVNC Ltd.
4  RealVNC and VNC are trademarks of RealVNC Ltd and are protected by trademark
5  registrations and/or pending trademark applications in the European Union,
6  United States of America and other jurisdictions.
7  Protected by UK patent 2481870; US patent 8760366; EU patent 2652951.
8  See https://www.realvnc.com for information on VNC.
9  For third party acknowledgements see:
10 https://www.realvnc.com/docs/6/foss.html
11 OS: Raspbian GNU/Linux 10, Linux 4.19.57, armv7l
12
13 On some distributions (in particular Red Hat), you may get a better experience
14 by running vncserver-virtual in conjunction with the system Xorg server, rather
15 than the old version built-in to Xvnc. More desktop environments and
16 applications will likely be compatible. For more information on this alternative
17 implementation, please see: https://www.realvnc.com/doclink/kb-546
18
19 Running applications in /etc/vnc/xstartup
20
21 VNC Server catchphrase: "Maximum pigment hair. Aspect parole shock."
22          signature: f4-90-78-da-e4-4d-77-68
23
24 Log file is /root/.vnc/raspberrypi:1.log
25 New desktop is raspberrypi:1 (192.168.16.134:1)
```

图 14-6　配置图 5

7. 打开 root 账号

树莓派 root 账号默认是没有打开的，不能登录 root 账号，所以之前输入 sudo 时不需要敲入密码。下面为 root 用户设置密码，开启 root 用户。

```
sudo passwd root
pi@raspberrypi:~ $ sudo passwd root
New password:
Retype new password:
passwd: password updated successfully
sudo passwd --unlock root
```

到此为止，树莓已经配置完成。

14.3　基于树莓派的监控摄像头开发

本节将完成简单的基于树莓派的监控摄像头开发，读者可根据本书内容制作一个简单的监控摄像头。在正式开始项目前，最好对以下知识进行了解，首先读者需要学会 Python 编程的基础知识，以及简单的 OpenCV 编程。

14.3.1　准备工作

1. 重启树莓派

按照上节内容的操作方法打开树莓派终端，输入 sudo raspi-config，如图 14-7～图 14-10 所示。

图 14-7　sudo raspi-config（1）

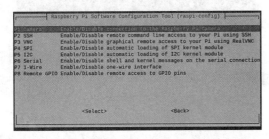

图 14-8　sudo raspi-config（2）

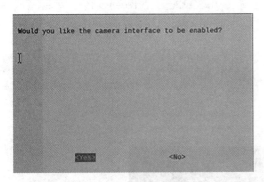

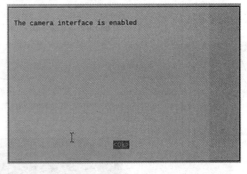

图 14-9　sudo raspi-config（3）　　　　图 14-10　sudo raspi-config（4）

2. 检查摄像头的运行情况

```
vcgencmd get_camera
```

raspistill 命令行测试拍照

```
raspistill -v -o test.jpg
```

执行后的信息如图 14-11 所示。

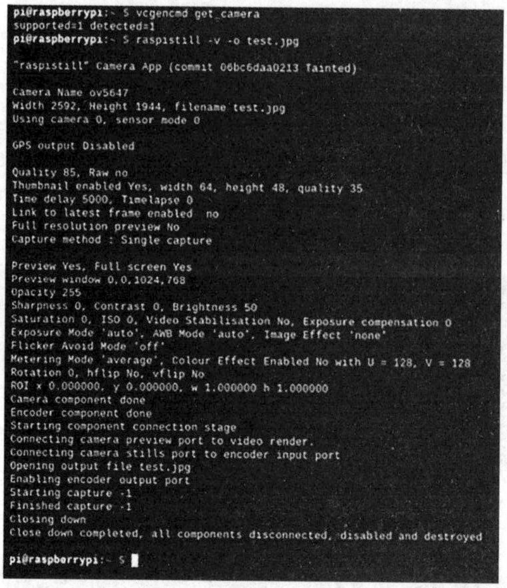

图 14-11　检查摄像头的运行情况

14.3.2　摄像头开发过程

1. 安装 opencv

```
sudo apt-get install -y libopencv-dev python3-opencv
```

当网络不好时，下载会中断，多执行以上命令几次就好了，断点续传。安装完成后输入命令：

```
python3
import CV2
```

如图 14-12 所示，看到无错误显示即可。

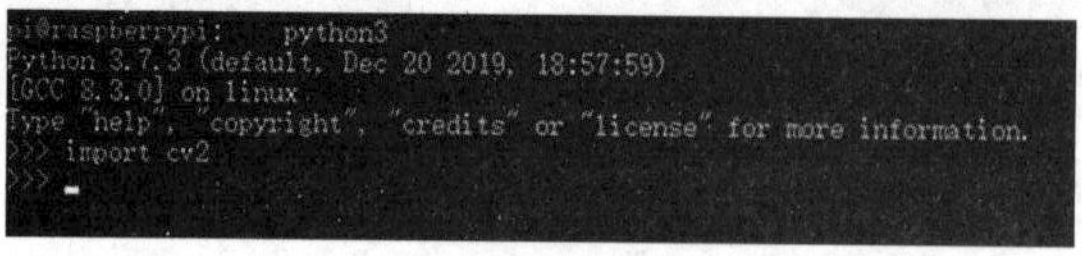

图 14-12　输入命令

2. 使用 opencv 调用树莓派拍照

```
#打开 usb 摄像头读取一张照片
import CV2
import matplotlib.pyplot as plt
#opencv 调用 csi 摄像头优先 0，然后 usb 按顺序排列下去
capture = CV2.VideoCapture(0)
```

```
# 获取一帧
ret, frame = capture.read()
plt.imshow(frame[:,:,::-1])#BGRtoRGB
plt.show()
# 释放资源
capture.release()
```

3. 摄像头开发代码如下，读者可自行修改。

```
import CV2
from http import server
import time
# 做一个响应主页面 html
PAGE="""\
  <html>
    <head>
      <title>Video Streaming Demonstration</title>
    </head>
    <body>
      <h1>Video Streaming Demonstration</h1>
      <img src="/video_feed">
    </body>
    </html>
"""
# 通过 opencv 获取实时视频流
video = CV2.VideoCapture(0)
def get_frame(v):
    success, image = v.read()
    # 因为 opencv 读取的图片并非 jpeg 格式，因此要用 motion JPEG 模式先将图片转码成 jpg 格式
      图片
    ret, jpeg = CV2.imencode('.jpg', image)
    return jpeg.tobytes()
def gen(camera):
    while True:
      frame = get_frame(camera)
      # 使用 generator 函数输出视频流，每次请求输出的 content 类型是 image/jpeg
      yield(b'--frame\r\n'
          b'Content-Type: image/jpeg\r\n\r\n' + frame + b'\r\n\r\n')
class HTTPHandler(server.BaseHTTPRequestHandler):
    def do_GET(self):#get 数据处理
      if self.path == '/': #跳转至默认页面
          self.send_response(301)
          self.send_header('Location', '/index.html')
          self.end_headers()
      elif self.path == '/index.html':
          content = PAGE.encode('utf-8')
```

```
        self.send_response(200)
        self.send_header('Content-Type', 'text/html')
        self.send_header('Content-Length', len(content))
        self.end_headers()
        self.wfile.write(content)
    elif self.path == '/video_feed':
        self.send_response(200)
        self.send_header('Content-Type','multipart/x-mixed-replace;
        boundary=frame')
        self.end_headers()
        while True:
            self.wfile.write(next(cam)) # 必须用 next() 才能运行生成器
            self.wfile.write(b'\r\n')
    else:
        self.send_error(404)
        self.end_headers()
cam = gen(video)# 生成器
try:
    print("http server start…")
    address = ('', 8080)
    server = server.HTTPServer(address, HTTPHandler)
    server.serve_forever()
finally:
    print('done')
```

本章小结

本章从树莓派简介出发，简单介绍了树莓派的构成，以及开发工作所需的硬件条件和软件条件，介绍了如何将程序植入到树莓派中，详细介绍了树莓派的初始化设置过程。最后结合 Python 编程、OpenCV 编程以及树莓派开发了简易的监控摄像头。

习 题

1. （选择题）树莓派中安装模块的命令是（   ）。

A. pip   B. sudo   C. cd   D. Script

2. （选择题）VNC 服务开启命令是（   ）。

A. vncserver   B. sudo vnc   C. vnc   D. server

3. （选择题）树莓派配置功能命令是（   ）。

A. sudo raspi-config B. pip   C. vnc   D. sudo

4. （编程题）结合本专业所学知识，利用树莓派开发一个定时拍照摄像机。

第 15 章　数据可视化

本章要点

　　本章主要介绍 Python 数据可视化，其中包含数据可视化的概念以及各种可视化图形的绘制，再结合具体实例实现词云图的绘制，并根据可视化图形得出结论。

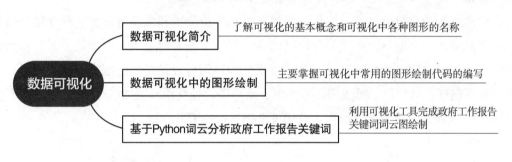

15.1　数据可视化简介

　　数据可视化领域的起源可以追溯到 20 世纪 50 年代计算机图形学的早期。人们使用计算机创建图形图表，可视化提取出数据，并将数据的各种属性和变量呈现出来。随着计算机硬件的发展，人们创建更复杂、规模更大的数字模型，发展了数据采集设备和数据保存设备。同理，也需要更高级的计算机图形学技术及方法来创建这些规模庞大的数据集。随着数据可视化平台的拓展、应用领域的增加、表现形式的不断变化以及增加了如实时动态效果、用户交互使用等，数据可视化像所有新兴概念一样，边界不断扩大。

　　数据可视化的开发和大部分项目开发一样，是根据需求、数据维度或属性进行筛选的，根据目的和用户群选用表现方式。同一份数据可以可视化为多种看起来截然不同的形式。

数据可视化的应用价值，其多样性和表现力吸引了许多从业者，而其创作过程中的每一环节都有强大的专业背景支持。无论是动态还是静态的可视化图形，都为我们搭建了新的桥梁，让我们能洞察世界的究竟、发现形形色色的关系，感受每时每刻围绕在身边的信息变化，还能让我们理解其他形式下不易发掘的事物。

15.2 数据可视化中的图形绘制

可视化视图分为 4 类：

比较：比较数据间各类别的关系，或者是它们随着时间的变化趋势，如折线图。

联系：查看两个或两个以上变量之间的关系，如散点图。

构成：每个部分占整体的百分比，或者是随着时间的百分比变化，如饼图。

分布：关注单个变量，或者多个变量的分布情况，如直方图。

按照变量的个数可以把可视化视图划分为单变量分析和多变量分析。单变量分析是指一次只关注一个变量。多变量分析可以在一张图上查看两个以上变量的关系，从而分析出多个变量之间是否存在某种联系。可视化的视图可以说是分门别类，多种多样，常用的视图包括：散点图、折线图、直方图、条形图、箱线图、饼图、热力图、蜘蛛图等，如图 15-1 所示，本章主要介绍作为数据可视化入门的图形绘制。

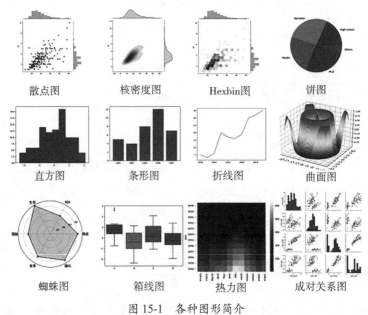

散点图　　　核密度图　　　Hexbin图　　　饼图

直方图　　　条形图　　　折线图　　　曲面图

蜘蛛图　　　箱线图　　　热力图　　　成对关系图

图 15-1　各种图形简介

15.2.1　散点图绘制

散点图的英文叫作 scatter plot，它将两个变量的值显示在二维坐标中，非常适合展示两个变量之间的关系。具体代码模板如下：

```
import matplotlib.pyplot as plt
import seaborn as sns
import numpy as np
import pandas as pd
import matplotlib.pyplot as plt
import seaborn as sns
# 数据准备
N = 1000
x = np.random.randn(N)
y = np.random.randn(N)
# 用 Matplotlib 画散点图
plt.scatter(x, y,marker='x')
plt.show()
```

执行结果如图 15-2 所示。

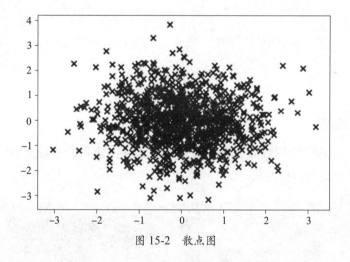

图 15-2　散点图

15.2.2　折线图绘制

折线图可以用来表示数据随着时间变化的趋势。具体实现代码模板如下，读者可根据自己的需求进行修改。

```
import pandas as pd
import matplotlib.pyplot as plt
```

```
import seaborn as sns
# 数据准备
x = [2010, 2011, 2012, 2013, 2014, 2015, 2016, 2017, 2018, 2019]
y = [5, 3, 6, 20, 17, 16, 19, 30, 32, 35]
# 使用 Matplotlib 画折线图
plt.plot(x, y)
plt.show()
# 使用 Seaborn 画折线图
df = pd.DataFrame({'x': x, 'y': y})
sns.lineplot(x="x", y="y", data=df)
plt.show()
```

执行结果如图 15-3 所示。

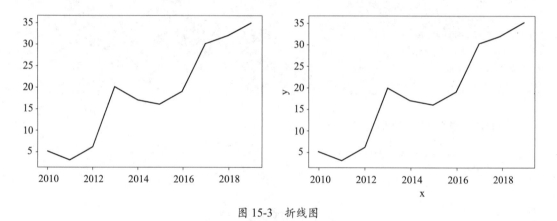

图 15-3　折线图

15.2.3　条形图绘制

直方图可以看到变量的数值分布，那么条形图可以帮我们查看类别的特征，具体代码模板如下，读者可自行修改。

```
import matplotlib.pyplot as plt
import seaborn as sns
# 数据准备
x = ['Cat1', 'Cat2', 'Cat3', 'Cat4', 'Cat5']
y = [5, 4, 8, 12, 7]
# 用 Matplotlib 画条形图
plt.bar(x, y)
plt.show()
```

执行结果如图 15-4 所示。

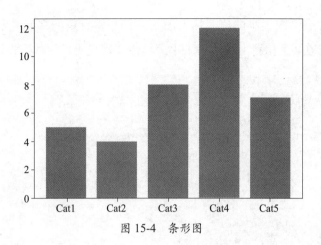

图 15-4　条形图

15.2.4　饼图绘制

饼图是常用的统计学模块，可以显示每个部分的大小与总和之间的比例。具体实现代码模板如下，读者可自行修改。

```
import matplotlib.pyplot as plt
# 数据准备
nums = [25, 37, 33, 37, 6]
labels = ['High-school','Bachelor','Master','Ph.d', 'Others']
# 用 Matplotlib 画饼图
plt.pie(x = nums, labels=labels)
plt.show()
```

执行结果如图 15-5 所示。

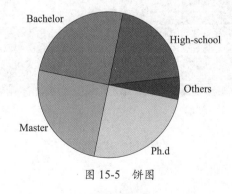

图 15-5　饼图

15.2.5　热力图绘制

热力图，英文叫作 heat map，是一种矩阵表示方法，其中矩阵中的元素值用颜色来代表，不同的颜色代表不同大小的值。热力图是一种非常直观的多元变量分析方法，通过颜色就能直观地知道某个位置上数值的大小。具体实现代码模板如下，读者可自行修改。

```
import matplotlib.pyplot as plt
import seaborn as sns
sns.set()
# Load the example flights dataset and convert to long-form
flights_long = sns.load_dataset("flights")
# flights_long = pd.read_csv("~/seaborn-data-master/flights.csv")
flights = flights_long.pivot("month", "year", "passengers")
# Draw a heatmap with the numeric values in each cell
f, ax = plt.subplots(figsize=(9, 6))
sns.heatmap(flights, annot=True, fmt="d", linewidths=.5, ax=ax)
```

执行结果如图 15-6 所示。

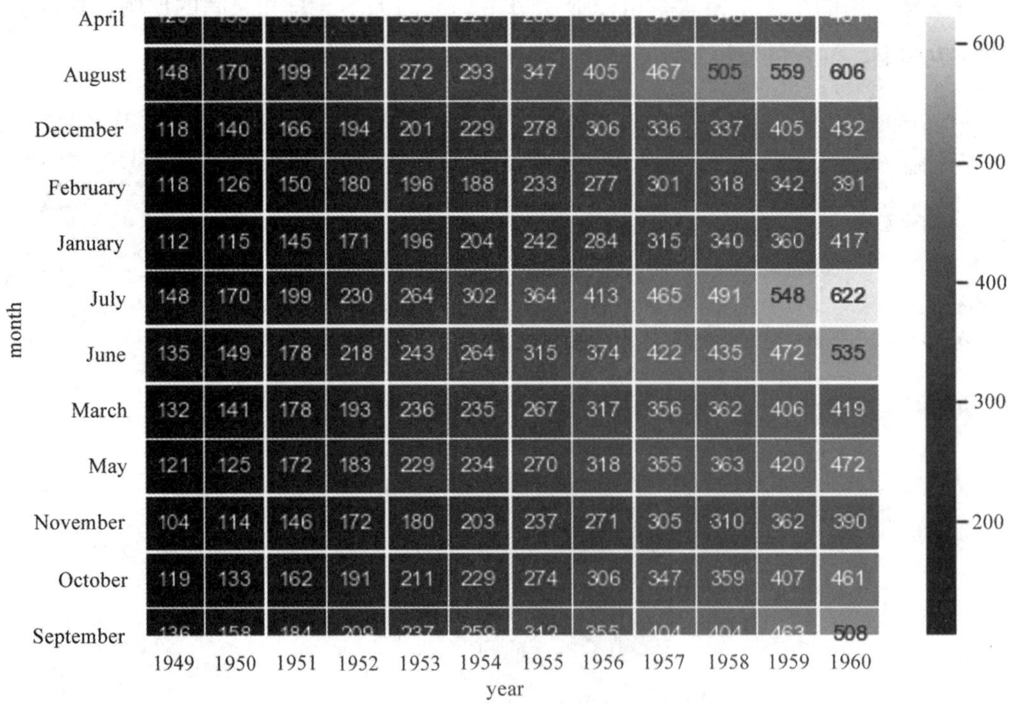

图 15-6　热力图

15.2.6　词云图绘制

词云图的主要用途是将文本数据中出现频率较高的关键词以可视化的形式展现出来，使人一眼就可以领略文本数据的主要表达意思。词云图中，词的大小代表了其词频，越大的字代表其出现频率越高。具体步骤如下：

1）首先需要一份待分析的文本数据，由于文本数据都是一段一段的，所以第一步要将这些句子或者段落划分成词，这个过程称之为分词，需要用到 Python 中的分词库 jieba。

2）分词之后，需要根据分词结果生成词云，这个过程需要用到 wordcloud 库。

3）最后将生成的词云展现出来，需要用到大家比较熟悉的 matplotlib。

具体实现代码模板如下，读者可自行修改。

```python
# 导入相应的库
import jieba
from wordcloud import WordCloud
import matplotlib.pyplot as plt
# 导入文本数据并进行简单的文本处理
# 去掉换行符和空格
text = open("./data/ 新年歌 .txt",encoding='utf8').read()
text = text.replace('\n',"").replace("\u3000","")
# 分词 , 返回结果为词的列表
text_cut = jieba.lcut(text)
# 将分好的词用某个符号分割开连成字符串
text_cut = ' '.join(text_cut)
# 导入停词
# 用于去掉文本中类似于 ' 啊 ',' 你 ',' 我 ' 之类的词
stop_words=open("F:/NLP/chinese
corpus/stopwords/stop_words_zh.txt",encoding="utf8").read().split("\n")
# 使用 WordCloud 生成词云
word_cloud = WordCloud(font_path="simsun.ttc",        # 设置词云字体
                       background_color="white",       # 词云图的背景颜色
                       stopwords=stop_words)           # 去掉的停词
word_cloud.generate(text_cut)
# 运用 matplotlib 展现结果
plt.subplots(figsize=(12,8))
plt.imshow(word_cloud)
plt.axis("off")
```

执行结果如图 15-7 所示。

图 15-7 词云图

15.2.7　直方图绘制

直方图（Histogram），又称质量分布图，是一种统计报告图，由一系列高度不等的纵向条纹或线段表示数据分布的情况。一般用横轴表示数据类型，纵轴表示分布情况。以下代码是绘制直方图的代码模板，读者可根据业务需求自行修改代码。

```python
import matplotlib.pyplot as plt
salary = [2500, 3300, 2700, 5600, 6700, 5400, 3100, 3500, 7600, 7800, 8700, 9800, 10400]
group = [1000, 2000, 3000, 4000, 5000, 6000, 7000, 8000, 9000, 10000, 11000]
plt.hist(salary, group, histtype='bar', rwidth=0.8)
plt.legend()
plt.xlabel('salary-group')
plt.ylabel('salary')
plt.rcParams ['font.sans-serif'] = ['SimHei']
plt.rcParams ['axes.unicode_minus'] =False
plt.title(u' 测试例子——直方图 ')
plt.show()
```

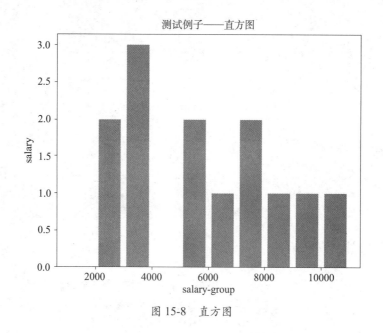

图 15-8　直方图

15.2.8　三维图绘制

Python 在处理三维数据时，需要创建 Axes3D 对象后再进行绘图操作，本节简单介绍一些三维图的画法。创建 Axes3D 对象有两种方式，一种是利用关键字 projection='3d'l 来实现，另一种则是通过从 mpl_toolkits.mplot3d 导入对象 Axes3D 来实现，目的都是生成具有三维格式的对象 Axes3D。

```
# 方法一，利用关键字
from matplotlib import pyplot as plt
from mpl_toolkits.mplot3d import Axes3D
# 定义坐标轴
fig = plt.figure()
ax1 = plt.axes(projection='3d')
#ax = fig.add_subplot(111,projection='3d')    # 这种方法也可以画多个子图
# 方法二，利用三维轴方法
from matplotlib import pyplot as plt
from mpl_toolkits.mplot3d import Axes3D
# 定义图像和三维格式坐标轴
fig=plt.figure()
ax2 = Axes3D(fig)
```

下面介绍一种三维散点曲线图画法。

```
import numpy as np
z = np.linspace(0,13,1000)
x = 5*np.sin(z)
y = 5*np.cos(z)
zd = 13*np.random.random(100)
xd = 5*np.sin(zd)
yd = 5*np.cos(zd)
ax1.scatter3D(xd,yd,zd, cmap='Blues')        # 绘制散点图
ax1.plot3D(x,y,z,'gray')                     # 绘制空间曲线
plt.show()
```

执行结果如图 15-9 所示。

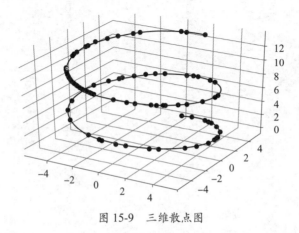

图 15-9　三维散点图

15.3　基于 Python 词云分析政府工作报告关键词

15.3.1　数据准备

十三届全国人大三次会议上的政府工作报告体现了"实干为要"的理念。作为当代大学生，应该多了解国家政治，关心国家时事。那么，这份政府工作报告突出强调了哪些关键词呢？我们可以基于 Python 技术进行词频分析和词云制作。具体数据可以从政务网上下载或者通过爬虫软件获取，读者可自行操作。

15.3.2　词云图绘制代码

```python
import matplotlib.pyplot as plt# 绘图库
import jieba
from wordcloud import WordCloud
# 读入文本数据
fp = open(r'D:\ 爬虫下载 \2020 年政府工作报告 .txt','r',encoding='utf-8')
content = fp.read()
# print(content)
# 分词
words = jieba.lcut(content)
# 词频分析操作
data = {}
for word in words:
  if len(word)>1:
    if word in data:
      data[word]+=1
    else:
      data[word]=1
# print(data)

# 排序
hist = list(data.items())# 转成列表
hist.sort(key=lambda x:x[1],reverse=True)
# print(hist)

# 调试输出
for i in range(20):
  # print(hist[i])
  print('{:<10}{:>5}'.format(hist[i][0],hist[i][1]))# 左对齐 10, 右对齐 5 个长度
```

```
result = ' '.join(words)
# print(result)
# 生成词云
wc = WordCloud(
    font_path=r'D:\PPT\ppt 字体 \ 思源宋体 SC-Regular.otf',
    background_color = 'white',# 背景颜色
    width=500,# 图片的宽
    height=300,
    max_font_size=50,
    min_font_size=12
)
wc.generate(result)
wc.to_file(r'.\wordcloud.png')# 保存图片
# 显示图片
plt.figure(' 政府工作报告 ')
plt.imshow(wc)
plt.axis('off')# 关闭坐标轴
plt.show()
```

执行结果如图 15-10 所示。

图 15-10　政府工作报告词云图

15.3.3　可视化结论

从词云图中可以看出，"发展"一词频率最大，这也正是体现了发展是我们党执政兴国的第一要务，其次"企业"作为市场经济的主体，出现的次数达到了 30 次，"支持""保障""加强""推动"等鼓舞人心的关键词出现的次数也很多。

本章小结

本章从数据可视化的概念出发，简单介绍了数据可视化的起源以及数据可视化的应用价值，然后重点讲解了各种可视化图形的绘制及代码编写，读者学完本章应能做到如何根据数据选择合适的可视化图形，并写出图形代码，最后本章给出了具体实例供读者参考和学习。

习 题

1．（选择题）数据可视化起源于（　　　）。

A．1960s　　　　　　B．1970s　　　　　　C．1980s　　　　　　D．1990s

2．（选择题）可视化视图主要分为（　　　）类。

A．2　　　　　　　　B．3　　　　　　　　C．4　　　　　　　　D．5

3．（选择题）若要表现出数据与数据之间的比例关系，最好用（　　　）。

A．直线图　　　　　B．散点图　　　　　C．条形图　　　　　D．饼图

4．（分析题）结合本专业所学知识，利用 Python 语言构建数据可视化模型，主题任选。

第 16 章　数学建模

本章要点

　　数学建模是指针对具体案例进行模型的构建，便于用户更加方便地使用模型进行计算。目前数学建模已经普及于各个行业，其中金融业的应用最为广泛。数学建模用于构建金融案例中复杂的数学关系，构建数学模型有助于金融行业做出决策或者预测，如本章中银行信贷风险预测案例就是数学建模的应用。本章主要利用 Python 构建数学模型，其中包含了 Numpy、Pandas、matplotlib 等模块的联合使用，接下来将一一介绍其使用方法。

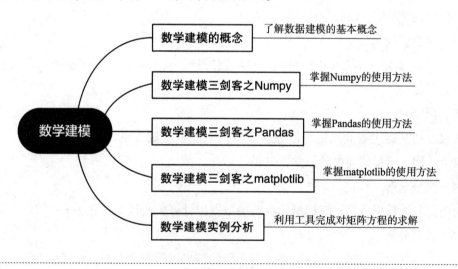

16.1　数学建模的概念

16.1.1　基本概念

数学模型是一种模拟，是用数学符号、数学式子、程序、图形等对实际课题本质属性的抽象而又简洁的刻画，它或能解释某些客观现象，或能预测未来的发展规律，或能为控制某一现象的发展提供某种意义的最优策略或较好策略。数学模型一般并非是现实问题的直接翻版，它的建立常常既需要人们对现实问题深入细致的观察和分析，又需要人们灵活巧妙地利用各种数学知识。这种应用知识从实际课题中抽象、提炼出数学模型的过程就称为数学建模。

16.1.2　建模过程

（1）模型准备

了解问题的实际背景，明确其实际意义，掌握对象的各种信息。以数学思想来包容问题的精髓，数学思路贯穿问题的全过程，进而用数学语言来描述问题。要求符合数学理论，符合数学习惯，清晰准确。

（2）模型假设

根据实际对象的特征和建模目的，对问题进行必要的简化，并用精确的语言提出一些恰当的假设。

（3）模型建立

在假设的基础上，利用适当的数学工具来刻画各变量常量之间的数学关系，建立相应的数学结构（尽量用简单的数学工具）。

（4）模型求解

利用获取的数据资料，对模型的所有参数做出计算（或近似计算）。

（5）模型分析

对所要建立模型的思路进行阐述，对所得的结果进行数学上的分析。

（6）模型检验

将模型分析结果与实际情形进行比较，以此来验证模型的准确性、合理性和适用性。如果模型与实际较吻合，则要给出计算结果的实际含义，并进行解释。如果模型与实际吻合较差，则应该修改假设，再次重复建模过程。

（7）模型应用与推广

应用方式因问题的性质和建模的目的而异，而模型的推广就是在现有模型的基础上对模型有一个更加全面的考虑，建立更符合现实情况的模型。

16.2　数学建模三剑客之 Numpy

16.2.1　Numpy 模块简介

NumPy(Numerical Python) 是 Python 语言中科学计算的基础库。其主要用于数值计算，也是大部分 Python 科学计算库的基础，多用于在大型、多维数组上执行的数值运算。

16.2.2　Numpy 模块的安装

1. 使用已有的发行版本

对于许多用户，尤其是在 Windows 系统上，最简单的方法是下载以下的 Python 发行版，它包含了所有的关键包（包括 NumPy、SciPy、matplotlib、IPython、SymPy 以及 Python 核心自带的其他包），如表 16-1 所示。

表 16-1　关键包

Anaconda:	免费 Python 发行版，用于进行大规模数据处理、预测分析和科学计算，致力于简化包的管理和部署。支持 Linux, Windows 和 Mac 系统
Enthought Canopy:	提供免费和商业发行版。持 Linux, Windows 和 Mac 系统
Python(x,y):	免费的 Python 发行版，包含了完整的 Python 语言开发包 及 Spyder IDE。支持 Windows，仅限 Python 2 版本
Pyzo:	基于 Anaconda 的免费发行版本及 IEP 的交互开发环境，超轻量级。支持 Linux, Windows 和 Mac 系统

2. 使用 pip 安装

命令行下使用 pip3 install --user numpy scipy matplotlib 安装。

16.2.3　Numpy 模块使用

1. 创建的方法

（1）Numpy 一维数组的创建

```
import numpy as np
arr = np.array([1,2,3,4,5])
执行结果:
array([1, 2, 3, 4, 5])
```

（2）多维数组的创建

```
np.array([[1,2,3],[4,5,6]])
执行结果:
array([[1, 2, 3],
       [4, 5, 6]])
```

2. Numpy 模块对应的方法

（1）zeros()——生成一个自定义的元素都为 0 的数组

```
np.zeros(shape=(3,3))
执行结果:
array([[0., 0., 0.],
       [0., 0., 0.],
       [0., 0., 0.]])
```

（2）ones()——生成一个自定义的元素都为 1 的数组

```
np.ones(shape=(3,4))
执行结果:
array([[1., 1., 1., 1.],
       [1., 1., 1., 1.],
       [1., 1., 1., 1.]])
```

（3）linespace()——生成多个一维等差数列

```
np.linspace(0,100,num=20)              # 一维等差数列
执行结果:
array([  0.        ,   5.26315789,  10.52631579,  15.78947368,
        21.05263158,  26.31578947,  31.57894737,  36.84210526,
        42.10526316,  47.36842105,  52.63157895,  57.89473684,
        63.15789474, 616.42105263,  73.68421053, 716.94736842,
        84.21052632,  89.47368421,  94.73684211, 100.        ])
```

（4）arange()——生成以某个值为差的一维等差数列

```
np.arange(0,100,2)                     # 一维等差数列
执行结果:
array([ 0,  2,  4,  6,  8, 10, 12, 14, 16, 18, 20, 22, 24, 26, 28, 30, 32,
       34, 36, 38, 40, 42, 44, 46, 48, 50, 52, 54, 56, 58, 60, 62, 64, 66,
       68, 70, 72, 74, 76, 78, 80, 82, 84, 86, 88, 90, 92, 94, 96, 98])
```

（5）random 系列——生成随机数组

```
np.random.randint(0,80,size=(5,8))        #size 里边的值是行和列
执行结果：
array([[29,  8, 73,  0, 40, 36, 16, 11],
       [54, 62, 33, 72, 78, 49, 51, 54],
       [77, 69, 13, 25, 13, 30, 30, 12],
       [65, 31, 57, 36, 27, 18, 77, 22],
       [23, 11, 28, 74,  9, 15, 18, 71]])
```

3. 常用的统计函数

1）numpy.amin() 和 numpy.amax()：用于计算数组中的元素沿指定轴的最小、最大值。

2）numpy.ptp()：计算数组中元素最大值与最小值的差（最大值 – 最小值）。

3）numpy.median()：函数用于计算数组 a 中元素的中位数（中值）。

4）标准差 std()：标准差是一组数据平均值分散程度的一种度量。

5）公式：std = sqrt(mean((x - x.mean())**2))。

6）如果数组是 [1,2,3,4]，则其平均值为 2.5。因此，差的二次方是 [2.25,0.25,0.25,2.25]，并且其平均值的二次方根除以 4，即 sqrt(5/4)，结果为 1.1180339887498949。

7）方差 var()：统计中的方差（样本方差）是每个样本值与全体样本值的平均数之差的二次方值的平均数，即 mean((x - x.mean())** 2)。换句话说，标准差是方差的二次方根。

```
# 标准差 :std = sqrt(mean((x - x.mean())**2))
arr = np.array([1,2,3,4,5])
((arr - arr.mean())**2).mean()**0.5
执行结果：
1.4142135623730951
```

16.3　数学建模三剑客之 Pandas

16.3.1　Pandas 简介

Pandas 是基于 NumPy 的一种工具，该工具是为解决数据分析任务而创建的。Pandas 包含了大量库和一些标准的数据模型，提供了高效地操作大型数据集所需的工具。Pandas 提供了大量能使我们快速便捷地处理数据的函数和方法，这些函数和方法也是使 Python 成为强大而高效的数据分析环境的重要因素之一。

16.3.2　Pandas 安装

使用命令行 pip install pandas 安装。

16.3.3 Pandas 模块使用

1. 创建的方法

（1）Series 型数据结构创建

Pandas Series 类似表格中的一个列（Column），类似于一维数组，可以保存任何数据类型。Series 由索引（Index）和列组成，格式如下：

```
pandas.Series( data, index, dtype, name, copy)
```

参数说明：

data：一组数据 (ndarray 类型)。

index：数据索引标签，如果不指定，默认从 0 开始。

dtype：数据类型，默认会自己判断。

name：设置名称。

copy：拷贝数据，默认为 False。

```
import pandas as pd
sites = {1: "Google", 2: "Runoob", 3: "Wiki"}
myvar = pd.Series(sites, index = [1, 2], name=" 湖北理工学院 " )
print(myvar)
执行结果:
1     "Google"
2     "Runoob"
Name:" 湖北理工学院 "
```

（2）DataFrame 型数据结构创建

DataFrame 是一个表格型的数据结构，它含有一组有序的列，每列可以是不同的值类型（数值、字符串、布尔型值）。DataFrame 既有行索引也有列索引，它可以被看作由 Series 组成的字典（共同用一个索引），如图 16-1 所示。

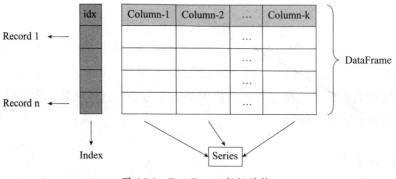

图 16-1　DataFrame 数据结构

（3）Pandas csv 文件读取

csv（Comma-Separated Values，逗号分隔值，有时也称为字符分隔值，因为分隔字符也可以不是逗号）文件以纯文本形式存储表格数据（数字和文本）。csv 是一种通用的、相对简单的文件格式，被广泛使用。

```
import pandas as pd
df = pd.read_csv('nba.csv')
print(df)
```

输出结果如图 16-2 所示。

	Name	Team	Number	Position	Age	Height	Weight	College	Salary
0	Avery Bradley	Boston Celtics	0.0	PG	25.0	6-2	180.0	Texas	7730337.0
1	Jae Crowder	Boston Celtics	99.0	SF	25.0	6-6	235.0	Marquette	6796117.0
2	John Holland	Boston Celtics	30.0	SG	27.0	6-5	205.0	Boston University	NaN
3	R.J. Hunter	Boston Celtics	28.0	SG	22.0	6-5	185.0	Georgia State	1148640.0
4	Jonas Jerebko	Boston Celtics	8.0	PF	29.0	6-10	231.0	NaN	5000000.0
...	...	...	...	...	...	...	...	...	...
453	Shelvin Mack	Utah Jazz	8.0	PG	26.0	6-3	203.0	Butler	2433333.0
454	Raul Neto	Utah Jazz	25.0	PG	24.0	6-1	179.0	NaN	900000.0
455	Tibor Pleiss	Utah Jazz	21.0	C	26.0	7-3	256.0	NaN	2900000.0
456	Jeff Withey	Utah Jazz	24.0	C	26.0	7-0	231.0	Kansas	947276.0
457	NaN	NaN	NaN	NaN	NaN	NaN	NaN	NaN	NaN

图 16-2　输出结果

2. 常用的方法

1）head(n) 方法用于读取前面的 n 行，如果不填参数 n，默认返回 5 行。

```
import pandas as pd
df = pd.read_csv('nba.csv')
print(df.head(10))
```

2）tail(n) 方法用于读取尾部的 n 行，如果不填参数 n，默认返回 5 行，空行各个字段的值返回 NaN。

```
import pandas as pd
df = pd.read_csv('nba.csv')
print(df.tail())
```

3）info() 方法返回表格的一些基本信息。

```
import pandas as pd
df = pd.read_csv('nba.csv')
print(df.info())
```

16.4 数学建模三剑客之 matplotlib

16.4.1 matplotlib 简介

matplotlib 是 Python 的绘图库。它可与 NumPy 一起使用，提供了一种有效的 MATLAB 开源替代方案；还可以和图形工具包一起使用，如 PyQt 和 wxPython。

16.4.2 matplotlib 安装

使用命令行 pip install matplotlib 进行安装

16.4.3 matplotlib 模块使用

对于 matplotlib 模块而言，主要用于画图，只需记住或者熟悉使用画图的基本命令即可。其画图的基本命令都是一套完整模板，只需根据模板进行数据传输就能完成图形的绘制。

（1）实例 1——直线图

```
import numpy as np
from matplotlib import pyplot as plt
import matplotlib
# fname 为 你下载的字体库路径，注意 SourceHanSansSC-Bold.otf 字体的路径
zhfont1 = matplotlib.font_manager.FontProperties(fname="SourceHanSansSC-Bold.
          otf")
x = np.arange(1,11)
y = 2 * x + 5
plt.title(" 湖北理工学院 ", fontproperties=zhfont1)
# fontproperties 设置中文显示,fontsize 设置字体大小
plt.xlabel("x 轴 ", fontproperties=zhfont1)
plt.ylabel("y 轴 ", fontproperties=zhfont1)
plt.plot(x,y)
plt.show()
```

执行结果如图 16-3 所示。

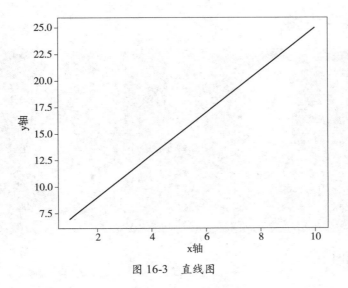

图 16-3　直线图

（2）实例 2——点图

```
import numpy as np
from matplotlib import pyplot as plt
x = np.arange(1,11)
y = 2 * x + 5
plt.title("湖北理工学院")
plt.xlabel("x axis caption")
plt.ylabel("y axis caption")
plt.plot(x,y,"ob")    #ob 代表点图
plt.show()
```

执行结果如图 16-4 所示。

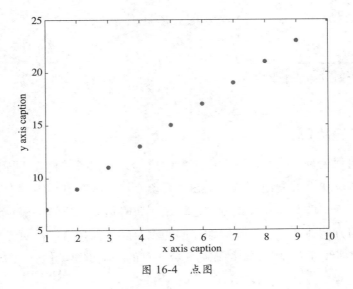

图 16-4　点图

（3）实例3——条形图

```python
from matplotlib import pyplot as plt
x = [5,8,10]
y = [12,16,6]
x2 = [6,9,11]
y2 = [6,15,7]
plt.bar(x, y, align = 'center')
plt.bar(x2, y2, color = 'g', align = 'center')
plt.title('Bar graph')
plt.ylabel('Y axis')
plt.xlabel('X axis')
plt.show()
```

执行结果如图 16-5 所示。

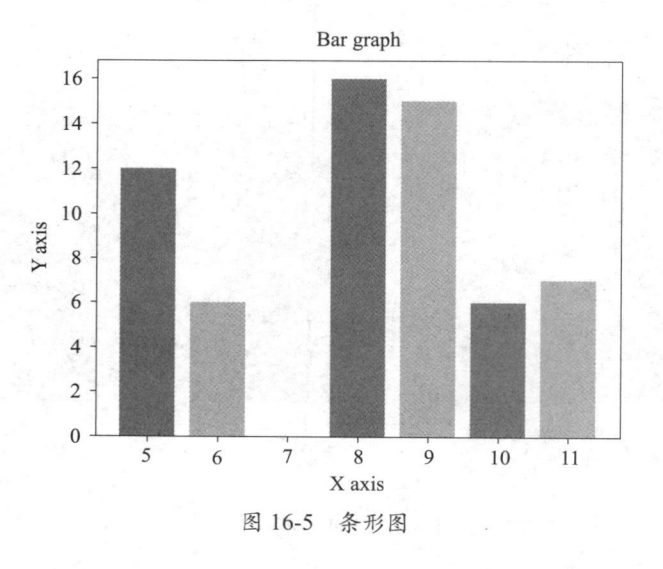

图 16-5　条形图

16.5　数学建模实例分析

16.5.1　数学问题简介

线性方程组理论是"线性代数"的重要组成部分，在各学科与工程技术领域有着重要的应用。本节以线性方程组理论为主题，系统介绍了线性方程组具有唯一解时求解公式的推导、有无穷多解时通解公式的构造以及无解时最小二乘解的表示等问题，并应用于水手分桃、幻方构造、点灯游戏等趣味问题以及超平面拟合、网页排序、机器翻译等应用课题。因此多线性方程组的求解成为研究人员的一项重要工作。

16.5.2　数学问题实例

对于任意一个多元一次线性方程组，如下所示：

$$\begin{bmatrix} 4 & 6 & 2 \\ 3 & 4 & 1 \\ 2 & 8 & 13 \end{bmatrix} \begin{bmatrix} a \\ b \\ c \end{bmatrix} = \begin{bmatrix} 9 \\ 7 \\ 2 \end{bmatrix}$$

以上方程组是 3 阶非齐次线性方程组，需求解 a、b、c。

16.5.3　数学问题求解

利用 Python 模块中的 Numpy 函数进行参数求解

```
import numpy
A = [[4,6,2],
     [3,4,1],
     [2,8,13]]
b = [9,7,2]
r = np.linalg.solve(A,b)
```

本章小结

本章首先从数学建模的概念出发，详细介绍了数学建模三剑客 Numpy、Pandas、Matplptlib 的安装以及基本的用法，从创建对象到使用对象，并给出了实际的数学问题案例。通过本章的学习，读者能够创建和熟悉使用三大模块，能够对简单的数学模型进行分析并对参数进行求解。

习　题

1.（选择题）DataFrame 是以下那个模块的数据结构（　　）。

A．Numpy　　　　B．Pandas　　　　C．matplotlib　　　　D．以上都不是

2.（选择题）tail(n) 方法的作用是（　　）。

A．读取数据的全部　　　　　　　　B．读取数据的前 n 行

C．读取数据的后 n 行　　　　　　　D．随机读取 n 个数据

3.（选择题）在 Numpy 模块中的 linespace() 的作用是（　　）。

A．随机生成一列数据　　　　　　　B．将所有数据变为 1

C．将所有数据变为 0　　　　　　　D．生成一维等差数列

4.（设计题）结合本专业所学知识，利用 Python 语言构建数学模型。

参考文献

［1］祁文青, 周松林. 大学计算机基础及实训教程［M］. 北京：人民邮电出版社, 2014.

［2］袁涌, 纪鹏, 成俊. 大学计算机应用基础［M］. 北京：机械工业出版社, 2018.

［3］杨慧, 田嵩, 小黑. 大学计算机基础上机指导［M］. 北京：机械工业出版社, 2018.

［4］黑马程序员. 网页制作与网站建设实战教程［M］. 北京：中国铁道出版社, 2018.

［5］明日科技. Python 从入门到精通［M］. 北京：清华大学出版社, 2021.

［6］黑马程序员. Python 快速编程入门［M］. 北京：人民邮电出版社, 2021.

［7］MATTHES E. Python 编程从入门到实践［M］. 袁国忠, 译. 2 版. 北京：人民邮电出版社, 2020.

［8］左利鑫, 史卫亚. Python 编程入门［M］. 北京：人民邮电出版社, 2019.

［9］董付国. Python 程序设计［M］. 北京：清华大学出版社, 2015.

［10］HETLEND M L. Python 基础教程［M］. 司维, 曾军崴, 谭颖华, 译. 2 版. 北京：人民邮电出版社, 2010.